MARKETING PLANNING

（第五版）

行銷企劃管理
理論與實務

五南圖書出版公司 印行

國內第一本
行銷企劃管理教科書

理論與實務相輔相成

本土企業實例取向

行銷企劃大師 戴國良博士 著

作者序言

行銷企劃的重要性

　　以實務面來說，企業界的企劃工作，最主要以兩大企劃類為主軸核心。一個是屬於全集團、全公司的實戰經營企劃工作；另一個則是屬於行銷部門或業務部門的行銷企劃工作。就普及性及用人多寡的需求性來看，行銷企劃部門無疑地是超過經營企劃部門。

　　因此，企業內部組織中的行銷企劃與業務企劃，是公司很重要的幕僚單位與任務工作。因為，行銷企劃與業務單位兩相結合，將會為公司創造出較佳的業績。基於此點，作者認為本書的意義所在，就是希望帶給所有同學及從事行銷企劃與業務工作的上班族，在思考、分析、撰寫及執行行動上的若干參考助益。大學生在修完基本的行銷學課程之後，如再修本課程，將有如虎添翼的職場專業能力。

本書的內容架構

　　引言（一）：企劃為何如此重要

　　引言（二）：行銷企劃部門做些什麼事

　　引言（三）：行銷企劃部門分工職掌實例

　　引言（四）：行銷企劃撰寫七大能力基礎及條件

　　第一篇　各類型行銷企劃案撰寫架構與實務篇

　　第二篇　行銷企劃基本理論篇

　　第三篇　如何撰寫行銷（業務）企劃案

　　第四篇　行銷企劃報告實例參考篇

本書的三大特色

　　本書具有下列幾點特色，值得教師、學生及上班族朋友們採用及閱讀：

第一：本書是國內第一本此領域的教科書

　　國內有關行銷學、網路行銷、零售業行銷、消費者行為、行銷研究、行銷個案等

教科書不少，但真正集中焦點於如何撰寫行銷企劃案，以及行銷策略實務彙整，本書算是此領域的第一本書。相信會提供各位教師及學生們在研習上的便利性。

第二：本書是理論與實務兼具，但實務又明顯重於理論

理論是做事的思考基礎，不能沒有。但先有理論並不能提升智慧，因此，必須有理論及實務相輔相成，才是真正的行銷卓越之處。本書納入很多國內外實務的行銷資料，讓大家知道，企業界在激烈環境中如何行銷成功，也知道行銷實務界的成果，是如何結合到行銷的理論知識，而這就是任何人與任何公司成功的本質所在。

第三：本書完全採取本土企業取向

本書內文資料，絕大部分都是以大家所熟悉本土企業的市場競爭及行銷活動為主軸。為的是可增強大家的學習研讀興趣、易解度、深切體會感與自我印證感等。唯有透過這樣的貼近，才會成為自己將來有用的知識與常識。本書拋棄了美國教科書的資料及案例，主因是那些太遙遠了，也未必實際。作者要提供給讀者的，就是最新且在地的資料。而且，各位同學畢業後，大多會到本土企業或跨國公司在臺分公司服務，本書剛好可以派上用場。

第四：各類型行銷企劃撰寫及行銷企劃全文案例參考

本書內容加入5個實際全文案例，可供很多讀者想看到的需求。不過隔行如隔山，國內至少有五十種以上不同行業及不同公司企業，因此，看了也未必很有用，但可以作為參考。另外，更新版中也增加了第一篇的各類型行銷企劃案撰寫介紹，這部分很清楚的介紹了各類型行銷企劃案撰寫的要點及成功因素，是很重要的一篇內容。

作者
戴國良
taikuo@mail.shu.edu.tw
tai_kuo@emic.com.tw

目 錄

引言（一）
企劃為何如此重要

一、「行銷企劃撰寫」的目的

1. 了解及認識各種「行銷企劃案」，如何撰寫的理論內容與實務案例。
2. 實際訓練自己如何撰寫各種「行銷企劃案」，培養各位同學行銷企劃思考與撰寫的就業能力。
3. 培養各位成為「行銷企劃高手」。

二、行銷企劃撰寫的基本知識科目

十五個應具備的基本知識科目：
1. 行銷管理。
2. 品牌行銷管理。
3. 整合行銷傳播。
4. 公關學。
5. 產品與定價管理。
6. 通路行銷與管理。
7. 促銷管理。
8. 產品開發管理。
9. 廣告學。
10. 媒體企劃與媒體購買。
11. 數位行銷學（網路行銷）。
12. 營業管理。
13. 行銷預算管理。
14. 顧客關係管理（CRM）。
15. 市場調查學。

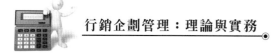

三、「行銷企劃」做什麼用？

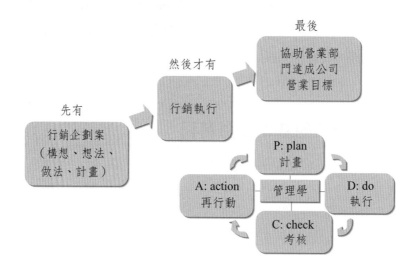

四、行銷部基層人員與基層主管一定要會寫行銷企劃案

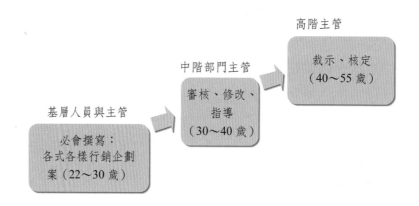

五、為何撰寫工作（企劃）報告這麼重要？

因為那是「董事長決策」與「公司決策」的重要參考依據來源。董事長每天做的事情，就是在做各單位的各種重大決策事宜。

各單位提出來的工作（或企劃）報告，也代表著每個單位對每件事情

推動之前，是否有完整與周全的思考、分析、評估及相關行動計畫研擬。所謂「謀定而後動」、「運籌帷幄，決勝於千里之外」，即是此意。依據作者個人工作多年的感受，下決策之後有三種狀況出現：第一種是「完全正確與有力」的決策；第二種是「完全錯誤與失敗」的決策；第三種是「表現平平」的決策（不算成功也不算失敗）。這三種出現的狀況，決定於兩個因素：

㈠各單位撰寫的工作（企劃）報告，其內容分析與行動建議是否正確有力。這考驗著各單位主事者及承辦單位人員的專業能力（報告內容要見樹且見林）。

㈡董事長及公司高階團隊主管對此工作（企劃）報告，是否下了正確與有力的決策裁示。這考驗著董事會、董事長、總經理及各副總經理的智慧、經驗、專長、素質、視野、能力與大公無私的心胸。

六、期勉更進步與避免失敗的建議

撰寫工作（企劃）報告，或指導部屬時，期勉更進步與避免失敗的幾點建議：

第一，主管一定要嚴格督導下屬撰寫企劃案。督導的第一步做法，即是要求部屬先草擬這次撰寫報告的「綱要架構與目標」（報告大綱），然後再互動討論，是否完整周全與能否達成目標。確定之後，再由部屬展開資料蒐集與撰寫工作。那麼究竟要如何提升判斷大綱能力：

㈠多看、多聽、多學習、多思考、多站在消費者與觀眾的顧客導向與顧客需求的立場，去尋求突破與滿足之道。

㈡不要「一言堂」，就行銷（marketing）活動與創意而言，是沒有長官一言堂的，只有組織集體的討論或辯論的創意、對策等智慧而已。

第二，大部分的工作（企劃）報告，最後一定要彰顯出七個重點：

㈠商機何在？

㈡能夠立竿見影的賺錢之道。（show me money）

㈢有形與無形的效益分析。

㈣如何做到？（how to do、how to reach）

㈤是否有夠格的專業人員與組織去專責負責。

㈥報告內容最好能見樹又見林。

㈦利益比較原則。

這是任何公司董事長在每次會議中，一再強調與重視的。因此，每一次完成報告撰寫後，一定要思考報告中是否已呈現了這些思路及內容。不然，易招致董事長批評：「這是不合格的企劃報告」，或「這不是我想看的東西」。

第三，任何工作（企劃）報告，不可能一蹴可幾，因此，要有流動式企劃的新概念。在每天試行中，不斷隨時調整策略、方向、計畫與組織人力。企劃案應是每週不斷激烈辯論、討論、集思廣益，然後才會有更好的創意及更新、更好與更正確的解決方案。

這就是「滾動式企劃」。在不少狀況下，企劃案經常是在迷霧中前進，但是越改會越好，越改會越正確，然後才會突破成功，所謂「窮則變，變則通，通則發；變就是創新」。但是，在這些過程中，我們還要注意幾點：

㈠要勇於認錯。

㈡要及時、加速調整、修正、轉向、轉型與改善，勿耗時間（小企業早就掛了；大企業資本額大，短期虧得起）。

㈢要認真模仿學習國內外同業第一名（第一品牌）的做法。最後，還要超越他們。

㈣要勇於嘗試創新，允許犯錯的創新，但必須在錯誤中學習到真理。

㈤要善於投資，為未來投資，為擴大長遠競爭力而投資，並且容忍初期的虧損。

七、隨時充實自己，時刻掌握資訊情報

如何隨時充實自己——多看書、多看專業書報雜誌，時刻掌握資訊情報。

除了各位所在部門單位的本行專業知識，建議各位讀者應該培養更廣泛、更高層次的知識、視野與決策力，此時，就應該多吸收自己專長以外的其他更多知識與經驗。

閱讀專業財經平面報紙、雜誌及專書是六大有力管道。筆者目前都會閱讀下列資料：

㈠每天閱讀吸收：《經濟日報》、《工商時報》。

㈡每週閱讀吸收：《商業周刊》、《今周刊》、《天下》、《數位時代》。

㈢每月閱讀吸收：《遠見》、《經理人月刊》、《管理》、《動腦》、《廣告》、《財訊》及《會計》等八本。

㈣每月至少閱讀國內外的商業財經書籍二本以上（如：《執行力》、《從A到A+》、《日本7-ELEVEN消費心理學》……）。

㈤每月閱讀三本自己訂的日文商業雜誌（《日本商業周刊》、《日本東洋雜誌》、《日本鑽石雜誌》）。

㈥以及各種相關專業性及綜合性的知識內容網站。

「會議」是學習進步最好與最快的一種管道。透過開會討論，可以學習到：(1)第二專長；(2)不同思考角度；(3)不同框架；(4)不同部門的實務經驗歷練。

40歲以下的主管，如果時間允許，可以考慮進修國內EMBA、企管碩士或大傳碩士學位。

臺灣統一7-ELEVEN徐重仁前總經理及日本7-ELEVEN鈴木敏文董事長的最新思維：

「只要消費者有不滿意，就會有商機存在。」

「昨天的消費者，不等於明天的消費者。」

「提供意外的滿意給消費者。」

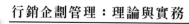

八、日日學習，日日進步；終身學習，終身進步

最後，作者有幾句座右銘，提供與各位讀者共勉之：

(一)「日日學習，日日進步；終身學習，終身進步。」

1. 統一集團高清愿董事長曾說過，他終身的遺憾就是書念太少，當初他因家境關係，只有小學畢業。「不斷學習、不斷充電，就是邁向成功的不二法門」、「不進步，就會被進步的潮流及人流所淘汰」。

2. 半導體教父張忠謀董事長曾說過：「我發現只有在工作前五年，用得到大學與研究所學到的20%到30%，之後的工作生涯，直接用到的幾乎等於零，因此無論身處何種行業，都要跟上潮流。」

3. 奇異公司前任總裁傑克‧威爾許曾說過：「他要求幹部每年固定淘汰10%員工，以維持公司競爭力。不淘汰，就先開除該名主管。」

4. 彼得‧杜拉克管理大師在其近著《未來管理》一書中指出：「學習不間斷，才能和契機賽跑。世界充滿了契機，因為每一次改變，就是契機。」

(二)「領導主管一定要有眼光，但要有這個眼光，就要不斷充實自己，如果領導主管跑錯方向，所有人也跟著跑錯，跟著苦了。」（統一超商公司前總經理徐重仁接受《天下》專訪）

(三)「人生旅途中，一定會有不如意，不可能事事順遂。人生像坐火車，經過長長隧道時，整個都是黑暗的。出了隧道之後，又是柳暗花明。因此，要正面思考人生，正面思考事業，正面思考工作，一定有突破之道。勿怨天尤人。」

(四)「心胸有多大，事業就有多大。」

(五)魏徵名言（唐太宗的有名諫臣）：「夫以銅為鏡，可以正衣冠；以古為鏡，可以知興替；以人為鏡，可以明得失。」（出自《舊唐書‧魏徵傳》）

● 張忠謀的終身學習觀 ●

台積電張忠謀董事長接受《天下》雜誌專訪（2003.8.15），重要對談如下：

問：您怎麼努力讓自己一直前進？

答：這就是終身學習。我是終身學習非常勤奮的人。我邊吃邊閱讀。現在有太太，吃晚餐還看書不太好。我吃早餐時看報，吃中餐時看枯燥的東西，像美國「思科」、微軟的「年報」、「資產負債表」，這能增加我對產業的知識。此外，還要跟有學問、有見地的人談話，例如，梭羅、波特。「學習」這事情是跟我父親有關，那時他剛到美國，我還在麻省理工學院念書，我禮拜天習慣看《紐約時報》，他看到我禮拜天在看《紐約時報》就說：「你明天不是有考試嗎？要溫習考試的東西。」我說看《紐約時報》也很有益，他說這是「不負責任的學習」。五十幾年了，這句話我到現在還記得。「要負責的學習」跟「不需要負責的學習」比起來，通常不需要負責的學習大家都樂意為之，而我現在終身學習的部分，是我認為應該要負責的。

問：除了終身學習，您的觀察力好像很透澈？

答：觀察力要建立在終身學習的基礎上。

引言（二）

行銷企劃部門做些什麼事

一、公司實務上行銷企劃的不同名稱

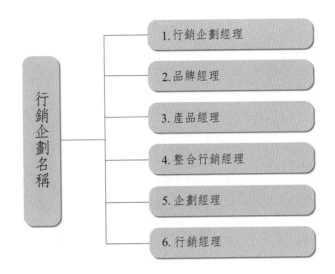

行銷企劃名稱

1. 行銷企劃經理
2. 品牌經理
3. 產品經理
4. 整合行銷經理
5. 企劃經理
6. 行銷經理

二、業務部門與行銷企劃部門的分工

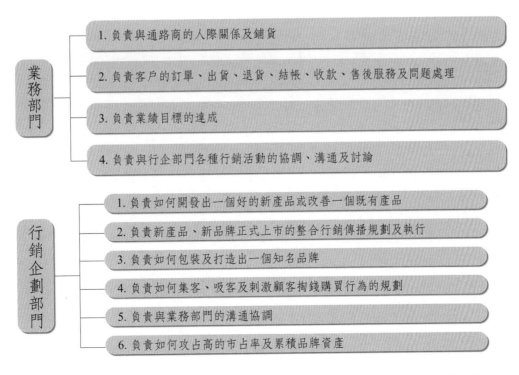

業務部門

1. 負責與通路商的人際關係及鋪貨
2. 負責客戶的訂單、出貨、退貨、結帳、收款、售後服務及問題處理
3. 負責業績目標的達成
4. 負責與行企部門各種行銷活動的協調、溝通及討論

行銷企劃部門

1. 負責如何開發出一個好的新產品或改善一個既有產品
2. 負責新產品、新品牌正式上市的整合行銷傳播規劃及執行
3. 負責如何包裝及打造出一個知名品牌
4. 負責如何集客、吸客及刺激顧客掏錢購買行為的規劃
5. 負責與業務部門的溝通協調
6. 負責如何攻占高的市占率及累積品牌資產

三、實務上行銷企劃做些什麼事

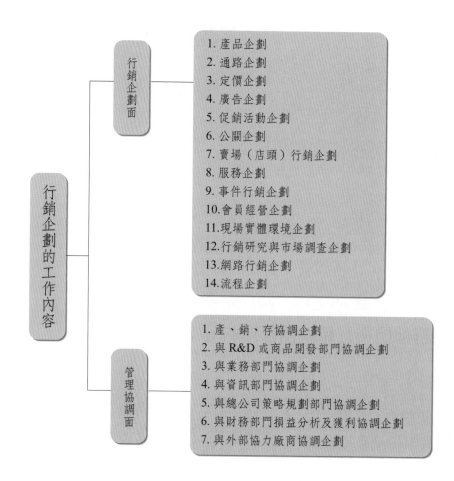

行銷企劃的工作內容

行銷企劃面

1. 產品企劃
2. 通路企劃
3. 定價企劃
4. 廣告企劃
5. 促銷活動企劃
6. 公關企劃
7. 賣場（店頭）行銷企劃
8. 服務企劃
9. 事件行銷企劃
10. 會員經營企劃
11. 現場實體環境企劃
12. 行銷研究與市場調查企劃
13. 網路行銷企劃
14. 流程企劃

管理協調面

1. 產、銷、存協調企劃
2. 與 R&D 或商品開發部門協調企劃
3. 與業務部門協調企劃
4. 與資訊部門協調企劃
5. 與總公司策略規劃部門協調企劃
6. 與財務部門損益分析及獲利協調企劃
7. 與外部協力廠商協調企劃

四、培養出卓越行銷企劃能力

㈠培養九種根本內涵的行銷企劃力

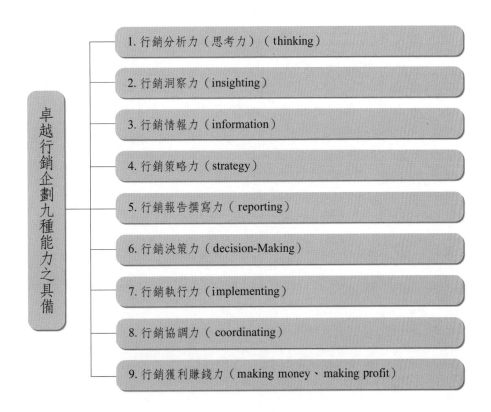

卓越行銷企劃九種能力之具備

1. 行銷分析力（思考力）（thinking）

2. 行銷洞察力（insighting）

3. 行銷情報力（information）

4. 行銷策略力（strategy）

5. 行銷報告撰寫力（reporting）

6. 行銷決策力（decision-Making）

7. 行銷執行力（implementing）

8. 行銷協調力（coordinating）

9. 行銷獲利賺錢力（making money、making profit）

㈡培養如何撰寫一份好的、完整的、有效的「營運檢討」與「營運分析」報告案（包括架構、大綱及內容）

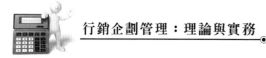

五、行銷企劃人員與業務部合作的五大目標

總的來說，行銷企劃部與業務部合作的目標，即在達成：

1. 公司預定年度的營收額（業績）目標。
2. 公司預定年度的獲利額目標。
3. 公司預定年度市占率目標。
4. 公司預定品牌地位的排名目標。
5. 以及其他較次要的行銷目標，例如：會員人數、辦卡人數、來客數、客單價、客戶忠誠度、顧客滿意度、新產品上市數等。

引言（三）

行銷企劃部門分工職掌實例

以某遊戲科技公司為例

一、行銷企劃部組織圖

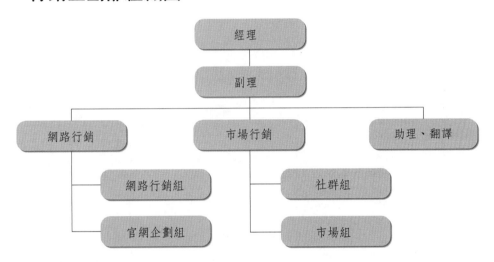

二、行銷企劃工作內容

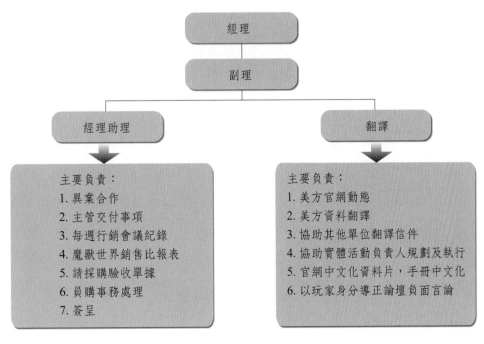

三、網路行銷──工作內容分布表

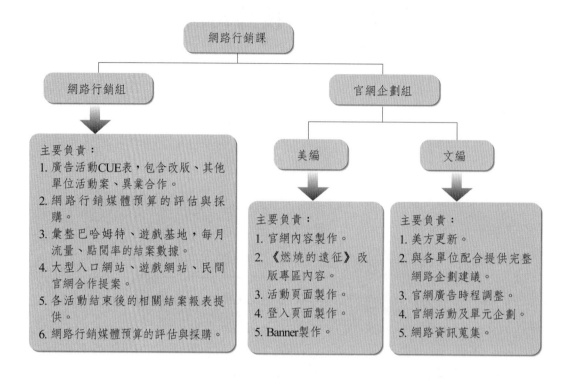

網路行銷課

網路行銷組

官網企劃組

主要負責：
1. 廣告活動CUE表，包含改版、其他單位活動案、異業合作。
2. 網路行銷媒體預算的評估與採購。
3. 彙整巴哈姆特、遊戲基地，每月流量、點閱率的結案數據。
4. 大型入口網站、遊戲網站、民間官網合作提案。
5. 各活動結束後的相關結案報表提供。
6. 網路行銷媒體預算的評估與採購。

美編

文編

主要負責：
1. 官網內容製作。
2. 《燃燒的遠征》改版專區內容。
3. 活動頁面製作。
4. 登入頁面製作。
5. Banner製作。

主要負責：
1. 美方更新。
2. 與各單位配合提供完整網路企劃建議。
3. 官網廣告時程調整。
4. 官網活動及單元企劃。
5. 網路資訊蒐集。

四、市場行銷──工作內容分布表

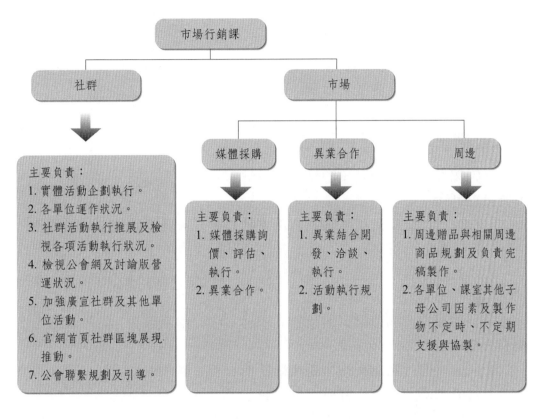

市場行銷課

社群　　　　市場

媒體採購　　異業合作　　周邊

社群

主要負責：
1. 實體活動企劃執行。
2. 各單位運作狀況。
3. 社群活動執行推展及檢視各項活動執行狀況。
4. 檢視公會網及討論版營運狀況。
5. 加強廣宣社群及其他單位活動。
6. 官網首頁社群區塊展現推動。
7. 公會聯繫規劃及引導。

媒體採購

主要負責：
1. 媒體採購詢價、評估、執行。
2. 異業合作。

異業合作

主要負責：
1. 異業結合開發、洽談、執行。
2. 活動執行規劃。

周邊

主要負責：
1. 周邊贈品與相關周邊商品規劃及負責完稿製作。
2. 各單位、課室其他子母公司因素及製作物不定時、不定期支援與協製。

行銷企劃部的組織、分工與職掌

就實務來說，企業的行銷企劃部在組織上，依不同公司也有不同的編制狀況。一般來說，主要有二種：

一、行銷企劃單位是否獨立

是附屬在業務部或營業部轄下，成為一個行銷企劃處。這種編法，主要有幾點理由：

1. 該公司以業務銷售（sales）為主軸及導向，業務銷售部門的角色比較重要，而行銷企劃則是配合性、搭配性的角色。
2. 如此做法的優點是，使業務與企劃一條鞭，具二合一的功能，彼此是一體的，不是平行的部門。

不是附屬在業務部轄下，而獨立成為一個行銷企劃部。這種做法，主要有幾點理由：

1. 該公司對行銷企劃的功能比較重視，產品屬性也比較是大眾型的消費品，須大量執行各種行企活動。
2. 該公司認為業務與企劃兩者切割比較理想，各有不同職能，而且業務主管也未必懂得行企活動及規劃。

二、行銷企劃部門的編法如何

就企業實務而言，行銷企劃部門或單位大致有三種編法，這要看不同行業、不同規模、不同公司、不同性質、不同老闆的想法而有不同的編法，沒有絕對的對與錯，只有適不適合、好不好而已。

㈠PM（產品經理）制度

1. 國內不少大型消費品公司，像統一企業、光泉公司、金車公司、味全公司……，均採取PM制度，即產品經理制度。

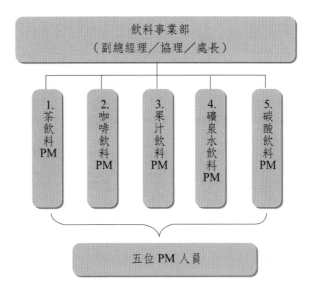

此即指某一個較大品類的產品線或產品群，均歸某個經理去管轄它們的所有行銷活動。

例如：某一飲料食品公司旗下有飲料事業部副總經理，而下面則設有：(1)茶飲料產品經理；(2)咖啡飲料產品經理；(3)果汁飲料產品經理；(4)礦泉水飲料產品經理；(5)碳酸飲料產品經理等五位產品經理（PM）。

2. 而這些產品經理，即負責了這個產品線或產品品牌的所有行銷活動，包括：(1)產品企劃；(2)配合研發部門的開發工作；(3)產品定價；(4)產品通路規劃；(5)產品的廣告宣傳；(6)產品的促銷活動；(7)產品的持續改善；(8)產品的公關活動；(9)產品的銷售成績狀況如何（配合業務部門及經銷商）；(10)產品的定位策略性問題思考；(11)產品的售後服務活動；(12)產品的創新活動思考等。

㈡BM（品牌經理）制度

1. 國外（外商）公司則因為每個品牌營業額都比較大，可以獨立來操作行銷，因此獨立為品牌經理（brand manager）制度，亦是常見的。

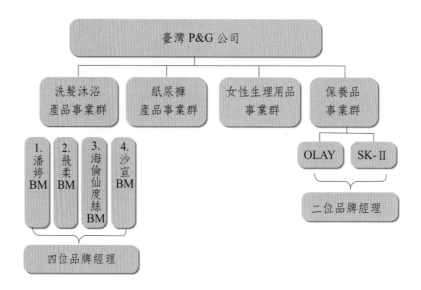

2.這個品牌經理即負責了該品牌的所有行銷活動。

例如：P&G（臺灣寶僑家品公司）旗下即有潘婷、沙宣、海倫仙度絲、飛柔等四種品牌，亦即有四個品牌經理管轄這些產品的營運行銷活動。

㈢ 功能性單位制度

另外，還有一種狀況也是常見的，亦即不是品牌經理，也不叫產品經理，而是採取全管式的功能性行銷企劃編組。包括行企部轄下有這些單位與職掌：

- 產品企劃課
- 販促課（販賣促進課）
- 廣宣課（廣告宣傳課）
- 媒體企劃與購買課
- 公關課
- 策略合作課（異業合作行銷課）
- 網路行銷課
- 策略行銷課（綜合企劃課）

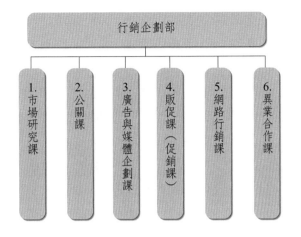

這種組織編制，一般都是在規模小一些、產品線數量不多、本土型的公司比較常見。

三、行銷企劃部的工作職掌與功能

綜合來說，不管是產品經理、品牌經理、功能性組織，只是名稱不同、流程不同或地位不同而已，這些並不是最重要的，因為組織是可以隨時調整及改變的。不好、不適合的組織，明天就可以調整、修正或改變。

但不變的是，這些行企單位與人員的工作職掌、任務或功能，是做些什麼事。大致說來，從實務上看，這些行企人員要做下列這些事情，包括：

1. 產品企劃、產品改善、產品創新、新產品上市。
2. 產品的定價與機動性、調整價格的變化。
3. 產品的通路策略規劃、通路加強、通路多元化及通路改善、通路創新。
4. 產品廣告與宣傳的策略規劃、要求廣告代理商提出好創意及有助銷售的創意。
5. 產品或品牌的媒體公關報導，包括電視、報紙、雜誌、網路等各種媒體，能多露出有利的報導篇幅、版面及次數。
6. 產品的促銷活動規劃與執行，包括各種週年慶、年中慶、節慶或附贈品包裝式與試吃試喝的店頭促銷活動。

7. 產品的精緻服務活動規劃與執行，以及客服中心的管理。

8. 產品的會員經營或VIP經營，或會員卡與紅利點數卡的經營等規劃與執行。

9. 產品的現場環境與作業流程之規劃、強化與提升效率之執行等。

10. 產品的市場調查，包括大樣本的量化電訪問卷調查，或小樣本的質化焦點團體座談會調查等方式。

11. 市場各種資訊情報的蒐集、彙整、分析、判斷與因應對策研擬。包括總體市場、消費者資訊、競爭對手資訊、經濟景氣、潛在加入者、同業與異業的動態、上游供應商、下游通路業者的動態、政府的法令政策、消基會等。

12. 最後，每天、每週、每月、每季、每年的銷售狀況、銷售變化以及獲利狀況，或面臨虧損、利潤衰退、營收減少等各種營運績效狀況的即時性數據分析與因應對策研擬。

第三節

行銷企劃的類別

1. 促銷活動企劃案。
   週年慶、年中慶、十週年慶、中秋節、情人節、聖誕節、跨年慶、春節、母親節、父親節、中元節、春季購物節、會員招待會、突破2,000家店慶等。

2. 新產品上市記者會。

3. 新產品上市行銷宣傳活動案（含廣告及媒體企劃案）。

4. 公益活動案。
   路跑杯、兒童繪畫比賽、藝文贊助、交通安全、捐贈救濟等。

5. 特別活動案。
   VIP封館秀、街舞大賽、晚會活動、走秀活動、臺灣啤酒節、演唱活動等。

6. 代言人活動案。

7.企業形象／品牌形象活動案。

8.異業合作行銷案。

- 變形金剛與思樂冰異業合作案。
- 魔獸世界與可口可樂合作案。
- 信用卡與各業別合作案。

9.品牌年輕化活動案。

10.會員經營企劃案。

11.通路商（經銷商、零售商促銷活動案）。

12.店頭包裝促銷及廣宣POP案。

13.網路行銷企劃案。

14.市調企劃案。

15.公關發稿案。

16.營運績效檢討報告案。

17.市場現況分析與競爭對手分析報告案。

18.創業加盟說明會。

19.參展（貿協）活動企劃案。

20.全國、全球經銷商大會。

21.年度行銷策略研討會。

22.通路拓展企劃案。

23.價格檢討報告案。

24.媒體餐敘企劃案。

25.其他行銷企劃案（知名度提升企劃案、產品改良企劃案等）。

引言（四）
行銷企劃撰寫七大能力基礎及條件

一、行銷企劃撰寫七大能力基礎

如何才能很快速，而且又能寫出很不錯或很完整的營運檢討報告案及行銷企劃案，歸納來說，應具備下列幾項能力：

㈠擁有豐富的行銷知識 🌀

行銷知識是撰寫行銷企劃案能力的重要基礎，包括：(1)行銷學；(2)品牌行銷學；(3)公關學；(4)整合行銷傳播學；(5)廣告學；(6)產品管理學；(7)定價管理學；(8)通路管理學；(9)服務管理學；(10)行銷企劃學；(11)媒體規劃與媒體購買學……各種基礎學識。缺乏這些基礎學識，就無法成為一個行銷達人或企劃撰寫達人。

因此，不管是在學校學習或是自我進修，都應該強化這方面的基礎理論內涵。

㈡6W/3H/1E的10項思考準則 🌀

撰寫行銷企劃案或營運檢討報告案，應時刻掛在心上的十項思考準則，即是6W/3H/1E。

6W

1. What：現況是什麼？目標是什麼？問題是什麼？待解決事項是什麼？未來趨勢會是什麼？洞察出什麼？重點核心事項是什麼？
2. Why：原因是什麼？為何會如此？為何是這個方案？為何是這個方式？為何是這種對策？為何導致如此？為何是這種變化？
3. When：時間點在何時？何時推動？何時上市？何時採取作為？何時行動？
4. Where：在哪裡執行？是局部地方或全部地方？
5. Who：派誰及哪些單位去執行負責？這些人與這些單位是否能夠把事情做好？
6. Whom：我們的目標對象是誰？這些目標對象有什麼特性或狀況？

3H

1. How to do：我們解決問題的執行方案、計畫、對策、做法、策略將會如何？我們如何做？如何做將會確保成功與績效的達成？什麼是最佳的方案及做法？

2. How much：我們花費多少行銷預算支出呢？要估算出金額目標數據，以利做成本與效益分析。

3. How long：這個活動的時間將會多久、多長？為何如此長？為何如此短？

1E

- Effect：執行這些方案及作為後，將會收到哪些有形及無形效益呢？這些效益數據分析的結果又是如何呢？如何深入得出及分析這些效益呢？

(三)累積的工作經驗

很多及很好的撰寫能力，是仰賴過去長久以來我們在各種工作崗位上的歷練、記憶、得與失、收穫及寶貴經驗的匯總和累積而成的。這種經驗很難去描述，它是一種自然的反射能力及回應思考能力，而且是靠時間逐步累積而成的。因此，我們更要珍惜及掌握每一種工作經驗的學習與記憶。

(四)開會檢討，集思廣益

我們在撰寫報告之前、之中或完成後，都應該多向其他相關單位（例如：業務部、門市部、財會部、研發部……）長官或同輩同事，詢問各種不同的看法、意見與觀點，這樣可以收到不同面向、不同角度與不同立場的集思廣益之效果。

如果只局限自己一個人的看法或思維，那麼可能會不夠完整，而有所缺漏，畢竟自己一個人的工作經驗、歷練層次、觀察角度及所屬專長分工都很有限，故必須集合眾人的智慧，才能完成一份很好的報告。

㈤有自己的創意、想法及做法

當然，在如何做方面（即How to do），自己一定要有一些基本的構想、創意或方案，然後形成文字後，就可以作爲大家進行討論的基礎。因此，企劃人眞不能沒有自己的想法及創意。

㈥吸取別行業、別公司及國外先進公司的做法及對策

跨業之間如果有很好的做法、創意、方式及對策，不妨作爲我們公司的借鏡參考。另外，日本、美國等國外先進公司或全球第一品牌公司，他們有些創意性與證實成功的做法，也值得我們跨海學習，這也是一種標竿學習。不管是國外參訪、考察，或從其官方網站觀察參考均可。

㈦看前人所寫的報告及購買參考工具書學習借鏡

最後，還可以參考這個職位之前同事們曾經寫過的諸多報告檔案，從那些前人辛苦寫過及做過的事實檔案資料中，我們也可以快速學習到該如何做，以及應該注意些什麼，這些都是珍貴的前人經驗與智慧的累積。

另外，市面上也有很多有關企劃案如何撰寫的商業書籍，可供我們借鏡參考之用，也能收一時之效果，以解燃眉之急。

行銷企劃撰寫七種能力，匯總如下圖所示：

撰寫營運檢討報告案及行銷企劃案應具備的7種能力

1. 豐富的行銷知識
- 行銷學、品牌行銷學、整合行銷傳播學、公關學、廣告學、產品管理學、定價管理學、行銷企劃學、通路管理學、服務管理學等基礎知識

＋

2. 6W/3H/1E（10項思考準則）
- 6W：What、Why、When、Where、Who、Whom
- 3H：How to do、How much、How long
- 1E：Effect

＋

3. 累積的工作經驗
- 過去在各種工作崗位上的歷練、記憶、得與失、收穫與經驗、視野等之有效且迅速的累積。

＋

4. 開會檢討（開會前、中、後，集思廣益）
- 在撰寫前、撰寫中或撰寫後，應該多向相關單位的長官或同輩同事詢問看法、意見與觀點，以便能收到不同面向與不同角度的集思廣益效果。

＋

5. 有自己的創意、想法及做法
- 自己一定也會有一些獨特的創意、想法及做法，這些都應反映在撰寫報告上。

＋

6. 吸取別行業、別公司及國外先進公司的做法及對策
- 如何有效的吸取別行業、別公司或國外先進公司、一流公司的各種做法及他們的總結經驗及得失參考，均值得我們撰寫時作為參考依據。

＋

7. 看前人所寫的報告及購買參考工具書學習借鏡
- 後輩可參閱前人所寫的此類相關企劃案或報告案，以掌握正確方向。此外亦可買一些外界出版的企劃案撰寫工具書，作為我們學習借鏡參考。

二、行銷企劃人員的條件

1. 熱情（對行銷、對產業、對市場、對產品）。
2. 不斷學習、不斷進步（跟對手、跟異業、跟國外學習）。
3. 累積各種實戰的經驗。
4. 要懂產品、要深入產品、要深入該產業。
5. 要有完整的邏輯思維力與架構力。
6. 要有精準的決策力。
7. 要參與業務面行動、增加業務知識與常識。
8. 知識→常識→見識→膽識。

多念書　多看報、多看雜誌　多到第一線去看、去做事、多歷練　敢下決策

第一篇

各類型行銷企劃案撰寫架構與實務篇

Chapter 1

各類型行銷

企劃案撰寫架構與實務介紹

促銷企劃／販促企劃撰寫
（sales promotion, SP）

一、促銷活動照片

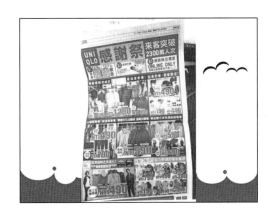

二、促銷目的與功能

1. 能有效提振業績。

2. 能有效出清過期、逾期庫存品。

3. 能獲得現金流入量（現流）。

4. 能避免業績衰退。

5. 為配合新產品上市活動。

6. 為穩固市占率。

7. 為維繫品牌知名度。

8. 為達成營收預算目標。

9. 為滿足全國各地經銷商的需求建議。

三、促銷活動非常重要

促銷（SP）活動在各種行銷活動中，是僅次於電視廣告（報紙廣告），第二重要的整合行銷配套活動。

例如：

1. SOGO及新光三越百貨公司每年業績：30%來自11月週年慶所創造的業績。
2. 阿瘦皮鞋連鎖店每年業績：70%來自年終慶、年中慶、週年慶及各大節日等十二個促銷活動所創造的業績。

促銷活動的重要性

1.創造現金流！要有現金周轉！

2.有收入增加，才不會虧錢，即使少賺。

3.企業沒有收入就完了！

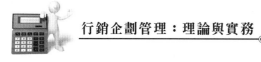

四、不做促銷活動的三大不利後果

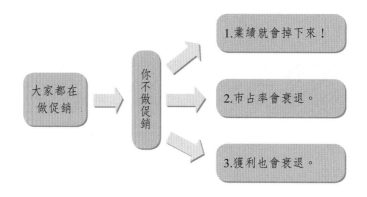

五、促銷！迎合消費者需求

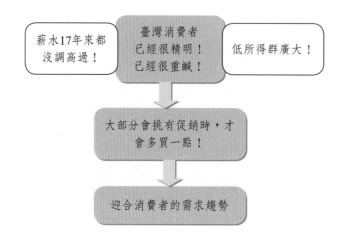

六、促銷活動崛起三大原因

㈠從消費者看：消費者有這個需求！

㈡從效果面看：實際上有效果！

㈢從競爭者看：大家都在做，你不做就輸了！

七、只有二種行業能夠不做促銷

㈠歐美名牌精品：LV、GUCCI、HERMÉS、Cartier……。

㈡高級（頂級）轎車：賓利、賓士。

因為精品行業都定位在高價品，很少做促銷的。

八、各式各樣的促銷活動

1.週年慶	6.年中慶	11.春節促銷
2.母親節促銷	7.父親節促銷	12.破盤4日價
3.中秋節促銷	8.會員招待會促銷	13.特別活動促銷
4.開學季促銷	9.夏季購物節	14.情人節促銷
5.聯合特賣會	10.春季購物節	

一年12個月的各月促銷節日

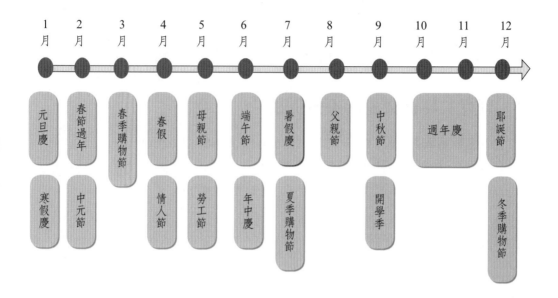

| 1月 | 2月 | 3月 | 4月 | 5月 | 6月 | 7月 | 8月 | 9月 | 10月 | 11月 | 12月 |

元旦慶　春節過年　春季購物節　春假　母親節　端午節　暑假慶　父親節　中秋節　週年慶　耶誕節

寒假慶　中元節　情人節　勞工節　年中慶　夏季購物節　開學季　冬季購物節

九、促銷活動舉辦二大來源

㈠廠商自辦

　　公司自行舉辦、製造廠商、品牌廠商自行舉辦（例如：統一、味全、金車、桂格、白蘭氏、阿瘦、TOYOTA、中華電信、SONY、Panasonic、P&G等）。

㈡配合零售商

　　配合大型零售商連鎖店而舉辦（例如：7-ELEVEN、家樂福、大潤發、全聯、新光三越、SOGO、屈臣氏、燦坤3C、全國電子等）。

十、主要的有效促銷方式

　　1.滿千送百、滿萬送千、滿5,000送500（禮券、抵用券）。
　　2.全面折扣戰（八折、五折、二折起）。

3. 紅利集點加倍送、折抵現金、換贈品。

4. 滿額贈。

5. 刷卡禮。

6. 大抽獎（天天送、週週抽、百萬大抽獎）。

7. 包裝式促銷（買二送一、買三送一、加量不加價、附贈品）。

8. 刮刮樂。

9. 免息分期付款（6期、12期、24期）。

10. 來店禮。

11. 第二雙（件、支、杯）八折起、五折起。

12. 特惠組特惠價（化妝品）。

13. 特賣會。

14. 買二件八折。

15. 其他（加價購、公仔行銷）。

十一、沒有促銷活動，業績降三成！

十二、最受歡迎的前三種促銷方法

㈠直接折扣活動（打五折、六折、七折、八折）

㈡買一送一活動，相當於打五折

(三)滿千送百：受歡迎

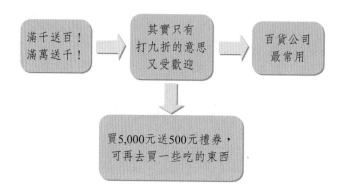

(四)案例：百貨公司週年慶、年中慶促銷活動

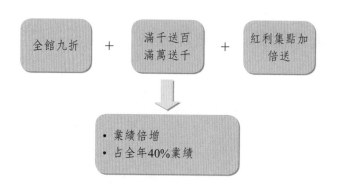

(五)案例：汽車業、家電業：免息分期付款最重要

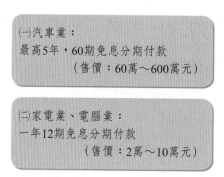

㈥案例：臺灣樂天網站促銷方式 ⟲

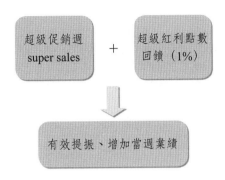

十三、百貨公司與零售業最主要的三大促銷節日

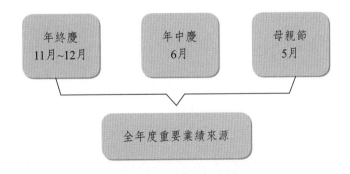

十四、全面折扣戰：很傷毛利，不能經常舉辦

㈠重要節日才有折扣 ⟲

(二)折扣不宜太低

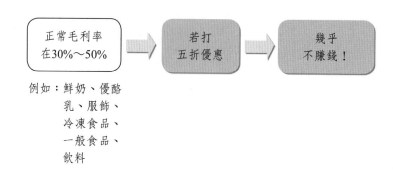

正常毛利率在30%～50% → 若打五折優惠 → 幾乎不賺錢！

例如：鮮奶、優酪乳、服飾、冷凍食品、一般食品、飲料

(三)過期、過季商品：虧錢打折賣

很多即將過期、過季商品 → 經常以二折、三折、五折出售 → 即使虧錢賣也要拿一些現金回來，否則就要廢棄了！

十五、通路為王：供貨廠商必須配合零售商的促銷活動

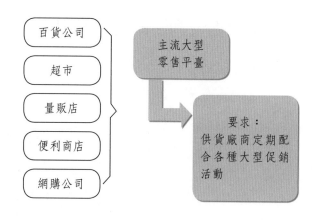

百貨公司
超市
量販店
便利商店
網購公司

主流大型零售平臺

要求：
供貨廠商定期配合各種大型促銷活動

㈠消費品業配合各大型零售商促銷活動 ❾

每年輪替配合做促銷商品優惠

日用品、日常消費品、乾貨 等	超　市	量販店	便利商店
	• 全聯 • 頂好	• 家樂福 • 大潤發 • 愛買 • COSTCO	• 7-11 • 全家 • 萊爾富 • OK

㈡各專櫃業配合百貨公司促銷活動 ❾

各種專櫃化妝品、保養品、名牌精品、女裝、女鞋、時尚流行品、居家用品

大型百貨公司

1. 新光三越百貨
2. SOGO百貨
3. 遠東百貨（大遠百）
4. 微風百貨
5. 漢神百貨

㈢各類商品配合前十三大網購公司促銷活動

1.PChome	5.東森+森森購物網	9. GoHappy
2. momo	6. PayEasy	10. 燦坤3C
3.雅虎奇摩	7. udn買東西	11. 86小鋪
4.博客來	8. 7net	12. GOMAJI
	13. 東京著衣	

十六、服務業／零售業：大型促銷活動案四步驟

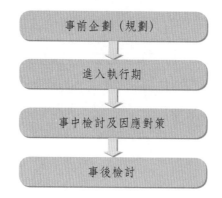

事前企劃（規劃）

進入執行期

事中檢討及因應對策

事後檢討

(一)事前企劃期

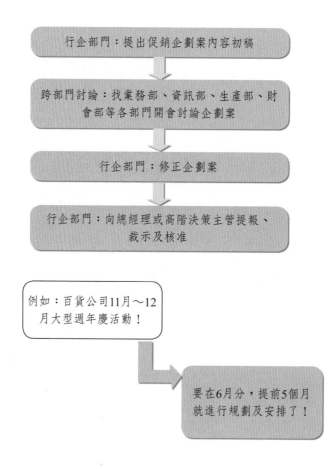

行企部門：提出促銷企劃案內容初稿

跨部門討論：找業務部、資訊部、生產部、財會部等各部門開會討論企劃案

行企部門：修正企劃案

行企部門：向總經理或高階決策主管提報、裁示及核准

例如：百貨公司11月～12月大型週年慶活動！

要在6月分，提前5個月就進行規劃及安排了！

百貨公司：週年慶事前企劃

商品部 → 協調各供貨廠商專櫃，提出最優惠的促銷折扣及可折扣商品

企劃部 → 安排各種媒體宣傳、公關報導、DM設計、室內戶外廣告招牌

㈡進入執行期

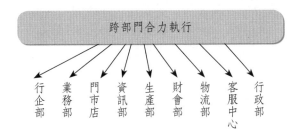

跨部門合力執行

行企部　業務部　門市店　資訊部　生產部　財會部　物流部　客服中心　行政部

㈢事中檢討及因應對策

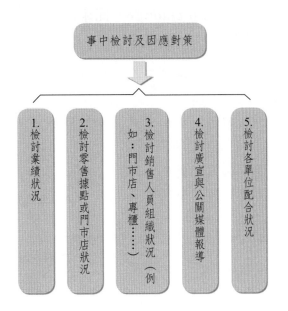

事中檢討及因應對策

1. 檢討業績狀況

2. 檢討零售據點或門市店狀況

3. 檢討銷售人員組織狀況（例如：門市店、專櫃……）

4. 檢討廣宣與公關媒體報導

5. 檢討各單位配合狀況

㈣ 事後檢討

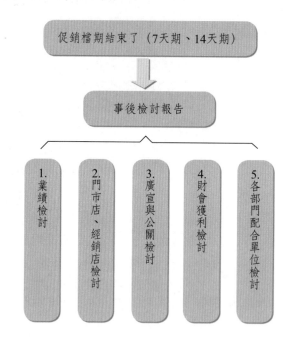

促銷檔期結束了（7天期、14天期）

↓

事後檢討報告

1. 業績檢討
2. 門市店、經銷店檢討
3. 廣宣與公關檢討
4. 財會獲利檢討
5. 各部門配合單位檢討

十七、促銷企劃撰寫項目

有關舉辦一場SP（sales promotion）促銷活動，企劃案撰寫的涵蓋項目，大致可以包括如下內容：

1. 活動期間、活動時間、活動日期（以郵戳為憑）。
2. 活動slogan（標語）。
3. 活動內容、活動辦法、參加方式、參加辦法、活動方式。
4. 活動對象。
5. 活動獎項、獎項說明、獎項介紹。
6. 抽獎時間、抽獎日期（公開抽獎）。
7. 活動地點。
8. 參賽須知。
9. 參加品牌、活動商品、參加品項。

10. 收件日期。

11. 活動查詢專線、消費者服務專線。

12. 中獎公告方式、中獎公布時間。

13. 兌獎方式、兌換期限、兌換通路、使用限制、兌獎日期。

14. 第一獎、第二獎、第三獎、普獎。

15. 活動官網（www.）。

16. 贈品寄送說明。

17. 扣稅說明（獎項價值2萬元以上，將扣10%所得稅，並開立扣繳憑單）。

18. 活動注意事項。

19. 活動效益評估。

20. slogan：滿額贈、萬元抽禮券、好禮雙重送、現刮現中、萬元抽獎、開瓶有獎、開蓋就送、天天抽、週週送、百萬現金隨手拿。

十八、促銷活動成功要素

1.
> 促銷誘因要夠，消費者得到實際利益

4.
> 善用代言人

2.
> 廣告宣傳及公關報導要夠

5.
> 與零售商大賣場良好配合

3.
> 採用會員直效行銷（DM、TM、eDM、簡訊），讓消費者知道有促銷活動

6.
> 與經銷店良好配合

十九、新光三越、SOGO、家樂福、燦坤3C、阿瘦……大型促銷活動的九種廣宣工具與訊息告知方式

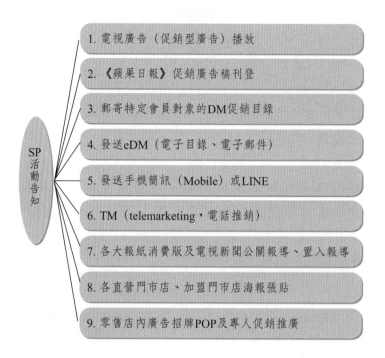

SP活動告知

1. 電視廣告（促銷型廣告）播放

2. 《蘋果日報》促銷廣告稿刊登

3. 郵寄特定會員對象的DM促銷目錄

4. 發送eDM（電子目錄、電子郵件）

5. 發送手機簡訊（Mobile）或LINE

6. TM（telemarketing，電話推銷）

7. 各大報紙消費版及電視新聞公關報導、置入報導

8. 各直營門市店、加盟門市店海報張貼

9. 零售店內廣告招牌POP及專人促銷推廣

二十、促銷宣傳要做到位

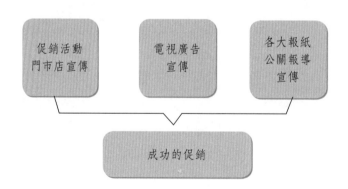

促銷活動門市店宣傳　　電視廣告宣傳　　各大報紙公關報導宣傳

成功的促銷

二十一、促銷對象：女性效果大於男性

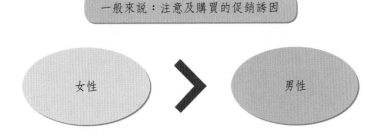

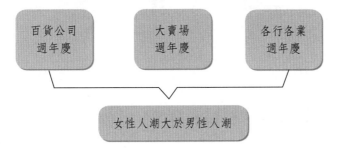

二十二、促銷活動公司各部門應注意事項

1. 官網的配合。
2. 增加現場服務人員，加快速度。
3. 避免缺貨。
4. 快速通知。
5. 異業合作協調好。
6. 店頭行銷配合布置好。
7. 全員停止休假。

二十三、大型促銷業績要設定目標預算（營業收入）

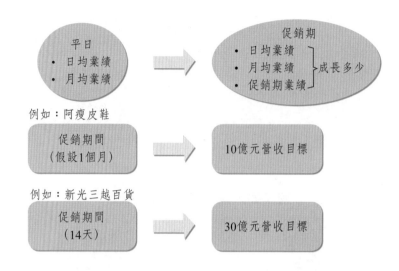

二十四、大型促銷預算項目有哪些（促銷費用支出）

二十五、SP促銷活動「效益評估」舉例

1. 評估業績成長多少？

   在執行促銷活動後的當月分業績，較平常時期的平均每月營收業績成長多少？

2. 評估參加促銷活動消費者的踴躍程度，例如：多少人次。

3. 評估此次活動所投入之實際成本花費是多少？

4. 評估扣除成本之後的淨效益是多少？

$$增加業績 × 毛利率 = 毛利額的增加$$
$$毛利額增加 - 實際支出的廣宣成本 = 淨利潤的增加$$

㈠促銷前／後效益數據比較（之1）

促銷前	促銷後

某公司每月營收：3億
毛利率：40%
每月毛利額：1.2億
每月營業費用：1.0億
每月獲利：2,000萬

每月營收：6億（營收增1倍）
毛利率：30%（毛利率降10%）
每月毛利額：1.8億
每月營業費用：1.6億（費用增6,000萬）
每月獲利：2,000萬（淨利不變）

結論：營收增加1倍！
增加3億現流！
淨利不變！

㈡效益比較（之2）：即使虧損仍要做！

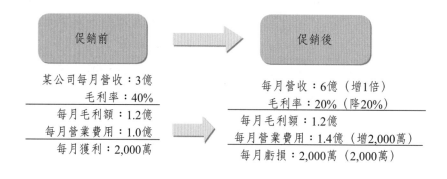

某公司每月營收：3億
毛利率：40%
_____
每月毛利額：1.2億
每月營業費用：1.0億
_____
每月獲利：2,000萬

每月營收：6億（增1倍）
毛利率：20%（降20%）
_____
每月毛利額：1.2億
每月營業費用：1.4億（增2,000萬）
_____
每月虧損：2,000萬（2,000萬）

結論：營收增加1倍！
增加3億現流！
虧損2,000萬！

㈢SP促銷活動「效益評估」舉例

- 某飲料公司在8月分舉辦促銷活動，過去平常每月業績為2億元，現在舉辦促銷活動後，業績成長30%，達2.6億元，淨增加6,000萬元營收。

- 另外，此次促銷活動實際支出為：獎項成本500萬元，媒體宣傳成本500萬元，合計1,000萬元。

- 營收增加6,000萬元，以三成毛利率計算，則毛利額增加1,800萬元。

- 故毛利額1,800萬元減掉成本支出1,000萬元，得到淨利潤800萬元。

- 此外，無形效益尚包含此活動可增加顧客忠誠度、增加品牌知名度及增加潛在新顧客效益等。

$$
\begin{array}{r}
2.6\text{億} \\
-\quad 2.0\text{億} \\
\hline
\text{營收增加} \quad 6{,}000\text{萬} \\
\times \quad 30\% \\
\hline
\text{毛利增加} \quad 1{,}800\text{萬} \\
\text{廣告支出} \quad -1{,}000\text{萬} \\
\hline
\text{淨利潤} \quad 800\text{萬}
\end{array}
$$

二十六、從數據分析看成功的促銷活動

> 1.業績（營收）成長要達到目標
>
> ＋
>
> 2.廣宣費用適度控制，不亂花
>
> ＋
>
> 3.獲利、現流要達到目標

從數據分析看「失敗」的促銷活動：業績目標差很大

1. 業績成長不如預期，與預期目標差很大（例如：平均每月業績做2億元，促銷月希望達成3億元，業績成長50%，但實際只達成2.2億元，成長才10%，故失敗）。

2. 業績成長的部分，再扣除增加支出的促銷費用後，反成負數虧錢了，故失敗。

二十七、有些一線品牌廠商：用不定期促銷取代降價戰

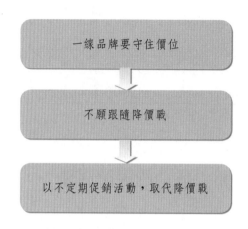

二十八、各大百貨公司、美妝店、資訊3C店年底週年慶活動企劃

(一)企劃要點涵蓋完整性

1. 主力促銷項目計畫（全面八折起、滿萬送千、滿千送百、滿5,000送500、刷卡禮、滿額贈、大抽獎、品牌特價、限時限量商品、排隊商品⋯⋯）。
2. 與各層樓專櫃廠商協調促銷方案情況彙報。
3. 與信用卡公司異業合作計畫（免息6期分期付款刷卡）。
4. 服務加強計畫（免費宅配、免費車、VIP服務）。
5. 特別活動舉辦企劃（聚集人潮的藝文、歌唱、趣味、娛樂、鄉土⋯⋯表演及展示活動）。
6. 店內、店外的POP廣宣布置（招牌、布條、立牌、吊牌裝飾布置）。
7. 對外整體媒體廣宣計畫
   (1)TVCF電視廣告。
   (2)NP報紙廣告。
   (3)MG雜誌廣告。

⑷RD廣播廣告。

⑸官網建置。

⑹公關擴大報導。

⑺公車廣告。

8. DM設計及印製、份數計畫。

9. 與各大廠商聯合刊登NP報紙。

10. 周邊交通及保全計畫。

11. 臨時危機處理計畫。

12. VIP重要會員的個別誠意邀請及告知。

13. 本次週年慶業績目標訂定。

14. 本次週年慶來客數及客單價目標概估。

15. 本次週年慶獲利目標概估。

16. 本次週年慶的時間與日期。

17. 本公司週年慶與同業競爭對手的比較分析。

18. 本次週年慶本館及全公司人力總動員與工作分配狀況說明。

19. 結語。

(二)事後效益分析報告

1. 業績（營收）達成度如何？與預計目標相較如何？

2. 今年業績與去年同期比較成長多少？是進步或退步？

3. 今年獲利狀況如何？

例如：過去年平均每月業績：40億

週年慶當月業績：70億

增加：30億

× 30%（百貨專櫃抽成30%）

增加：　9億

扣掉支出：　8億（滿千送百禮券、贈品、抽獎品、廣宣費、人事費、服務費）

淨賺：　1億

4.總來客數較去年成長多少？平均客單價又成長多少？

5.會員卡使用率（活卡率）占多少？（例如：HAPPY GO卡、新光三越卡）。

6.顧客滿意度如何？（例如：現場問卷填寫、電訪問卷、櫃檯反映）。

7.電視新聞、報紙及網路報導則數有多少？版面大小如何？

8.新會員、新辦卡人數增加多少？

9.各層樓產品專櫃反映意見如何？

10.哪幾種促銷項目最受歡迎？

11.其他無形效益分析。

12.總檢討結論：本次週年慶的得與失分析及未來建議。

(三)週年慶成功要因分析

1.各專櫃廠商的折扣數及其他優惠措施誘因要足夠。

2.媒體宣傳及公關報導要足夠。

3.廠商備貨要夠，不能缺貨。

4.結帳櫃檯數量及速度均要足夠。

5.交通引導及保全要準備妥當。

6.大型活動舉辦要適當配合，以吸引人潮。

二十九、習作演練

1.請蒐集最近新光三越百貨週年慶整個促銷活動的內容為何？

2.請蒐集SOGO百貨週年慶促銷活動內容為何？

3.請蒐集燦坤3C會員招待會促銷活動內容為何？

4.請蒐集屈臣氏週年慶促銷活動內容為何？

5.請蒐集家樂福週年慶促銷活動內容為何？

第二節

活動、新品上市記者會、
公關活動企劃撰寫

一、活動企劃案

㈠案例

　　臺北101煙火秀、跨年晚會、舒跑杯國際路跑、微風廣場VIP封館、苗栗桐花季、江蕙演唱會、名牌走秀活動、臺灣啤酒節、臺北牛肉麵節、臺北花博會、臺北咖啡節、臺北購物節、桃園石門旅遊節、中秋晚會、會員活動等。

㈡活動行銷圖片

㈢ 事件行銷活動

1. 是行銷企劃人員常見的企劃撰寫工作之一。
2. 是全方位整合行銷傳播操作手法之一。

㈣ 活動支出較大的預算項目

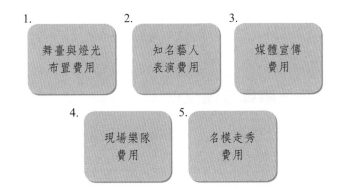

1. 舞臺與燈光布置費用
2. 知名藝人表演費用
3. 媒體宣傳費用
4. 現場樂隊費用
5. 名模走秀費用

㈤ 一線知名的活動主持人：每場15～30萬元

1.寇乃馨　　2.曲艾玲　　3.陶晶瑩　　4.黃子佼

㈥知名名模走秀活動整體規劃與執行公司

> 凱渥公司　或　伊林公司
>
> ·現場舞臺布置費
> ·名模出場費
> ·走秀呈現規劃費
> ·秀導費（導演）

㈦大型活動：委外專業公司來做

大型活動廠商自己很難承辦，經常專案委託外界專業公司來做，包含：⑴公關公司，⑵活動公司。

例如：

1.TOYOTA汽車公司「貿協車展活動」。

2.約翰走路洋酒公司「炫音派對晚會」。

3.台啤公司「國際啤酒節活動」。

4.富邦金控公司「國際健康路跑活動」。

5.雅詩蘭黛「乳癌防治公益活動」。

6.LV名牌精品「春季／冬季新品發表走秀活動」。

㈧ 大型活動預算花費

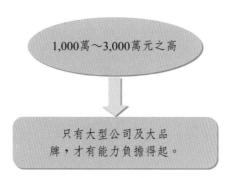

1,000萬～3,000萬元之高

只有大型公司及大品牌，才有能力負擔得起。

㈨ 大型活動籌備期

至少：
提前3個月～6個月，做規劃、研究、討論及籌備期間做準備。

㈩ 大型活動的目的

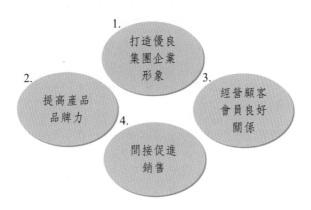

1. 打造優良集團企業形象

2. 提高產品品牌力

3. 經營顧客會員良好關係

4. 間接促進銷售

(土) 大型活動媒體報導露出也很重要 🔍

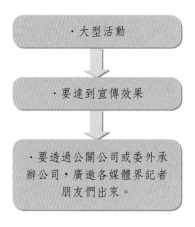

(土) 廣邀四大媒體記者出席及報導 🔍

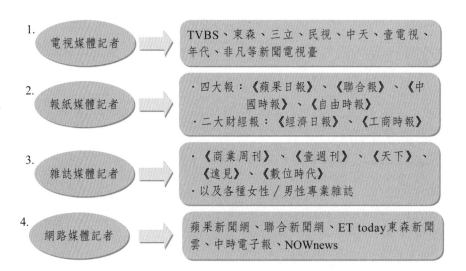

㈢大型活動的媒體報導效果評估指標

1. 是否有電視SNG現場即時連線報導？

2. 是否有在當天或隔天電視新聞報導？

3. 報紙、雜誌、網路報導的版面、版位、版標題是否很醒目？

4. 雜誌與報紙是否安排後續主題做深入專訪報導？

㈣大型活動須逐項深入討論及修正

委外專業公司：提出初步「活動企劃書」

逐項深入討論修正定案

大型廠商（品牌）公司

㈤ 大型活動公司負責部門 ♪

㈥ 大型活動籌備小組組織表 ♪

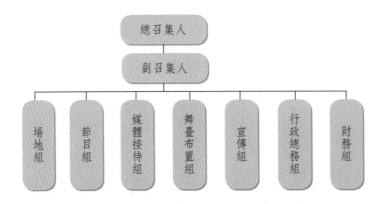

㈦ 大型活動委外的專業公關公司 ♪

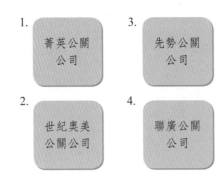

㈥大型活動成功二大重點 🎤

1. 主持人功力

大型活動節目流程與表現。

2. 節目規劃與創意表現

於事前要多演練彩排幾次，直到零缺點。

㈨大型活動舉辦地點的創意

歐洲名牌精品發表晚會：

例1：臺灣總統府前的凱達格蘭大道。

例2：大陸北京長城上面布置晚會。

例3：大陸上海黃浦江外灘景觀步道區。

例4：臺北中正紀念堂廣場晚會。

㈩大型活動：一般性活動地點（室內或戶外）

1.五星級飯店展示廳，如：W大飯店、君悅、晶采、香格里拉、遠東、寒舍艾美、101大樓等。

2.外貿協會展覽館或國際會議廳中心。

3.其他知名獨特地點（例如：臺北信義區威秀廣場）。

(三)大型活動邀請一線藝人出席

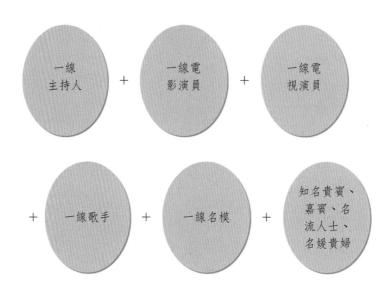

(三)委託大型活動的廠商內部核定流程

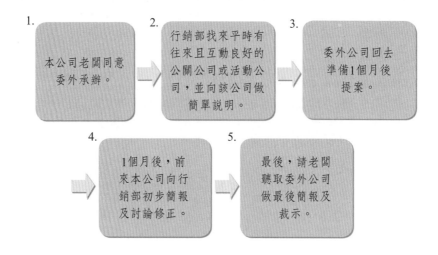

活動結束後要做的結案報告書並請款結帳

㈢ 結案報告書必須注意的要點

1. 寫出設定的活動目標或目的到底有沒有達成？達成度如何？
2. 結案後的成本效益分析究竟如何？是否效益大於成本？
3. 整個活動的進行是否順暢無瑕疵？
4. 各種媒體報導及公關報導的力道是否令人滿意？
5. 出席活動的各方相關人士對本活動的評論如何？是否有好評？
6. 本次活動的優缺點為何？下次有無改進的地方？

㈣ 活動效益目標

效益目標可能包括：

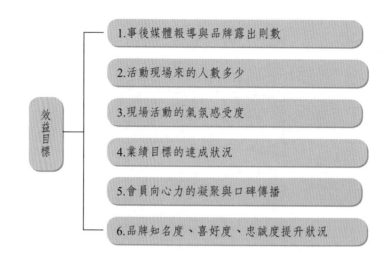

効
益
目
標

1. 事後媒體報導與品牌露出則數

2. 活動現場來的人數多少

3. 現場活動的氣氛感受度

4. 業績目標的達成狀況

5. 會員向心力的凝聚與口碑傳播

6. 品牌知名度、喜好度、忠誠度提升狀況

效益二大類

有形效益		無形效益
• 可具體數據化的例如：營收、獲利、來客數、報導則數、品牌知名度、顧客滿意度比例等	+	• 無法具體數據化的例如：優良企業形象、好口碑會員向心力、現場氣氛、會員黏著度等

㈤ 各型活動的預算

小型	中型	大型
30萬～100萬	100萬～500萬	500萬～3,000萬
		• 車展
		• 秀展
		• 晚會
		• 封館秀

㈥行銷活動企劃案撰寫項目（大綱）✐

1. 活動名稱、活動slogan。
2. 活動目的、活動目標。
3. 活動時間、活動日期。
4. 活動地點。
5. 活動對象。
6. 活動內容、活動設計。
7. 活動節目流程（run-down）。
8. 活動主持人。
9. 活動現場布置示意圖。
10. 活動來賓、貴賓邀請名單。
11. 活動宣傳（含記者會、媒體廣宣、公關報導）。
12. 活動主辦、協辦、贊助單位。
13. 活動預算概估（主持人費、藝人費、名模費、現場布置費、餐飲費、贈品費、抽獎品費、廣宣費、製作物費、錄影費、雜費等。
14. 活動小組分工狀況表。
15. 活動專屬網站。
16. 活動時程表（schedule）。
17. 活動備案計畫。
18. 活動保全計畫。
19. 活動交通計畫。
20. 活動製作物、吉祥物展示。
21. 活動錄影、照相。
22. 活動效益分析。
23. 活動整體架構圖示。
24. 活動後檢討報告（結案報告）。
25. 其他注意事項。

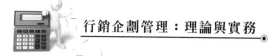

㈦事件活動行銷成功七要點

活動成功行銷有七項要點，包括：

1. 活動內容及設計要能吸引人（例如：知名藝人出現、活動本身有趣、好玩、有意義）。
2. 要有免費贈品或抽大獎活動。
3. 活動要有適度的媒體宣傳及報導（編列廣宣費）。
4. 活動地點的合適性及交通便利性。
5. 主持人主持功力高、親和力強。
6. 大型活動事先要先彩排一次或二次，以做最好的演出。
7. 戶外活動應注意季節性（避免陰雨天）。

㈥會員活動（會員珠寶銷售展示會）企劃案撰寫大綱

1. 活動名稱。
2. 活動時間。
3. 活動地點（○○大飯店宴會廳）。
4. 活動目標（目的）。
5. 活動對象
   ⑴對象1。
   ⑵對象2。
   ⑶對象3。
6. 活動進行企劃重點
   ⑴商品規劃。
   ⑵展場規劃。
   ⑶活動規劃。
   ⑷宣傳策略。
7. 活動流程（時間表）
   ⑴展場（展售／珠寶秀）。
   ⑵拍賣會場。
8. 活動主軸
   ⑴珠寶精品銷售。

　　⑵珠寶秀。

　　⑶拍賣會。

　　⑷娛樂表演。

　　⑸雞尾酒招待會。

　　⑹迎賓好禮促銷。

9.主題及氣氛陳列。

10.宣傳

　　⑴電子媒體。

　　⑵平面媒體。

　　⑶手機簡訊。

11.本活動預算支出合計（包含平面製作物、場地租金、贈品、活動、陳列、燈光音響工程及其他）。

12.本公司內部各部門工作分配表。

13.預定工作時程進度表。

㈦ 大型活動預算項目（支出）編列

㈡ 活動成本／效益分析（cost/effect analysis）

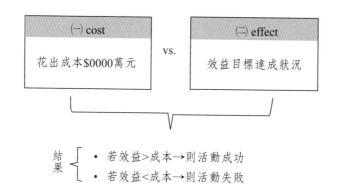

㈠ cost	vs.	㈡ effect
花出成本$0000萬元		效益目標達成狀況

結果
- 若效益＞成本→則活動成功
- 若效益＜成本→則活動失敗

㈢ 習作演練

1. 假設LV在臺15週年慶，該公司提撥3,000萬元，想做一系列事件行銷慶祝活動，你會如何企劃？

2. 假設CHANEL在臺公司想在該年3月分舉辦一場CHANEL春季服裝秀展，提撥2,000萬元，你要如何企劃？

3. 假設微風購物廣場要在一個月後某一天，舉辦一場VIP會員的封館秀，你要如何企劃這場封館秀？

4. 假設某洋酒公司想要舉辦一場品酒派對晚會，你要如何企劃？

5. 假設SK-II要舉辦新年度代言人記者會，給你100萬元預算，你要如何企劃這場記者會？

6. 假設白蘭氏推出某項新產品，要舉辦新產品上市記者會，給你100萬元預算，你要如何企劃這場記者會？

7. 假設台啤公司要舉辦一項啤酒節大型活動，給你2,000萬元預算，你要如何企劃？

8. 假設雅詩蘭黛化妝品公司想要舉辦一系列公益行銷活動（女性乳癌防治活動），給你2,000萬元預算，請問你要如何企劃？

9. 假設國泰世華銀行要舉辦一項大型公益行銷活動，給你2,000萬元預算，請問你要如何企劃？

10.假設TVBS電視公司承辦今年度臺北市政府跨年晚會活動，給你3,000萬元預算，請問你要如何企劃？

11.假設CITY CAFE要舉辦一系列的藝文活動，給你1,000萬元預算，請問你要如何企劃？

12.假設某家牛仔褲想在威秀電影廣場舉辦一場戶外活動秀，給你200萬元預算，請問你要如何企劃？

二、新產品上市記者會企劃

(一)企劃內容

1.記者會主題名稱。

2.記者會日期與時間。

3.記者會地點。

4.記者會主持人建議人選。

5.記者會進行流程（run-down）——含出場方式、來賓講話、影帶播放、表演節目安排等。

6.記者會現場布置概示圖。

7.記者會邀請媒體記者清單及人數

　⑴TV（電視臺）出機：TVBS、三立、中天、東森、民視、非凡、年代等七家新聞臺。

　⑵報紙：《蘋果》、《聯合》、《中時》、《自由》、《經濟日報》、《工商時報》。

　⑶雜誌：《商周》、《天下》、《遠見》、《財訊》、《非凡》。

　⑷網路：聯合新聞網、NOWnews、中時電子報。

　⑸廣播：News 98、中廣。

8.記者會邀請來賓清單及人數（包括全省經銷商代表）。

9.記者會準備資料袋（包括新聞稿、紀念品、產品DM等）。

10.記者會代言人出席及介紹。

11.記者會現場座位安排。

12.現場供應餐點及份數。

13.各級長官（董事長／總經理）講稿準備。

14.現場錄影準備。

15.現場保全安排。

16.記者會組織分工表及現場人員配置表（包括：企劃組、媒體組、總務招待組、業務組等）。

17.記者會本公司出席人員清單及人數。

18.記者會預算表（包括：場地費、餐點費、主持人費、布置費、藝人表演費、禮品費、資料費、錄影費、雜費等）。

19.記者會後安排媒體專訪。

20.記者會後，事後檢討報告（效益分析）：

　　⑴出席記者統計。

　　⑵報導則數統計。

　　⑶成效反應分析。

　　⑷優缺點分析。

(二)案例大綱：某大公司「新產品上市」發表會

1. 成立新產品上市發表會專案小組

　　⑴專案小組組織表。

　　⑵各分組成員名單。

2. 新產品上市發表會主要事項安排

　　⑴發表會日期確定。

　　⑵發表會地點確定。

　　⑶發表會議程確定

　　　①總經理致詞（5分鐘）。

　　　②產品開發部經理介紹新產品（10分鐘）。

　　　③行銷部經理介紹市場行銷（5分鐘）。

　　　④Q&A（詢答）（20分鐘）。

　　　⑤結束。

　　　⑥與記者餐敘。

(4) 發表會資料袋、紀念品準備。

(5) 發表會現場布置。

(6) 媒體宣傳

　① 發表會記者到場採訪。

　② 發新聞稿。

　③ 安排記者專訪。

　④ 刊登各媒體廣告宣傳CF及平面稿、廣播稿。

(7) 本次發表會經費預算估計。

(8) 發表會邀請對象確定。

三、公開活動企劃

㈠公關活動呈現類型、方式、名稱

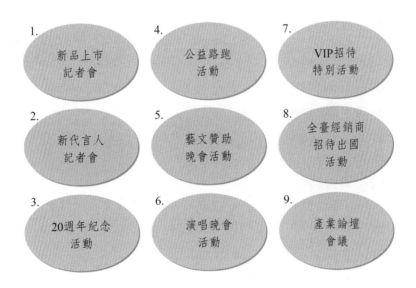

10.
全民健走
活動

13.
年終、年初
記者餐敘會
活動

16.
春季新妝
走秀展示會

11.
鐘錶巡迴
展示會

14.
電子商務
招商活動

17.
旗艦店
開幕儀式

12.
貿協大規模
發展活動

15.
投資機構參訪
公司活動

㈡ 前置作業

工作事項包括如下：

1.擬定議題方向與規劃。

2.腦力激盪與執行評估。

3.議題評估。

4.預算編列。

5.企劃提案與整合建議。

6.企劃目標與執行定案。

7.相關單位聯繫。

8.採購發包準備。

9.狀況模擬。

㈢ 企劃案撰寫內容大綱

1.活動主題與活動目的。

2.活動標語（slogan）。

3.活動時間與日期。

4.活動內容規劃與活動節目設計（含主持人、來賓等）。

5.活動訴求對象。

6.活動空間動線規劃

　⑴交通工具。

　⑵執行人員動線。

　⑶活動人潮動線。

7.宣傳媒介與執行

　⑴電子媒體。

　⑵平面媒體。

　⑶網路媒體。

　⑷廣播媒體。

　⑸公車媒體。

8.活動人數預估。

9.活動視覺營造與製造。

10.活動經費（預算）概估。

11.活動預期效益。

12.人力資源與職務權責分配表。

13.軟硬體設備清單製作。

14.重要時程進度表。

15.其他備案：場地、道具、代言人等。

16.活動贈品。

17.活動錄影準備。

18.活動保全規劃。

19.活動邀請的媒體。

20.活動危機處理。

21.活動肖像、玩偶。

㈣現場作業

工作事項包括：

1.系統化控管。

2.活動現場人力資源清單。

3.聯繫網設立。

4.時程編列。

5.軟硬體設備。

6.動線邏輯。

7.突發危機。

(五)後續作業

工作事項包括：

1.活動後人力安排清單。

2.活動空間之恢復。

3.軟硬體之點交。

4.行政總務事項之執行。

5.經費結算與檢討會議。

6.活動後會報與整合結案。

7.統計媒體露出則數。

8.結案報告撰寫及向委辦廠商請款。

(六)公關活動成功四大要素

1. 提案分析與規劃邏輯

(1)議題具有獨創性。

(2)市場趨勢與潮流的正確評估。

(3)活動內容的豐富性及娛樂價值。

(4)如何能演變為街坊話題。

(5)評估媒體（或）消費者參與指標。

(6)充分的預算與人力。

2. 現場連結與氣氛營造

　　⑴活動設計如何。

　　⑵主題式情境氛圍。

　　⑶視聽傳達效力。

　　⑷活動串場之時序。

　　⑸主持人之臨場效應。

　　⑹活動現場的掌控。

3. 活動現場模擬與彩排

　　⑴人力資源清單與分工。

　　⑵人力機動支援網路。

　　⑶軟硬體設施定位與檢視。

　　⑷活動流程與時序銜接。

　　⑸整合動線推演與檢討。

　　⑹安全檢視與危機評估。

　　⑺氣候異動處理。

4. 氛圍設計與時序

　　⑴開場：引發與會者注意力。

　　⑵暖場：預告活動主要內容。

　　⑶串場：避免冷場。

　　⑷高峰：整場活動聚焦的重點。

　　⑸結束：活動圓滿成功。

㈦如何評估公關活動的效益表現

1. 現場人潮及滿意度

　　⑴現場活動的人潮及對此活動展現的滿意度如何。

　　⑵如果活動現場（戶外或室內）人潮踴躍，超過預期目標人數，以及他們對此活動的展現，也表示滿意的程度，則表示此活動算是

成功的。

2. 點閱人數

如果有兼做網路活動，那麼上網點閱人數的多寡，也可顯示此活動是否成功。

3. 媒體露出則數

從媒體的曝光量來看，是否在各電視、報紙主流媒體露出？版位及篇幅大小如何？露出則數多少？以及是否能夠造成媒體話題？

4. 無形效益

再來是潛在間接的無形效益如何？例如：此活動對廠商的企業形象、品牌效益、品牌知名度等提升多少？

5. 業績提升

最後，有些公關活動也對廠商業績的提升帶來明顯的短期助益。

(八) 廠商如何挑選公關公司合作的指標

1. 提案是否具有「創意力」。
2. 過去的「執行力」是否受到肯定。
3. 「口碑」如何：可多打聽看看。
4. 「配合默契」如何？
5. 「預算」管理能力如何：花大錢是大忌，切記要能善用客戶每一分錢。
6. 「細心度」如何：好的公關公司能協助客戶注意到更小的事情。
7. 「熱忱」如何：有熱忱投入才會有源源不絕的創意及執行力，以做好公關服務。
8. 「經驗」如何：公關活動的種類區分為很多種，每一家公關公司的專長也會有所不同。

㈨舉辦一場新產品發表記者會應準備事宜 ♪

1. 地點（場所）選擇：室內或戶外。
2. 時間、日期。
3. 活動及流程（run-down）設計。
4. 場景布置。
5. 是否有代言人出席。
6. 主持人挑選及主持人腳本。
7. 整個流程的掌控。
8. 老闆致詞稿準備。
9. 重量級貴賓致詞稿準備。
10. 客戶致詞稿準備。
11. 貴賓及媒體記者邀請名單。
12. 媒體問答（Q&A）預想準備。
13. 出席記者的資料袋準備。
14. 贈品準備。
15. 手提袋印製準備。
16. 現場餐點準備。
17. 現場位置區座位安排準備。
18. 現場招待人員準備。
19. 舞臺、燈光、錄影準備。
20. 預算編列。
21. 其他事項。

㈩國內員工人數較多的公關公司 ♪

茲列舉國內較大型的公關公司以供參考：

1. 21世紀公關（奧美公關）。
2. 先勢公關。
3. 聯太公關。
4. 楷模公關。

5. 知申公關。

6. 威肯公關。

7. 凱旋公關。

8. 萬博宣偉公關。

9. 經典公關。

10. 精采公關。

11. 精英公關。

12. 戰國策公關。

13. 頤德公關。

14. 雙向公關。

15. 縱橫公關。

16. 理登公關。

17. 博思公關。

18. 達豐公關。

㈤某大公司新春宴請各大平面及電子媒體總編及高級主管聯誼企劃案

1. 本案目的說明。

2. 聯誼時間：○○年○○月○○日～○○月○○日。

3. 聯誼地點：臺北晶華大飯店○○廳。

4. 主題：新春媒體招待會。

5. 聯誼對象：各大媒體總編輯。

6. 名單

　(1)○○電視臺：計3人（略）。

　(2)○○大報：計3人（略）。

　(3)○○財經雜誌：計2人（略）。

　(4)○○財經商業雜誌：計3人（略）。

　(5)○○廣播電臺：計2人（略）。

　　共計：13人

7.本公司出席人員：計10人，各部門主管。

⑴餐費（晚餐）：○○萬元。

⑵禮品費：○○萬元。

⑶交通費：○○萬元。

⑷場地費：○○萬元。

8.聯誼預算概估。

(圭)公關活動實例

1.中天電視臺臺北市政府跨年晚會。

2.康師傅TDR上市。

3.味全公關案。

4.100超越100記者會結案報告。

(圭)習作演練

1.假設過年快到了，你是TOYOTA汽車公司的行銷部人員，老闆交代你年底前要辦一場媒體餐敘會，感謝各媒體記者，請問：要企劃一場媒體餐敘會，要考慮到哪些準備內容或事項？請你說說看。

2.假設年後要招待記者們喝春酒，如果你是花王臺灣公司行銷人員，負責主辦這場餐敘，請問你會邀請哪些媒體記者出席呢？請周全的想想看這些媒體公司有哪些？

3.假設你是iPhone蘋果公司臺北分公司的行銷人員，如果要你舉辦一場最新的iPhone7產品上市記者會或發布會，請問：是否可以簡單說一下這個記者會進行的節目規劃或活動流程大致如何？你有何設想？

4.假設LEXUS高級轎車要推出今年最新款汽車，將舉辦一場發布會，請問這場發布會要如何進行？你有何想法嗎？說說看你的設想？

5.假設你是約翰走路洋酒公司行銷人員，老闆要辦一場花費2,000萬元之大型炫音派對晚會，請問你對這場活動的規劃有何想法？要如

何進行？節目內容爲何？

6. 假設你是Levi's牛仔褲公司行企人員，公司想在信義威秀香堤大道辦一場戶外走秀活動，請問你對這項活動內容有何想法？你會如何進行？

7. 假設你是LV在臺分公司行企人員，公司要辦一場春季新產品走秀展示活動，請問你會邀請哪些藝人、歌手或名媛貴婦出席，以引起話題呢？

8. 假設香奈兒（CHANEL）臺北旗艦店即將在101大樓開幕，要舉辦一個盛大的開幕儀式，請問你會邀請哪些藝人做剪綵貴賓，以吸引媒體報導？

9. 假設三星手機公司計畫邀請全臺灣手機經銷店老闆們抽空赴韓國參觀三星公司兼旅遊，請問你會如何規劃這次五天活動的內容呢？請你設想看看。

10. 假設交通部爲推廣日本、韓國、大陸來臺觀光人數遽增，因此，想請一位重量級藝人作爲亞洲區觀光大使（代言人），請問你會推薦哪一位觀光代言人呢？爲什麼？請列舉至少三位人選。

廣告企劃撰寫

一、廣告任務（目標）是什麼？

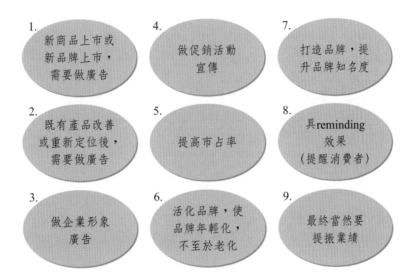

1. 新商品上市或新品牌上市，需要做廣告

2. 既有產品改善或重新定位後，需要做廣告

3. 做企業形象廣告

4. 做促銷活動宣傳

5. 提高市占率

6. 活化品牌，使品牌年輕化，不至於老化

7. 打造品牌，提升品牌知名度

8. 具reminding效果（提醒消費者）

9. 最終當然要提振業績

二、藝人代言廣告，拉升業績

電視廣告請知名藝人代言，效果確實會好一些。成功案例如下：

品牌	代言人
CITY CAFE	桂綸鎂
SK-II	湯唯
阿瘦	隋棠
桂格養氣人蔘雞精	謝震武
桂格大燕麥片	吳念真
長榮航空	金城武
山葉機車	蔡依林

品牌	代言人
Adidas	楊丞琳
佳麗寶 化妝品	江蕙
象印	陳美鳳
OSIM 天王椅	劉德華
宏佳騰 機車	周杰倫
台啤	蔡依林
浪琴錶	林志玲

三、藝人代言廣告的優點

1.比較吸睛（吸引人注目）。

2.短期內，可拉高知名度。

3.情感的投射，對該品牌比較會產生好感。

一旦品牌知名度拉升、情感投射的好感度提升，就可打造出品牌力，並促進銷售業績。

四、廣告代言人：數據效益分析

成本	效益
浪琴錶： ・請林志玲代言，每年代言費1,000萬元。 ・加上廣告刊播費3,000萬元。 ・合計：支出4,000萬元（每年）	・營收增加： 從每年賣10億元，增加二成，到12億元。 ・毛利額增加： 營收增加2億元，乘上40%毛利率，得到8,000萬元毛利額的增加。 ・淨利增加： 所以8,000萬元毛利額增加，再減掉左邊的4,000萬元代言費及廣告費，還增加獲利4,000萬元，故當然值得。

成本	效益
1.代言人費用	1.營收額增加
2.年度廣告費用	2.毛利額增加
總成本	3.營收額減去總成本後，淨利增加

五、電視廣告片（TVC）的製作價碼

等級	製作費用	備註
較低等級	100萬元以內	・委託電視臺製拍
一般水平	200萬～300萬	・用B咖藝人廣告代言
高水平	500萬～800萬	・引用特級A咖藝人代言
極高水平	1,000萬以上	・到國外取景 ・引用國際級巨星藝人 ・A級導演掌鏡

六、電視廣告片製作時程

一般的	：1個月左右
赴國外拍攝高水平的	：2個月左右

TVCF製作費

⬇

・委託知名廣告片導演負責掌鏡時，製作費會較高。

七、廣告公司：其實，自己不製拍TVCF

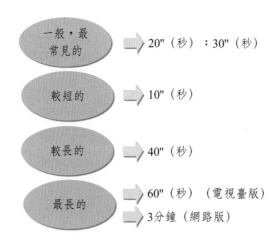

廣告公司
· 負責廣告創意、廣告腳本提案而已
· 負責尋找正確的代言人

＋

委外製拍
1. 電視廣告與專業製拍公司
　　　或
2. 知名導演個人工作室

八、TVCF秒數種類

一般，最常見的 ➡ 20"（秒）；30"（秒）

較短的 ➡ 10"（秒）

較長的 ➡ 40"（秒）

最長的 ➡ 60"（秒）（電視臺版）
　　　➡ 3分鐘（網路版）

九、電視廣告計價，以10秒為一個單位累進

播一支10
秒一次 ：6,000元（電視臺CPRP定價）

播一支30秒
一次 ：6,000元×3倍=1.8萬元

播一支60秒
一次 ：6,000元×6倍=3.6萬元

若播一次30
秒的300次
（檔） ：1.8萬元×300次
=540萬元花費

由於電視廣告計價很貴，故一般
都是20秒及30秒的廣告居多。

因為，愈長秒數的TVCF，播出費就更貴。

只有極少數，國際級大公司或極賺錢大公司，
才會有60秒的TVCF。

其實

20"及30"的TVCF，只要
多播出檔次，通常就能
達成印象效果及目的。

十、電視廣告播出量：足夠就好，不是愈多就愈好

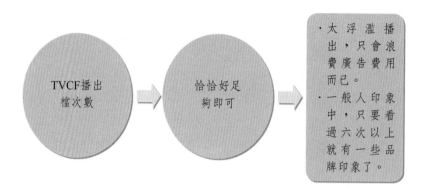

TVCF播出
檔次數

恰恰好足
夠即可

・太浮濫播
出，只會浪
費廣告費用
而已。
・一般人印象
中，只要看
過六次以上
就有一些品
牌印象了。

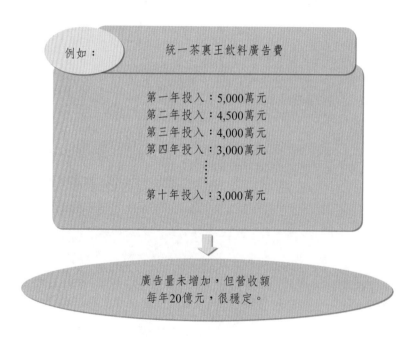

例如：

統一茶裏王飲料廣告費

第一年投入：5,000萬元
第二年投入：4,500萬元
第三年投入：4,000萬元
第四年投入：3,000萬元
⋮
第十年投入：3,000萬元

廣告量未增加，但營收額
每年20億元，很穩定。

十一、新品上市前兩年：因廣告費投資，故可能會虧錢

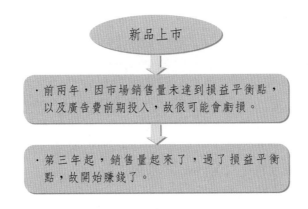

1. 新產品上市電視廣告費用的投入，是打造品牌知名度的必要性長期投資。
2. 電視廣告仍是目前各中型、大型企業及品牌，必要的投資支出，仍是歷久不衰的。若沒有這種長期投資的理念，就不會有品牌力，也就不會有好的業績出現。

十二、電視廣告三大類型

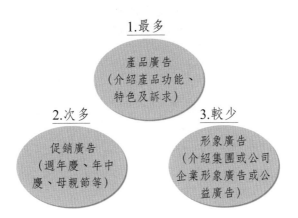

十三、電視廣告訴求呈現四大類型

（一）
理性型
廣告

（二）
感性型
廣告

（三）
唯美型
廣告

（四）
故事型
廣告

十四、廣告創意與廣告效果要兼顧

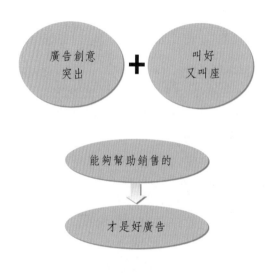

廣告創意
突出

＋

叫好
又叫座

能夠幫助銷售的

才是好廣告

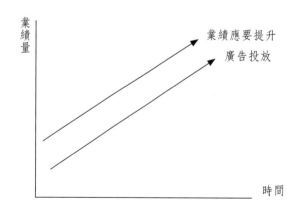

十五、電視廣告企劃與製作的三個相關

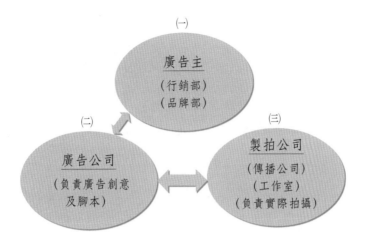

1. 介紹產品的特色及USP（unique selling proposition）
2. 指出廣告目的及目標

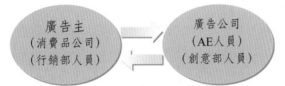

3. 提出廣告創意構想
4. 建議代言人或素人主角
5. 提出廣告腳本

十六、廣告設計的七大元素

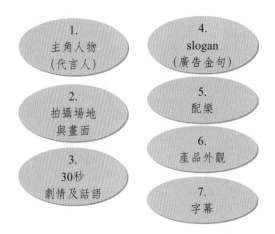

1.
主角人物
(代言人)

2.
拍攝場地
與畫面

3.
30秒
劇情及話語

4.
slogan
(廣告金句)

5.
配樂

6.
產品外觀

7.
字幕

十七、電視廣告片拍完後

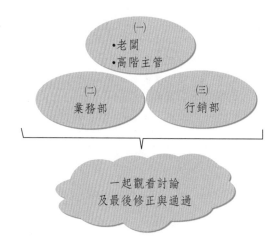

(一)
•老闆
•高階主管

(二)
業務部

(三)
行銷部

一起觀看討論
及最後修正與通過

十八、廣告提案三部曲

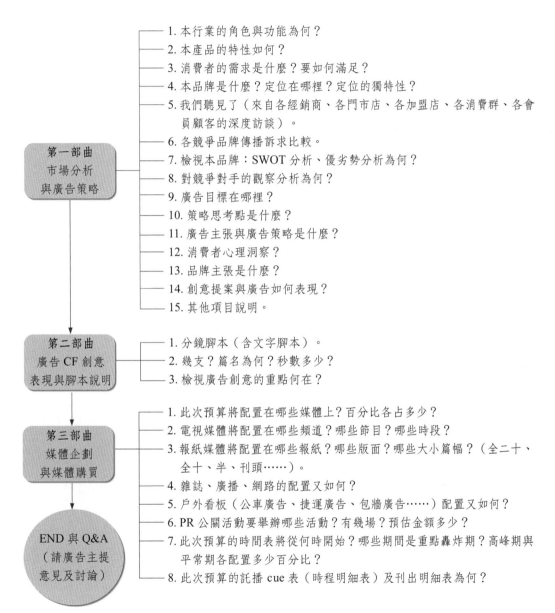

第一部曲
市場分析
與廣告策略

1. 本行業的角色與功能為何？
2. 本產品的特性如何？
3. 消費者的需求是什麼？要如何滿足？
4. 本品牌是什麼？定位在哪裡？定位的獨特性？
5. 我們聽見了（來自各經銷商、各門市店、各加盟店、各消費群、各會員顧客的深度訪談）。
6. 各競爭品牌傳播訴求比較。
7. 檢視本品牌：SWOT 分析、優劣勢分析為何？
8. 對競爭對手的觀察分析為何？
9. 廣告目標在哪裡？
10. 策略思考點是什麼？
11. 廣告主張與廣告策略是什麼？
12. 消費者心理洞察？
13. 品牌主張是什麼？
14. 創意提案與廣告如何表現？
15. 其他項目說明。

第二部曲
廣告 CF 創意
表現與腳本說明

1. 分鏡腳本（含文字腳本）。
2. 幾支？篇名為何？秒數多少？
3. 檢視廣告創意的重點何在？

第三部曲
媒體企劃
與媒體購買

1. 此次預算將配置在哪些媒體上？百分比各占多少？
2. 電視媒體將配置在哪些頻道？哪些節目？哪些時段？
3. 報紙媒體將配置在哪些報紙？哪些版面？哪些大小篇幅？（全二十、全十、半、刊頭……）。
4. 雜誌、廣播、網路的配置又如何？
5. 戶外看板（公車廣告、捷運廣告、包牆廣告……）配置又如何？
6. PR 公關活動要舉辦哪些活動？有幾場？預估金額多少？
7. 此次預算的時間表將從何時開始？哪些期間是重點轟炸期？高峰期與平常期各配置多少百分比？
8. 此次預算的託播 cue 表（時程明細表）及刊出明細表為何？

END 與 Q&A
（請廣告主提意見及討論）

十九、廣告主、廣告代理商、媒體代理商關係圖

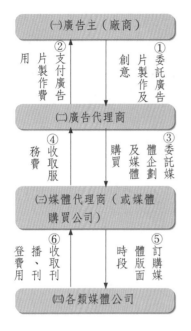

(一)廣告主（廠商）

② 支付廣告片製作費　用　② 支付廣告片製作費
① 委託廣告片製作及創意

(二)廣告代理商

④ 收取服務費
③ 委託媒體企劃及媒體購買

(三)媒體代理商（或媒體購買公司）

⑥ 收取播、刊登費用
⑤ 訂購媒體版面、時段

(四)各類媒體公司

・例如：第一企業、統一超商、TOYOTA 汽車、中華汽車、NOKIA 手機、中華電信、箭牌口香糖、光泉、味全、金車、東元、日立、SONY、Panasonic、acer、ASUS……

・例如：李奧貝納、奧美、智威湯遜、台灣電通、上奇、麥肯、電通國華、BBDO 黃禾、達彼思、聯廣、太笈策略、華威葛瑞、東方、陽獅……

・例如：凱絡、傳立、媒體庫、宏將、優勢麥肯……
  ・電視公司
  ・報紙
  ・雜誌
  ・廣播
  ・網路
  ・戶外廣告代理公司

二十、成功的TVCF是什麼？有哪些注意要點？

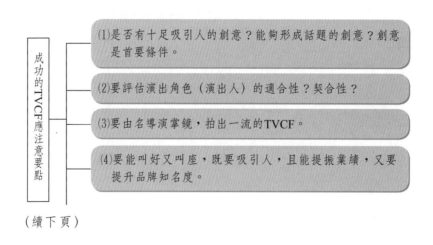

成功的TVCF應注意要點

(1)是否有十足吸引人的創意？能夠形成話題的創意？創意是首要條件。

(2)要評估演出角色（演出人）的適合性？契合性？

(3)要由名導演掌鏡，拍出一流的TVCF。

(4)要能叫好又叫座，既要吸引人，且能提振業績，又要提升品牌知名度。

（續下頁）

（續上頁）

成功的TVCF應注意要點

(5)TVCF正式通過前，應做消費者的pretest（事前測試及討論），要從顧客的觀點來檢視這支TVCF。

(6)要以嚴謹角度要求TVCF修正到完美（包括畫面、配音、字幕、外景、剪輯、布景、品牌、slogan）（B拷帶完成）。

(7)TVCF每年應更新一支，避免消費者看膩了。

(8)應避免演出人員的表現與記憶力超過產品品牌本身，重要的是消費者要記住產品，對產品有深刻印象，而不是對藝人有印象。

二十一、叫好又叫座的電視廣告案例

成功電視廣告片（TVC）觀賞
光陽機車——彎道情人

大眾銀行夢騎士

裕隆LUXGEN汽車：嚴凱泰

Louis Vuitton Core Values

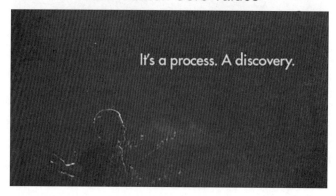

桂格養氣人蔘雞精：謝震武

A.S.O阿瘦皮鞋：隋棠&溫昇豪

7-11 CITY CAFE：桂綸鎂

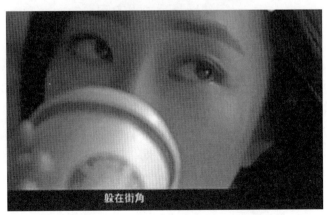

躲在街角

味全林鳳營鮮乳：桂綸鎂

貝納頌：喝的極品

白蘭氏雞精：王力宏

7-SELECT：隋棠篇

VOLVO汽車：張鈞甯

爽健美茶：戴佩妮、侯佩岑、張鈞甯

二十二、電視廣告上檔後，若效果不佳，應立即下檔，免得浪費錢

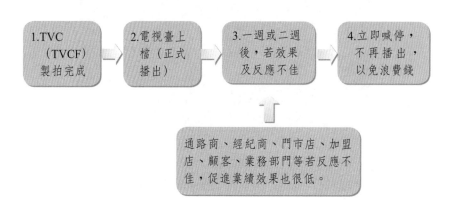

1. TVC（TVCF）製拍完成 → 2. 電視臺上檔（正式播出） → 3. 一週或二週後，若效果及反應不佳 → 4. 立即喊停，不再播出，以免浪費錢

通路商、經紀商、門市店、加盟店、顧客、業務部門等若反應不佳，促進業績效果也很低。

二十三、某大型啤酒公司年度廣告提案大綱項目

1. 整體環境的挑戰
   (1)競爭者挑戰面。
   (2)WTO開放挑戰面。
   (3)消費者變化挑戰面。
   (4)政府法令面。
2. 啤酒市場的未來在哪裡？
   (1)最近五年啤酒產銷量。
   (2)各品牌啤酒市場占有率。
   (3)啤酒的未來成長空間與潛力。
3. 目前本啤酒品牌與消費者的品牌網絡關係。
4. 本啤酒品牌今年度最關鍵思考主軸與核心。
5. 經營策略
   (1)如何擴大整體啤酒市場。
   (2)如何提升本品牌形象。
   (3)如何經營年輕人市場。
   (4)如何經營通路。

6.傳播目標與策略

　⑴短期／長期的傳播目標。

　⑵短期／長期的傳播策略。

7.傳播概念

　⑴主要／次要訴求對象。

　⑵核心訴求重點與口號

　　a.品牌概念。

　　b.產品概念。

　　c.企業理念。

　　d.價值訴求。

8.傳播組合

　⑴品牌運作

　　a.廣告（電視、報紙、廣播、電影、雜誌）。

　　b.通路行銷（中／西餐廳、KTV店、便利商店）。

　　c.促銷（SP）。

　　d.事件行銷（活動）。

　　e.網路活動。

　⑵公益CAMPAIGN

　　a.活動。

　　b.PR記者會。

9.創意策略與表現

　⑴主題口號。

　⑵核心IDEA。

　⑶創意各篇腳本（電視CF篇、報紙NP篇、廣播RD篇）。

10.通路行銷

　⑴KTV活動行銷。

　⑵CVS（便利商店）活動行銷。

　⑶大賣場活動行銷。

　⑷超市活動行銷。

11.消費者促銷：活動目的、主題、方式、廣告助成物。

12.活動：名稱、目的、計畫、內容、助成物。

13. 網路行銷：活動目的、主題、手法、方式、視覺表現。

14. 公益CAMPAIGN：活動目的、策略、傳播組合。

15. 消費者促銷
    ⑴目前主要品牌媒體廣告已投資分析。
    ⑵媒體廣告組合計畫。
    ⑶媒體選擇。
    ⑷媒體排期策略。
    ⑸媒體執行策略。

16. 媒體預算分析
    ⑴五大媒體預算。
    ⑵通路行銷預算。
    ⑶活動預算。
    ⑷公益CAMPAIGN預算。
    ⑸互動網路預算。
    ⑹CF製作費。
    ⑺廣告效果測試預算。
    ⑻企劃設計費。
    ⑼其他費用。
    ⑽總計金額。

17. 整體時效計畫表
    ⑴拍片（CF）。
    ⑵助成物印製。
    ⑶五大媒體上檔。
    ⑷通路行銷發動。
    ⑸SP發動。
    ⑹活動發動。
    ⑺CAMPAIGN發動。
    ⑻互動網路發動。
    ⑼廣告效果測試日。

二十四、六種媒體廣告設計

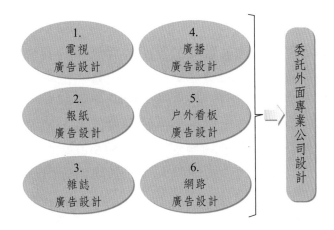

二十五、習作演練

1. 「阿瘦皮鞋」連鎖店已經連續五年請隋棠做代言人，明年起想換新的品牌（廣告）代言人，請問你會建議找哪一位藝人明星呢？請提出三位建議人選，並說明為什麼？

2. 全家便利商店Let's Café用趙又廷做廣告代言人，明年想換新代言人，請問你會建議哪位藝人？請提出三位建議人選，並說明為什麼？這位新代言人要拍攝一支30秒TVCF，請問廣告創意方向為何？

3. SK-Ⅱ明年度想找新代言人，請提出三位建議人選，並說明為什麼？並請列出你會找哪些知名廣告公司來拍攝廣告片？

4. 請問御茶園及台啤水果啤酒果微醺各想找一位新代言人，請問你會建議各找一位藝人代言？為什麼？請問廣告創意方向你的建議為何？

5. 請問一支成功的廣告片必須做到哪些呢？你認為呢？並請舉出一支你看過認為很成功的電視廣告？

6. 請問長榮航空為什麼找藝人金城武作為企業品牌形象代言人？這次的代言效益如何？為什麼成功？請用智慧手機查詢一下。

7.三星有一款新手機將上市，並要舉辦一場記者發表會，請問如果你是公關公司負責此項工作，你將會找哪些媒體記者前往採訪？請列出有哪些媒體？

8.若你是知名化妝保養品雅詩蘭黛或蘭蔻公司的品牌經理，該公司將舉辦一場新品上市發表會，請問你會找哪一位主持人？請列出三位建議人選，並說明原因？該主持人價碼大概多少？

9.長榮航空找金城武做年度企業品牌形象代言人，並發布已拍攝好的廣告片，且委託公關公司舉辦一場花費500萬的盛大發表會。假設你是公關公司此活動負責規劃人員，請說出你舉辦這場發表會的大致構想爲何？

二十六、奧美廣告的鐵三角

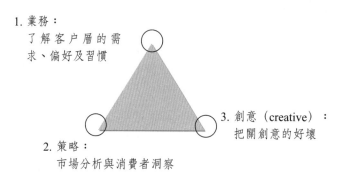

二十七、奧美廣告的創意流程圖

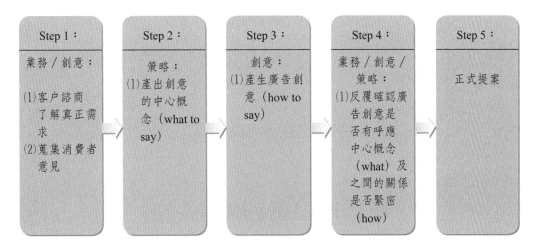

Step 1：	Step 2：	Step 3：	Step 4：	Step 5：
業務／創意： (1)客戶諮商了解真正需求 (2)蒐集消費者意見	策略： (1)產出創意的中心概念（what to say）	創意： (1)產生廣告創意（how to say）	業務／創意／策略： (1)反覆確認廣告創意是否有呼應中心概念（what）及之間的關係是否緊密（how）	正式提案

二十八、奧美廣告：什麼是好創意

這個創意新不新	+	這個創意是否呼應社會人心，牽動消費者內心想法。	+	這個創意是否有助銷售

第四節

廣告提案實務案例

東森房屋電視廣告提案

BBDO 黃禾廣告

BBDO TAIWAN

仲介所扮演的角色

買方 vs. 賣方
夢想 vs. 現實
感性 vs. 理性

買方　　　　　　　　　　　　賣方

**Perfect
Partnership**

誠信、專業、服務

兼顧買賣雙方利益的夥伴

BBDO
TAIWAN

買方

- 買房子是大事，可以花時間慢慢找，不想將就（**3～6** 個月）
- 家庭成員的改變、人生規劃的新局
  ——新婚、新生兒、新學區、新工作、退休
- 價格可以負擔、符合需求
  ——地段、學區、生活機能、格局、鄰居、屋況、產權
- 大筆金錢交易，會忐忑不安，慎重反覆考慮實際面（甚至請親友、風水師再看）
- 想買的不只是一個房子，而是一個理想的生活
  ——每次看房子，我們都會說：「這裡可以放個小咖啡桌喝下午茶，這裡可以給小狗狗住……。」有了這些夢想在裡面，房子才因此活了起來

Unmet Needs：
真正為我著想的房仲公司，一直都知道我要的和不想要的是什麼，
幫我找到符合理想的房子

BBDO
TAIWAN

賣方

· 賣房子是急事，賣得快價錢 **OK** 最重要
　　——通常是有大筆的資金需求、換屋或出國
· 講求實際理性，錢落袋為安
· 但仍有些感性的成分
　　——賣房子的心情五味雜陳，怕受騙，怕賣得不好，怕麻煩，很想趕快把
　　　事情處理好，但又很捨不得
　　——賣房子等於是回憶出讓，但對房子仍有感情，希望可以找到一個一樣
　　　享受、欣賞這裡居住環境的買主

B B D O T A I W A N

Unmet Needs：
房子是我珍貴的資產，希望仲介
把房子當成自己的在賣，賣到好價錢，也找到好屋主

我們聽見了～～

· 店東訪談
　　——士林捷運　　林○○副會長
　　——新莊中平　　簡○○會長
　　——永和　　　　黃○○副會長
　　——七期新光　　傅○○會長
　　——和美加盟　　姚○○總會長
　　——高雄大豐　　吳○○會長

B B D O T A I W A N

東森房屋是…

- 歷史悠久（強化信賴感）、區域深耕的老店，但有著創新觀念、新氣象
- 每家店都是獨立個體，在地踏實經營，安全值得信賴
- 注重人性關懷，了解顧客的需求，客製化的服務
- 品牌最大、案源廣；全省分店最多、服務密集
- 負面新聞影響消費者信心、形象被質疑，需不斷進行消毒與澄清，重建消費者信心
- 經過說明與釐清，還是能取得信任（熟客），關鍵仍然在於：是否有能夠滿足顧客的物件

BBDO TAIWAN

對廣告的看法

- 應持續與消費者溝通，沒有聲量消費者就不知道東森是大品牌的優勢

- 展現東森房屋的服務熱忱

- 溫馨、感性的

BBDO TAIWAN

各房仲品牌傳播訴求

品　　牌	支持點	主　　張
信義	信任、四大保障	信任帶來新幸福
永慶	20 週年 真實案例故事	因為永慶　更加圓滿
永慶	網路功能與服務 （超級宅速配）	家的夢想　就在眼前
太平洋	20 年與時並進的服務	最久最好的朋友
住商	責任感 （顧客服務最優先）	有心最要緊 （你希望的家安心交給我）
有巢氏	社區深耕　熱心	你家的事我們的事
中信	大小關鍵都嚴謹 無微不至的服務	用心

BBDO TAIWAN

競爭者觀察

· 持續溝通一個廣告訴求，在消費者心中累積印象

· 二大品牌（信義、永慶），成家的幸福

· 其他品牌（住商、中信、有巢氏）談人員服務，尋求差異性

· 廣告手法
——平實、生活題材的廣告具信賴感
——過去一些誇張特效超寫實廣告表現已不復見，多打感性、溫馨牌

BBDO TAIWAN

檢視東森房屋：優劣勢分析

strengths 優勢	weaknesses 弱勢
・全國最多加盟店，規模第一 ・高知名度（NO.3～4） ・總部資源：人員訓練與資源支持 　（分會制度、e化、連賣制度） ・在地深耕，人脈與經驗非其他房仲 　輪調性業務能及	・在更名後，相較競品，廣告投入資 　源較少，品牌形象與識別度較弱 ・力霸東森的負面新聞影響消費者對 　品牌的觀感，造成非熟客的流失
opportunities 機會點	threats 外在威脅
・物件本身以及房仲人員的服務，是 　消費者最在意的條件 ・房仲人員的服務中，「了解需求」 　的排名逐年上升	・房仲品牌增加，但房仲服務的同質 　化，造成競爭更加激烈 ・房市不景氣，房仲市場萎縮 ・信義、永慶、住商不動產等積極投 　資品牌廣告，累積品牌資產

BBDO TAIWAN

廣告目標

・讓東森房屋成為令人尊敬及感動的領導品牌

策略思考點

・專注在買賣房屋的行為
・跟其他競爭品牌有差異的，別家沒有講的
・對買賣雙方都有利的
・一個可以長久經營的廣告主張

BBDO TAIWAN

廣告主張

沒有賣不掉的房子，因為找了不會賣的人

東森房屋是買賣房屋的專家

因為了解買賣的需求，
東森房屋看見房子的真價值

BBDO
TAIWAN

東森房屋

看見房子的真價值

BBDO
TAIWAN

創意提案

BBDO TAIWAN

insight 消費者心理洞察

BBDO TAIWAN

讓賣房子的歡喜成交

讓買房子的找到理想歸宿

BBDO TAIWAN

電視廣告 TVC

BBDO TAIWAN

【夜市篇】

BBDO TAIWAN

品牌主張

BBDO TAIWAN

我的房子緊鄰夜市，生活機能便利
因為要換工作，房子只好賣掉

找了好多房仲業，還沒帶進門
就開始搖頭，說這裡擁擠嘈雜，房子售價會打折

結果，朋友推薦我找東森房屋
東森的陳先生看了房子後說：
「這裡離夜市近，朝九晚五沒時間做菜的上班族
就很適合；我幫你把房子 Po 到我們的聯賣網，
很快就會有消息！」

有一天，他帶了一對夫婦，很快就成交了
因為這對夫妻倆……真的都是上班族呢
買到我的房子他們也超高興的

我推薦東森房屋
因為他們看得到房子的真價值

字幕：看見房子的真價值
LOGO 東森房屋　房仲加盟第一品牌
2009 年東森房屋　全新出發‧帶給您全心的服務

【偏僻篇】

B
B
D
O
TAIWAN

我原本的房子緊鄰山邊，風景很好
因為換工作，不捨得也得賣掉；房仲一家家找
每一家都嫌地點偏僻，告訴我這種房子不好賣

結果，有一天東森房屋的王先生主動來訪。他笑著說：
「這裡很好啊！我在這裡跑很多年了，夏季的綠斑鳳
蝶，秋天的芒草，四季都有好風光。只要不是朝九晚五
的上班族，喜歡大自然的人，就很適合；我幫你把房子
Po 到我們的聯賣網，很快就會有合適的買家。」

很快地他就帶了客戶上門，結果買主是位攝影師
自己也養了五隻獵犬，就是需要有地方跑，好喜歡這裡

我推薦東森房屋
幫我找到跟我一樣愛這裡的人，真棒

字幕：看見房子的真價值
LOGO 東森房屋　房仲加盟第一品牌
2009 年東森房屋　全新出發・帶給您全心的服務

檢視廣告創意的重點

・不只訴求賣方，更要兼顧買方

・不只表現東森房屋的優勢，更要從競爭者中凸顯

・不只是建立品牌，更要有直接的促動力

・不只感動消費者，更要贏回消費者的信任

BBDO TAIWAN

第五節

媒體企劃與媒體購買

一、媒體代理商：二大工作任務

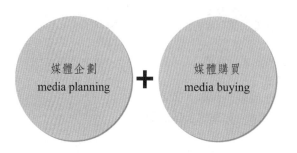

二、現代新模式：傳統媒體+數位媒體

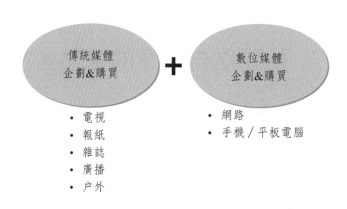

三、明顯變化：傳統vs.數位媒體廣告

	傳統五大媒體	數位媒體
目前	70%	30%
未來	60% 50%	40% 50%

例如：某公司有年度1億元媒體廣告預算：

	傳統媒體	數位媒體
80：20%	8,000萬	2,000萬
70：30%	7,000萬	3,000萬
60：40%	6,000萬	4,000萬

四、轉型：全方位媒體代理商

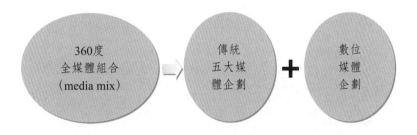

五、媒體代理商的主要工作任務

協助品牌廠商做好有效果的行銷預算支用；利用媒體企劃及媒體購買，創造好的投資報酬率（ROI）。

六、國內較大型的媒體代理商

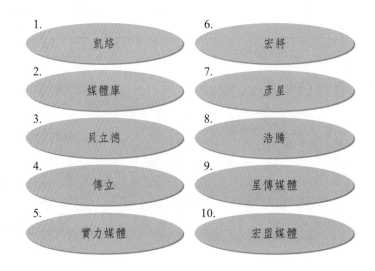

1. 凱絡
2. 媒體庫
3. 貝立德
4. 傳立
5. 實力媒體
6. 宏將
7. 彥星
8. 浩騰
9. 星傳媒體
10. 宏盟媒體

七、委託媒體代理商之理由

向各媒體爭取到的廣告刊登及播出費用（成本）較低、較便宜，具專業性。

為什麼爭取到的廣告報價會比較便宜？因為媒體代理商可達到具有「規模經濟」效益的採購量，若是品牌廠商自己去買廣告版面會貴一些。

八、媒體代理商未來工作範圍趨勢

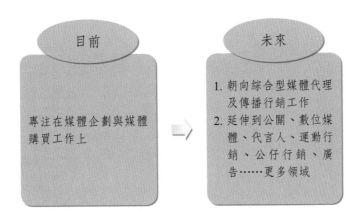

九、什麼是「媒體企劃」？

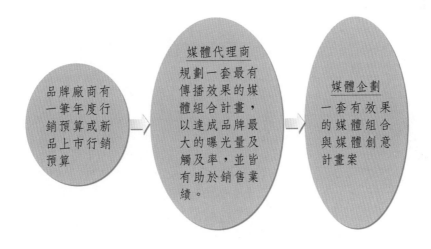

十、媒體組合與媒體創意

十一、什麼是「媒體購買」？

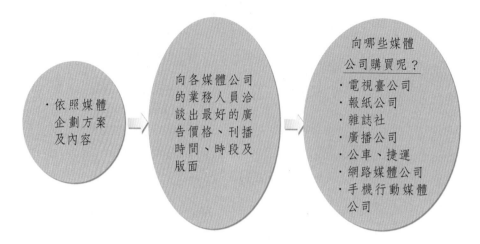

- 依照媒體企劃方案及內容

向各媒體公司的業務人員洽談出最好的廣告價格、刊播時間、時段及版面

向哪些媒體公司購買呢？
- 電視臺公司
- 報紙公司
- 雜誌社
- 廣播公司
- 公車、捷運
- 網路媒體公司
- 手機行動媒體公司

十二、行企人員要「懂媒體」才行

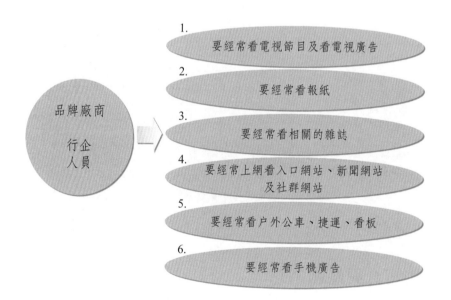

品牌廠商

行企人員

1. 要經常看電視節目及看電視廣告

2. 要經常看報紙

3. 要經常看相關的雜誌

4. 要經常上網看入口網站、新聞網站及社群網站

5. 要經常看戶外公車、捷運、看板

6. 要經常看手機廣告

十三、行企人員要有判斷力

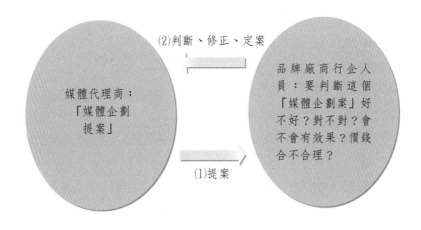

十四、貝立德媒體的服務項目

十五、臺灣主要各類型媒體公司

㈠電視媒體公司

1.無線電視臺：臺視、中視、華視、民視。

2. 有線電視臺

　(1)三立家族：三立台灣、三立都會、三立新聞。

　(2)TVBS家族：TVBS、TVBS-N、TVBS-G。

　(3)東森家族：東森新聞、東森財經、東森電影、東森洋片、東森娛樂、東森幼幼臺。

　(4)中天家族：中天新聞、中天綜合、中天娛樂。

　(5)八大家族：GTV第一臺、GTV綜合、GTV戲劇。

　(6)緯來家族：緯來日本、緯來電影、緯來綜合、緯來戲劇、緯來娛樂、緯來體育。

　(7)福斯家族：衛視中文、衛視電影、衛視西片、CHANNEL V。

　(8)年代家族：年代、MUCH TV、東風。

　(9)非凡：非凡新聞、非凡財經。

　(10)壹電視家族。

　(11)其他：超視、Discovery、NGC、ESPN、momo親子、霹靂、龍祥、AXN、CINEMAX、好萊塢電影臺。

(二)報紙公司

1. 《蘋果日報》。

2. 《自由時報》。

3. 《聯合報》。

4. 《中國時報》。

5. 《經濟日報》。

6. 《工商時報》。

7. 《聯合晚報》。

(三)雜誌公司

1. 政經類

　(1)《商業周刊》。

　(2)《天下》。

(3)《遠見》。

(4)《今周刊》。

(5)《財訊雜誌》。

(6)《數位時代》。

(7)《經理人月刊》。

2.投資理財類

(1)《Smart智富》。

(2)《Money》。

3.綜合娛樂類

(1)《壹週刊》。

(2)《時報週刊》。

(3)《TVBS週刊》。

(4)《非凡新聞e週刊》。

4.休閒娛樂類

(1)《Taipei Walker》。

(2)《行遍天下》。

(3)《世界電影雜誌》。

(4)《高爾夫文摘》。

5.女性流行時尚類

(1)《VOUGE》。

(2)《ELLE她》。

(3)《美麗佳人》。

(4)《儂儂》。

(5)《大美人》。

(6)《美人誌》。

(7)《Choc恰女生》。

(8)《愛女生》。

6.男性流行時尚類

(1)《GQ》。

(2)《男人誌men's uno》。

(3)《FHM男人幫》。

⑷《COOL流行酷報》。

7. 健康類

　　⑴《康健》。

　　⑵《常春》。

8. 電腦電玩類

　　⑴《電腦家庭PC home》。

　　⑵《密技吱吱叫》。

　　⑶《電玩通》。

　　⑷《電擊HOBBY》。

(四) 網路媒體公司

1. Yahoo！奇摩。

2. MSN。

3. yam天空（天空傳媒）。

4. udn.com聯合新聞網。

5. PChome Online網路家庭。

6. Chinatimes.com（中時網科）。

7. HiNet（中華電信）。

8. 蘋果新聞網。

9. Google。

10. 痞客邦。

11. 巴哈姆特（遊戲）。

12. 104人力銀行。

13. Xuite.net。

14. Foxy。

15. NOWnews今日新聞。

16. ETtoday東森新聞雲。

17. Facebook（FB、臉書）。

㈤廣播公司

1. 中廣新聞網（網路廣播）。
2. 好事聯播網。
3. 飛碟聯播網。
4. Hit FM聯播網。
5. News 98。
6. 亞洲廣播。
7. 環宇廣播。
8. IC之音。
9. 全國廣播（臺中）。
10. 城市廣播（臺中）。
11. 大眾聯播網。

十六、廣告主廠商「媒體預算」編法

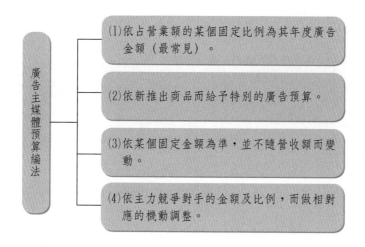

廣告主媒體預算編法

(1)依占營業額的某個固定比例為其年度廣告金額（最常見）。

(2)依新推出商品而給予特別的廣告預算。

(3)依某個固定金額為準，並不隨營收額而變動。

(4)依主力競爭對手的金額及比例，而做相對應的機動調整。

　　媒體預算分配的比例如何決定？依效益而定，效益越大的，分配越多。

　　媒體預算分配的比例誰來決定呢？可能是廠商（廣告主）自己，亦可能委託媒體代理商提出建議方案，由雙方共同討論決定。目前在媒體預算

分配上，主要有七大媒體，包括：

1. 電視媒體（無線+有線）。
2. 報紙媒體。
3. 雜誌媒體。
4. 廣播媒體。
5. 網路媒體。
6. 戶外媒體。
7. 手機媒體。

另外，還有地區性夾報DM廣告（優惠式單張DM）、DM促銷目錄（週年慶活動大本DM）。

十七、廣告投放二大原則

〈原則1〉

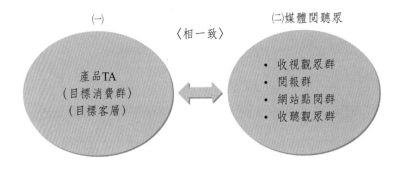

〈相一致〉

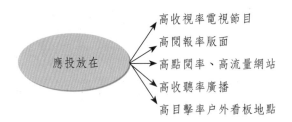

十八、各媒體每年度廣告量產值規模：電視第一，網路第二

媒體	金額
1.有線電視	200億
2.無線電視	30億
3.報紙	50億
4.雜誌	40億
5.廣播	20億
6.網路	210億
合計	550億

小計：230億
※電視廣告量
仍居最大
廣告量

次多廣告量

十九、平面紙媒廣告量大幅衰退

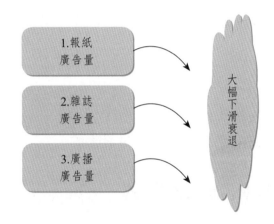

二十、數位媒體廣告大幅上升！

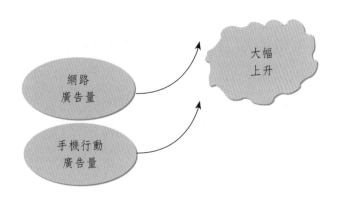

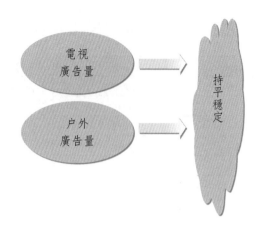

二十一、電視媒體仍是廣告宣傳的首選

1. 迄目前為止，電視媒體的託播TVC廣告片，仍是廠商在廣宣操作媒體工具上的首選。
2. 理由：
   (1) 具影音聲光效果。
   (2) 能接觸最大多數人的目光與收看。
   (3) 被證明其媒體效果（效益）仍是最大的。

二十二、電視媒體廣告的報價方式

1. CPRP（每10秒）：報價4,000元～7,000元之間，CPRP又稱為保證收視率價格法。
2. 一支30秒的電視廣告片，在每一個1.0收視率節目播出，播出每一次，則要收費：6000元×3倍=1.8萬元。

二十三、案例：電視廣告播一波需要多少費用？

以TOYOTA汽車為例：

出一款新車，想要連續在八個新聞臺，每個臺每天晚上，在1.0收視率節目，播三次廣告，連續一個月30天的時間。

廣告預算概估：CPRP每10秒6,000元×8個新聞臺×每天3次播出×30

天×3倍（30秒）=1,296萬元。

若是《蘋果日報》多少費用？全十廣告40萬元，每週六、週日各一次，連續四週；40萬元×2次×4週=320萬元。

二十四、GRP：總收視率點數（或稱總曝光數）

媒體代理商會保證在電視廣告播出期間的合計各節目總收視率點數可以達到多少？也會保證平均有多少TA的百分比人數曾經看過此廣告，以及平均看過幾次？

$$GRP = R \times F$$
$$= reach \times frequence$$
$$= 觸及率 \times 頻次$$
$$= 有多少人看過 \times 看過多少次$$

不過，品牌廠商在實務上，不只希望達到GRP點數，更希望促進銷售及提升品牌力。

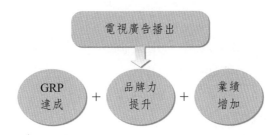

然而，媒體代理商其實不能保證一定能夠大幅提高業績，他們只能保證GRP達成。因為，業績的大幅增加，必須靠多方面形成的因素，不是只有廣告因素而已。

二十五、廠商業績成長靠多方面因素

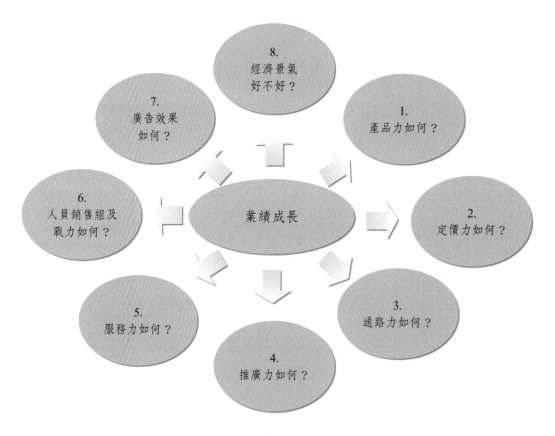

8.
經濟景氣
好不好？

7.
廣告效果
如何？

1.
產品力如何？

6.
人員銷售組及
戰力如何？

業績成長

2.
定價力如何？

5.
服務力如何？

3.
通路力如何？

4.
推廣力如何？

所以，品牌廠商根本之計，是要同步、同時把4P/1S做好、做強才行，廣告只是助力、助攻而已。

二十六、廣告最大效果

利用各種媒體廣告，打響、打造並持續提高品牌知名度。確實做出效果，並使品牌力提升。

二十七、各媒體廣告費用比一比

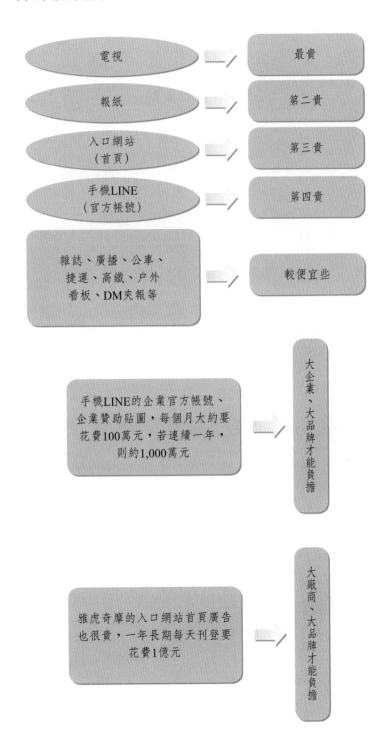

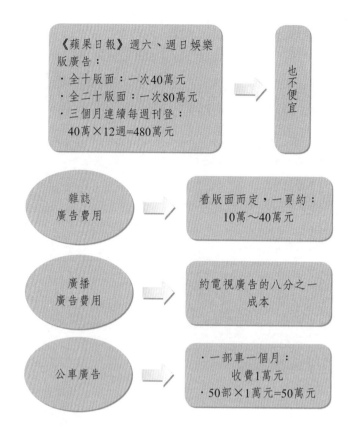

《蘋果日報》週六、週日娛樂版廣告：
· 全十版面：一次40萬元
· 全二十版面：一次80萬元
· 三個月連續每週刊登：
　40萬×12週=480萬元

→ 也不便宜

雜誌廣告費用 → 看版面而定，一頁約：
　10萬～40萬元

廣播廣告費用 → 約電視廣告的八分之一成本

公車廣告 → · 一部車一個月：
　收費1萬元
· 50部×1萬元=50萬元

二十八、「網路及行動廣告」媒體重要逐年上升

年輕消費族群（15～30歲）接觸網路與使用網路，已成為生活及工作的必要媒介。

網路廣告型態：

1. 關鍵字搜尋。

2. 入口網站網路廣告（橫幅、影音）。

3. 官方網站。

4. 專業網站網路廣告（遊戲、市調）。

5. FB（Facebook）粉絲經營。

6. eDM（電子目錄）。

7. YouTube影音技術。

8. 社群網路行銷。

二十九、投放數位媒體廣告量的配置

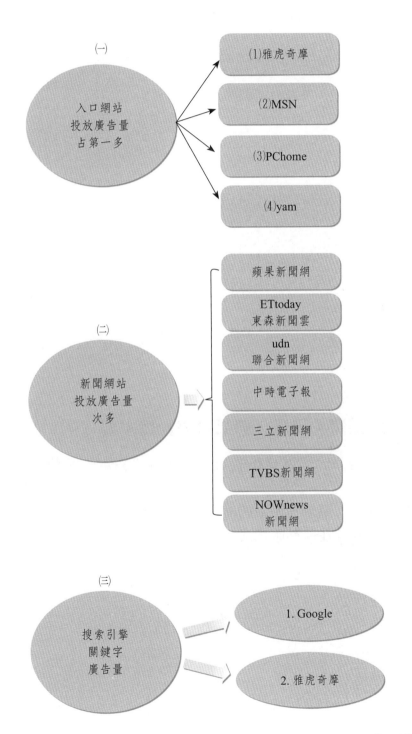

(一)

入口網站
投放廣告量
占第一多

(1)雅虎奇摩

(2)MSN

(3)PChome

(4)yam

(二)

新聞網站
投放廣告量
次多

蘋果新聞網

ETtoday
東森新聞雲

udn
聯合新聞網

中時電子報

三立新聞網

TVBS新聞網

NOWnews
新聞網

(三)

搜索引擎
關鍵字
廣告量

1. Google

2. 雅虎奇摩

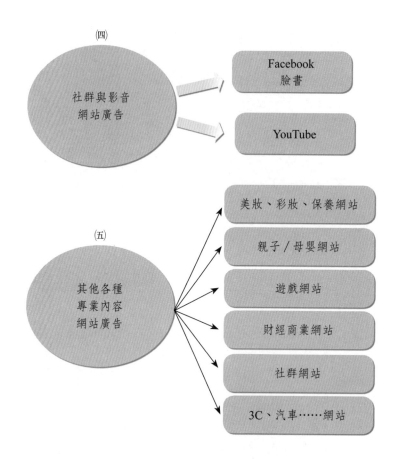

三十、紙媒體：仍以《蘋果日報》為主要

1. 很多廠商刊登廣告後的效果（效益）顯示，《蘋果日報》最有效果。
2. 因此，《蘋果日報》的廣告刊登量仍最多。
3. 廣告刊登在綜藝版為最多。

三十一、廣告效益較佳的選擇

㈠報紙廣告刊登版面

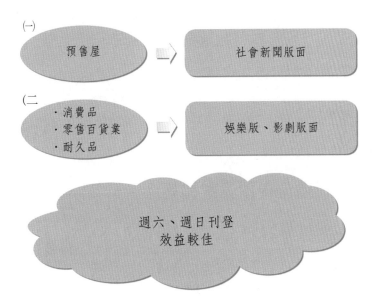

㈡電視廣告時段選擇

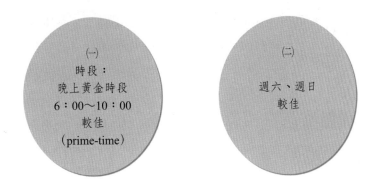

㈢廣播廣告時段選擇

> 早上7：30〜9：00上班時間較佳

> 傍晚5：00〜6：30下班時間較佳

三十二、媒體刊播花費預算數據概念

㈠新產品上市要打響品牌

1. 日用消費品：至少3,000萬〜6,000萬元（例如：洗髮精……）。
2. 耐久性用品：至少5,000萬〜1億元（例如：汽車、房子、家電、機車、手機、按摩器……）。

㈡既有產品每年度維繫品牌

1. 日用消費品：至少3,000萬〜6,000萬元（例如：茶裏王……）。
2. 耐久性用品：至少5,000萬〜1億元（例如：TOYOTA、賓士汽車……）。

三十三、各種媒體花費預算狀況概念

㈠電視廣告（TVCF）

占最多，年度花費：至少2,000萬〜5,000萬元之間。

㈡報紙（NP）廣告

年度花費：至少300萬〜1,000萬元之間。

㈢網路廣告

年度花費：1,000萬～2,000萬元之間。

㈣公車廣告

年度花費：100萬～300萬元之間。

㈤雜誌廣告

年度花費：100萬～300萬元之間。

㈥其他

50萬～100萬元之間。

三十四、媒體預算分配的比例如何決定

至於分配到哪一種媒體的比例如何決定，則要看：

1.媒體的效益如何？（首要條件）

2.此行業的特性為何？

3.此產品的特性為何？

4.此產品的消費目標客群為何？

5.目標客群的媒體使用習慣為何？

例如：汽車業的廣告，大部分比例就使用在新聞頻道的電視廣告上；再如game遊戲，因年輕人及學生族群較多，故網路廣告可能就會多一些；預售屋廣告因必須詳細解說，所以利用週六的報紙廣告就較多。

例如：茲以OSIM健身器材產品為例，他們實際上的媒體預算比例為：電視（55%）、報紙（20%）、雜誌（15%）、網路（4%）、廣播（3%）、戶外（3%），合計100%。顯然電視占了一半，仍是使用主力媒體的首選，電視廣告效果比較好，但是也比較貴一些。

三十五、媒體企劃的流程

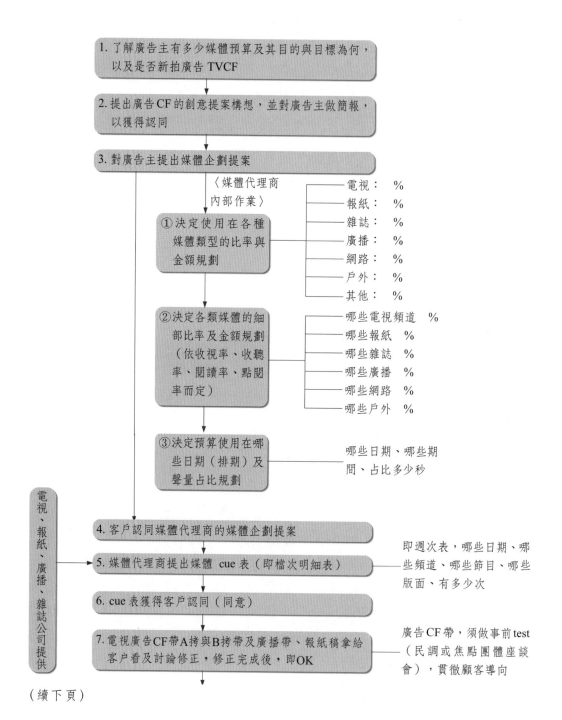

1. 了解廣告主有多少媒體預算及其目的與目標為何，以及是否新拍廣告 TVCF

2. 提出廣告 CF 的創意提案構想，並對廣告主做簡報，以獲得認同

3. 對廣告主提出媒體企劃提案

〈媒體代理商內部作業〉

① 決定使用在各種媒體類型的比率與金額規劃
　　電視： %
　　報紙： %
　　雜誌： %
　　廣播： %
　　網路： %
　　戶外： %
　　其他： %

② 決定各類媒體的細部比率及金額規劃（依收視率、收聽率、閱讀率、點閱率而定）
　　哪些電視頻道 %
　　哪些報紙 %
　　哪些雜誌 %
　　哪些廣播 %
　　哪些網路 %
　　哪些戶外 %

③ 決定預算使用在哪些日期（排期）及聲量占比規劃
　　哪些日期、哪些期間、占比多少秒

4. 客戶認同媒體代理商的媒體企劃提案

5. 媒體代理商提出媒體 cue 表（即檔次明細表）
　　即週次表，哪些日期、哪些頻道、哪些節目、哪些版面、有多少次

6. cue 表獲得客戶認同（同意）

7. 電視廣告 CF 帶 A 拷與 B 拷帶及廣播帶、報紙稿拿給客戶看及討論修正，修正完成後，即 OK
　　廣告 CF 帶，須做事前 test（民調或焦點團體座談會），貫徹顧客導向

電視、報紙、廣播、雜誌公司提供

（續下頁）

（接上頁）

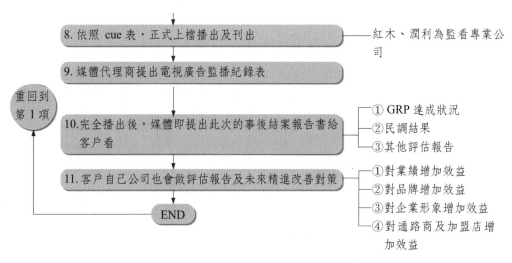

三十六、媒體企劃刊播效益分析指標

三十七、廣告主（廠商）在媒體企劃與購買時應注意事項

1. 廣告主若遇到廣告片播出後，既不叫好也不叫座時，應立即下檔
   停止播出或刊出，切勿白白浪費大額的廣告費支出，通常效果不佳

時，老闆即會喊停。

2. 對於廣告CF腳本定案前，應多多深入評估及討論，也不排除找消費者或旗下加盟店店東來參與座談討論，必要時可做一些腳本文字及構想的修改。

3. 對於廣告CF的廣告主角或藝人應多做評估，使其能恰當表達出產品代言的特色，達到吸引人注目的效果。

4. 對於廣告CF拍攝製作完成之後，應做消費者民調，確定真有吸引力，並做必要之CF修改，使其完美。

5. 在媒體配置百分比方面，應根據過去的實戰經驗與教訓，對沒有太大效益的媒體，盡可能不安排或極少量安排；對於主流效益的媒體，則可安排較大預算的百分比。

6. 廣告主應向媒體代理商爭取最佳的媒體價格（即CPRP報價），對媒體代理商的初次報價，應給予再議價與再降價的談判及要求，這些代理商自然會再跟電視臺及報紙協商降低CPRP報價。

7. 廣告主可爭取在各大媒體做置入報導的呈現方法與專題業務配合，以使宣傳操作方式多元化。

8. 在廣告CF上檔之後，公司（廣告主）各方面配合事項包括：
　⑴公司官方網站應做同步及同方向之宣傳調整。
　⑵工廠生產量配合銷售量增加之準備動作。
　⑶全省經銷商配合銷售量增加之準備動作。
　⑷客服中心及各門市店配合銷售量增加之準備動作。

9. 廣告主可考慮配合促銷活動及促銷包裝活動之舉辦，以拉升更大銷售量增加之效果。

10. 對於年度預算使用，應採取波段式打法，即每年選定最適當時機點，依時間表分段播出廣告CF，不必只集中於一次，應分次播出，使其具有遞延效果。

11. 廣告播出或刊出之後，廣告主應在事後二週內即做出總結報告，包括：
　⑴GRP觸及達成目標的狀況如何？（由媒體代理公司提供數據）
　⑵播出期間業績增加的數據狀況如何？是否如同預期的目標？或是不如理想？並找出原因如何？

⑶通路商（經銷商、零售商）的反映意見如何？是否廣告播出有助他們的銷售業績？

⑷對大眾消費者而言，是否提升了品牌知名度、好感度、喜好度、忠誠度及促購度呢？必要時，要做民調。

⑸對於下次的廣宣活動，此次的得與失是什麼？而下次廣宣活動有何待精進改善之處，亦應一併提出。

12.應思考及規劃網站行銷活動、店頭行銷、代言人行銷及公仔行銷的同步搭配，以使廣告播出及刊出效果達到最高，此即「整合」行銷之綜效。

三十八、成功的媒體企劃與購買是什麼

三十九、習作演練

1. 假設你是TOYOTA汽車LEXUS（凌志）品牌經理，如今有一款新車即將在三個月後上市，你有一筆3,000萬元媒體廣告宣傳費用預算。請問你大致要如何花用這筆預算？你會上哪些媒體？配置的比例為何？為什麼？請問LEXUS的TA對象為何？媒體廣宣的效益要如何評估？

2. 假設你是SK-Ⅱ品牌經理，如今有一位品牌新代言人出來要打廣告，你有一筆2,000萬元預算，預計一個月內要用完，請問你會如何安排媒體廣宣？配置比例為何？為什麼？請問SK-Ⅱ的TA對象為何？媒體廣宣效益如何評估？

3. 假設你公司產品的TA，主要是年輕上班族及大學生，請問公司交給你一筆1,000萬元的預算，想要集中在網路廣告宣傳。請問你要如何安排網路媒體的廣告操作？配置比例如何？為什麼？

4. 假設你是花王蜜妮臉部保養的品牌經理，今年度假設有3,000萬元常態年度媒體廣宣行銷預算，請問花王蜜妮產品的TA對象為何？你要花在哪些廣宣媒體上？配置比例多少？為什麼？一年要分幾波段花完？媒體廣宣的效益要如何評估？你要花在哪些電視頻道及節目上？

5. 假設你是「銀髮善存」的品牌經理，今年有一筆2,000萬元的電視廣告預算，請問你要花在哪些電視頻道上？為什麼？電視廣告效益應如何評估呢？你要找哪家媒體代理商來做？

6. 假設你是華歌爾內衣的品牌經理，今年有一款新產品要推出，公司給你一筆1,000萬元媒體廣告行銷預算，請問華歌爾內衣的TA對象如何？這1,000萬元媒體廣宣預算你要如何花用？為什麼？效益要如何評估？你要找哪些媒體代理商來做？

7. 假設你是新光三越百貨的行銷部經理，今年週年慶有一筆2,000萬元媒體廣宣預算，請問你要如何花在各種媒體上？配置比例如何？為什麼？效益應如何評估？你要花在哪些電視頻道上？哪些報紙上？

8. 假設你是統一茶裏王飲料的行銷經理，今年度有一筆3,000萬元媒

體廣宣預算要執行，請問你要如何安排這筆預算的花費？花在哪些媒體、哪些電視頻道、哪些報紙？它的TA為何？效益應如何評估？要在那些月分做？要分幾波段？

9. 假設你是桂冠火鍋產品的品牌經理，今年有一筆2,000萬元媒體廣宣預算給你，你要花在哪些媒體上？配置比例如何？它的TA為何？廣告要在哪些月分上？為什麼？效益要如何評估？你要找哪些媒體代理商來做？

四十、實際案例（媒體購買計畫）

○○○房屋
○○○年電視購買計畫

報 告 人：

報告時間：

(一)○○○年廣告CF各電視媒體聯絡表1

電視媒體		1	2	3	4
		TVBS	中天	三立	年代
預算（含稅）		89.25萬	95萬	90萬	30萬
總預算占比		17%	19%	18%	6%
CPRP		6,000↓ 4,800（降價）	6,000↓ 4,500	5,000↓ 4,351	5,000↓ 4,500
黃金時段比率 （PT, prime time）		50%	50%	60%	50%
GRP＝R×F （預算／GRP/4）		42.5	50.26	49.25	15.9
首二尾（PIB）		50%（占比）	65%	70%	50%
專訪	新聞	可出機採訪	可出機採訪	可出機採訪	可出機採訪
	專訪	×	爭取中	×	×
特別事項 （付款條件）		第一次配合： 3/26收到60天票	第一次配合要求東森房屋支付現金	第一次配合： 播出前先收30%現金即期票+60天票	希望爭取多一點預算
業務主管		○○○協理	○○○協理	○○○執副	○○○副總
聯絡人		○○○	○○○	○○○	○○○

(二)○○○年廣告CF各電視媒體聯絡表2

電視媒體	5	6	7	8
	非凡	八大	緯來	民視新聞
預算（含稅）	30萬	20萬	20萬	20萬
總預算占比	6%	4%	4%	4%
CPRP	4,200↓ 3,500	5,000↓ 4,000（載明） （3,600元可做）	4,500	5,000↓ 4,300
黃金時段比率 （PT）	11～13+18～24兩時段（PT）占比55%以上	20～24 60%	50%	50%
GRP （預算／GRP/4）	20.41以上	13.22	11.1	11.6
首二尾（PIB）	65%以上	60%	50%	60%

（續前表）

電視媒體		5 非凡	6 八大	7 緯來	8 民視新聞
專訪	新聞	可出機採訪	可出機採訪	×	可出機採訪
	專訪	×	×	×	×
特別事項		1.播出後60天票 2.新聞、商業兩臺互補。商業臺比率15%以下 3.贈非凡新聞周刊廣告壹頁（12萬）	播出後60天票		1.播出後60天票 2.會補檔在無線臺
業務主管		○○○	○○○	○○○	○○○
聯絡人		○○○	○○○	○○○	○○○

(三) 目標群頻道收視率

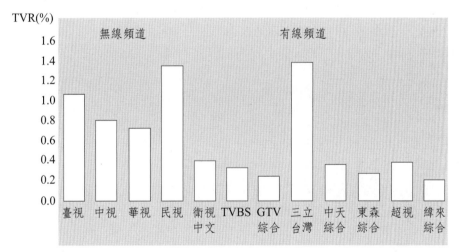

平均收視率-1

資料來源：AC Nielsen 2009/02/24～2009/03/02 TA: All 30～49歲。

平均收視率-2

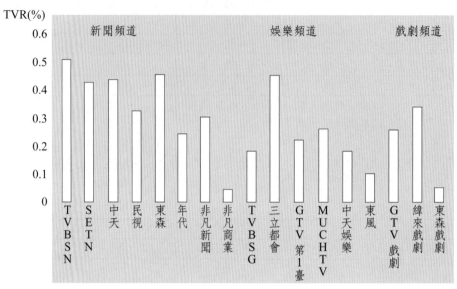

資料來源：AC Nielsen 2009/02/24～2009/03/02 TA: All 30～49歲。

平均收視率-3

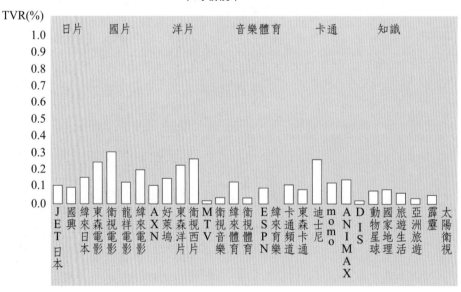

資源來源：AC Nielsen 2009/02/24～2009/03/02 TA: All 30～49歲。

(四) 排期與聲量規劃建議

本波聲量預估可購買291 GRPs（不含東森部分），為快速建立目標

群記憶，建議採取策略如下：

　　1. 兩週內密集播放。

　　2. 聲量規劃採前重後輕操作。

3月												
3/12起						到3/25						
四	五	六	日	一	二	三	四	五	六	日	一	二	三
12	13	14	15	16	17	18	19	20	21	22	23	24	25
6天 3/12～3/17（6天） 聲量比重分配60%						8天 3/18～3/25（8天） 聲量比重分配40%						

(五) 類型頻道預算分配

頻道家族	頻道名稱	平均收視率（%）	頻道預算分配（含稅）			
			頻道預算（含稅）	類型頻道預算（含稅）	各頻道預算占比	類型頻道預算占比
新聞	TVBS-N	0.51	$672,000	$3,262,800	13%	65%
	TVBS	0.33	$252,000		5%	
	三立新聞臺	0.43	$588,000		12%	
	中天新聞臺	0.44	$554,400		11%	
	東森新聞臺（客戶直發）	0.46	$600,000		12%	
	非凡新聞臺	0.31	$294,000		6%	
	民視新聞臺	0.33	$302,400		6%	
綜合綜藝類	三立台灣臺	1.39	$110,880	$1,113,080	2%	22%
	三立都會臺	0.46	$168,000		3%	
	東森綜合臺（客戶直發）	0.27	$200,000		4%	
	中天綜合臺	0.36	$252,000		5%	
	中天娛樂臺	0.19	$ 67,200		1%	
	年代MUCH臺	0.27	$315,000		6%	
戲劇	八大戲劇臺	0.27	$210,000	$624,120	4%	12%
	東森戲劇臺（客戶直發）	0.06	$200,000		4%	
	緯來戲劇臺	0.35	$214,120		4%	
總計			$5,000,000		100.0%	

資料來源：AC Nielsen 2009/02/24～2009/03/02 TA: All 30～49歲。

(六) 家族頻道預算分配

頻道家族	頻道名稱	平均收視率（%）	頻道預算分配（含稅）			
			頻道預算（含稅）	類型頻道預算（含稅）	各頻道預算占比	頻道家族預算占比
TVBS家族	TVBS-N	0.51	$672,000	$924,000	13.4%	18.5%
	TVBS	0.33	$252,000		5.0%	
三立家族	三立新聞臺	0.43	$588,000	$866,880	11.8%	17.3%
	三立台灣臺	1.39	$110,880		2.2%	
	三立都會臺	0.46	$168,000		3.4%	
中天家族	中天新聞臺	0.44	$554,400	$873,600	11.1%	17.5%
	中天綜合臺	0.36	$252,000		5.0%	
	中天娛樂臺	0.19	$ 67,200		1.3%	
非凡家族	非凡新聞臺	0.31	$294,000	$294,000	5.9%	5.9%
年代家族	年代MUCH臺	0.27	$315,000	$315,000	6.3%	6.3%
民視新聞	民視新聞臺	0.33	$302,400	$302,400	6.0%	6.0%
八大家族	八大戲劇臺	0.27	$210,000	$210,000	4.2%	4.2%
緯來家族	緯來戲劇臺	0.35	$214,120	$214,120	4.3%	4.3%
東森家族	東森家族（客戶直發）		$1,000,000	$1,000,000	20.0%	20.0%
總計			$5,000,000		100.0%	

資料來源：AC Nielsen 2009/02/24～2009/03/02 TA: All 30～49歲。

(七) cue表檔次分布（排期表）

　　雖採CPRP購買方式，但cue表所安排之計費檔次保證播出，並保證總執行檔次至少1,200檔以上（不含東森家族）。

NO	頻道屬性	頻道別	四 12	五 13	六 14	日 15	一 16	二 17	三 18	四 19	五 20	六 21	日 22	一 23	二 24	檔次
1	新聞類	TVBS-N	3	4	2	2	1	2	1	1	3	2	2	0	1	24
2		TVBS	5	4	1	0	2	1	0	3	1	1	0	0	0	18
3		三立新聞臺	7	8	7	6	3	4	4	3	5	5	4	0	0	56
4		中天新聞臺	3	3	7	5	1	3	3	1	6	4	0	0	1	40
5		非凡新聞臺	7	6	0	0	5	4	3	3	3	0	0	1	0	32
6		民視新聞臺	2	2	4	3	0	1	1	0	2	2	2	0	0	19

（續前表）

NO	頻道屬性	頻道別	四 12	五 13	六 14	日 15	一 16	二 17	三 18	四 19	五 20	六 21	日 22	一 23	二 24	檔次
7	綜合綜藝類	三立台灣臺	0	0	1	2	1	0	0	0	0	0	2	1	0	7
8		三立都會臺	1	0	2	2	0	1	0	1	0	2	2	0	1	12
9		中天綜合臺	3	4	2	1	1	1	0	0	2	2	1	1	0	18
10		中天娛樂臺	1	1	1	1	0	0	0	1	1	0	1	0	0	7
11		年代MUCH臺	5	4	5	5	4	4	3	4	3	5	5	2	2	51
12	戲劇類	八大戲劇臺	4	6	3	2	4	4	3	2	3	1	1	2	0	35
13		緯來戲劇臺	4	5	0	0	4	4	4	2	3	0	0	1	0	27
	cue表檔次		45	47	35	29	26	29	22	23	27	26	24	8	5	346
	東森家族（客戶直發）檔次		17	19	15	12	13	9	7	4	4	4	3	0	0	107
	總檔次		62	66	50	41	39	38	29	27	31	30	27	8	5	453

㈧電視執行效益預估

排期			2009/3/12～2009/3/25（共計14天）
預算			NT$4,000,000（含稅）+100萬東森=500萬
素材			40"TVC
(GRP) GRPs總觸及率			291人次
10"GPRs			1,164
(R) 1+Reach（觸及率）			70.0%
3+Reach			40.0%
(F) Frequency（頻次數）			4.4次
10"CPRP（含回買）（成本）			NT$3,273
PIB.（首二尾支）GRP%			60%
Prime Time GRP%（主要時間）	週一～五	12:00～14:00	70%
		18:00～24:00	
	週六～日	12:00～24:00	

㈨ 新聞報導與節目配合（免費）

置入	頻道名稱	節目	秒數	則數
新聞報導	TVBS-N	新聞	20"～50"	1
	三立新聞臺	新聞	20"～50"	2
	中天新聞臺	新聞	20"～50"	2
	年代新聞臺	新聞	20"～50"	2
	非凡新聞臺	新聞	20"～50"	1
	民視新聞臺	新聞	20"～50"	1
節目專訪	TVBS	Money我最大		1
	八大第一臺	午間新聞		1
	緯來綜合	臺北Walker Walker		1
總計				12

四十一、案例：某媒體代理商對電視廣告CF播出後事後評估報告

○○品牌
○○月分電視CF執行事後評估

報　告　人：○○○

報告時間：○○○

企劃要素

- 廣告期間
  ——○○○年3/12（四）～3/25（三）共計14天

- 媒體目標
  ——持續提升企業知名度及好感度

- 目標對象
  ——30～49歲全體

- 預算設定
  ——電視NT$500萬（含稅）～（各頻道400萬，東森家族100萬）

- 素材
  ——40"TVC

節目類型購買設定

- 新聞節目65%

- 戲劇節目13%

- 綜合節目22%

家族頻道預算分配

頻道家族	頻道名稱	平均收視率（%）	頻道預算分配（含稅）			
			頻道預算（含稅）	類型頻道預算（含稅）	各頻道預算占比	頻道家族預算占比
TVBS家族	TVBS-N	0.51	$672,000	$924,000	13.4%	18.5%
	TVBS	0.33	$252,000		5.0%	
三立家族	三立新聞臺	0.43	$588,000	$866,880	11.8%	17.3%
	三立台灣臺	1.39	$110,880		2.2%	
	三立都會臺	0.46	$168,000		3.4%	
中天家族	中天新聞臺	0.44	$554,400	$873,600	11.1%	17.5%
	中天綜合臺	0.36	$252,000		5.0%	
	中天娛樂臺	0.19	$ 67,200		1.3%	
非凡家族	非凡新聞臺	0.31	$294,000	$294,000	5.9%	5.9%
年代家族	年代MUCH臺	0.27	$315,000	$315,000	6.3%	6.3%
民視新聞	民視新聞臺	0.33	$302,400	$302,400	6.0%	6.0%
八大家族	八大戲劇臺	0.27	$210,000	$210,000	4.2%	4.2%
緯來家族	緯來戲劇臺	0.35	$214,120	$214,120	4.3%	4.3%
東森家族	東森家族（客戶直發）		$1,000,000	$1,000,000	20.0%	20.0%
總計			$5,000,000		100.0%	

資料來源：AC Nielsen 2009/02/24～2009/03/02 TA: All 30～49歲。

摘要（未含東森家族）

- 本波執行預算共NT$4,000,000（含稅），目標預設為291GRPs；實際執行311.73GRPs（額外爭取20.73 GRPs），達成率107%。
- 10"CPRP目標為NT$3,273，實際達成NT$3,057。
- 檔次部分，原預計1,200檔，實際露出1,780檔（增加580檔）～不含東森家族。
- Reach%實際執行皆達成目標值，1 + Reach = 70.5%，3 + Reach = 43.8%，兼顧廣告效益廣度&有效觸及度。
- Prime Time GRP占比目標70%，實際達成65%。PIB GRP占比預定目標為60%，實際達成85%。
- 節目類型比重以新聞類為最主要，其次為娛樂綜藝類及戲劇類型節目占比較高。

執行說明

- 本波執行在GRP及10"CPRP、首二尾支部分，均超標達成。
- 新聞節目占比部分，因執行前考量擴大收視族群，進行小幅調重娛樂綜藝節目，故比重由原65%稍降至60%。
- 所有評估指標中，僅Prime Time GRP%未達理想，此部分由於執行中考量加強平日目標群收視效益，故機動調降週末聲量所影響，故週末Prime Time GRP%（12:00～24:00）占比降低。

綜合以上，本波執行狀況符合事前目標，敬請鑒察。

事後執行效益

項目			事前預估		事後執行效益	
			不含東森家族	含東森家族	不含東森家族	含東森家族
預算			400萬（含稅）	500萬（含稅）	400萬（含稅）	500萬（含稅）
GRPs			291.0	345.0	311.6	369.3
10"GRPs			1,164.0	1,380.0	1,246.3	1,477.4
1+Reach			70.0%		68.6%	70.5%
3+Reach			40.0%		39.4%	43.8%
Frequency			4.4次		4.6次	5.2次
10"CPRP（含回買）			$3,273		$3,057	$3,223
PIB（首二尾支）GRP%			60%		85.0%	82.6%
Prime Time GRP%	週一～五	12:00～14:00	70%		65.0%	61.0%
		18:00～24:00				
	週六～日	12:00～24:00				

資料來源：AC Nielsen Taiwan Telescope v7 for ACN-AIS。

四十二、成功的媒體企劃與購買是什麼

1. 媒體價錢（價格）買得好。
2. 媒體對象選得好。
3. 經銷商、加盟店店東及零售商都拍手叫好，肯定此波的廣宣成效。
4. 公司業績目標能夠因此波廣宣而順利達成。
5. 產品品牌知名度及公司企業形象均能夠因而顯著提升。
6. 能夠吸引新顧客群或新會員的加入，使公司的顧客基礎更加擴大。

第六節

整合行銷企劃

「整合行銷傳播」簡稱：IMC（integrated marketing communications）。

一、IMC簡單意義

品牌廠商透過多樣化的媒體組合宣傳，以及多樣化的行銷活動舉辦，以期能夠打響廠商推出的新產品、新品牌改良產品，進而能夠達成年度業績目標。

也有人稱作「360度全方位整合行銷傳播」。

為了讓宣傳觸及更多目標消費者，以求打響品牌力並促進業績成長。「360度全方位整合行銷傳播」希望更有效率、更有計畫性、更有效能的花掉年度的行銷預算，以達成預定目標。

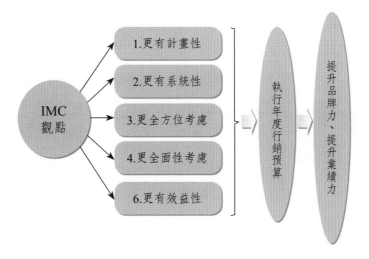

二、整合行銷傳播操作適用狀況

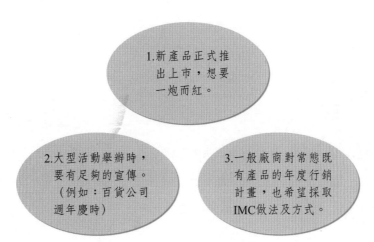

三、IMC完整架構圖示

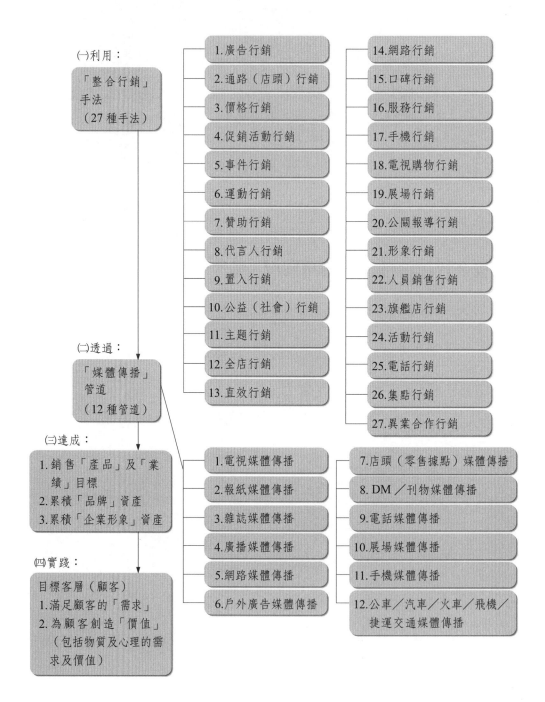

（一）利用：

「整合行銷」
手法
（27種手法）

（二）透過：

「媒體傳播」
管道
（12種管道）

（三）達成：

1. 銷售「產品」及「業績」目標
2. 累積「品牌」資產
3. 累積「企業形象」資產

（四）實踐：

目標客層（顧客）
1. 滿足顧客的「需求」
2. 為顧客創造「價值」
（包括物質及心理的需求及價值）

1. 廣告行銷
2. 通路（店頭）行銷
3. 價格行銷
4. 促銷活動行銷
5. 事件行銷
6. 運動行銷
7. 贊助行銷
8. 代言人行銷
9. 置入行銷
10. 公益（社會）行銷
11. 主題行銷
12. 全店行銷
13. 直效行銷

14. 網路行銷
15. 口碑行銷
16. 服務行銷
17. 手機行銷
18. 電視購物行銷
19. 展場行銷
20. 公關報導行銷
21. 形象行銷
22. 人員銷售行銷
23. 旗艦店行銷
24. 活動行銷
25. 電話行銷
26. 集點行銷
27. 異業合作行銷

1. 電視媒體傳播
2. 報紙媒體傳播
3. 雜誌媒體傳播
4. 廣播媒體傳播
5. 網路媒體傳播
6. 戶外廣告媒體傳播

7. 店頭（零售據點）媒體傳播
8. DM／刊物媒體傳播
9. 電話媒體傳播
10. 展場媒體傳播
11. 手機媒體傳播
12. 公車／汽車／火車／飛機／捷運交通媒體傳播

四、IMC媒體傳播工具

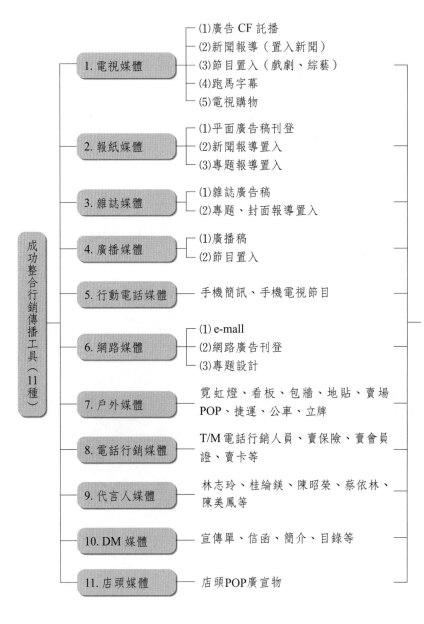

成功整合行銷傳播工具（11種）

1. 電視媒體
   - (1)廣告 CF 託播
   - (2)新聞報導（置入新聞）
   - (3)節目置入（戲劇、綜藝）
   - (4)跑馬字幕
   - (5)電視購物

2. 報紙媒體
   - (1)平面廣告稿刊登
   - (2)新聞報導置入
   - (3)專題報導置入

3. 雜誌媒體
   - (1)雜誌廣告稿
   - (2)專題、封面報導置入

4. 廣播媒體
   - (1)廣播稿
   - (2)節目置入

5. 行動電話媒體
   - 手機簡訊、手機電視節目

6. 網路媒體
   - (1)e-mall
   - (2)網路廣告刊登
   - (3)專題設計

7. 戶外媒體
   - 霓虹燈、看板、包牆、地貼、賣場POP、捷運、公車、立牌

8. 電話行銷媒體
   - T/M電話行銷人員、賣保險、賣會員證、賣卡等

9. 代言人媒體
   - 林志玲、桂綸鎂、陳昭榮、蔡依林、陳美鳳等

10. DM 媒體
    - 宣傳單、信函、簡介、目錄等

11. 店頭媒體
    - 店頭POP廣宣物

- (1) one-voice（一致聲音）
- (2) one-image（一致形象）
- (3) branding（塑造品牌）
- (4) sales（促進業績）
- (5) reputation（提升形象）

五、案例：LV（路易威登）在臺北旗艦店擴大重新開幕之整合行銷手法（2006年4月）

1. 廣告行銷（各大報紙／雜誌廣告）。
2. 事件行銷（耗資5,000萬，在中正紀念堂廣場舉行2,000人大規格時尚派對晚會）。
3. 公關報導行銷（各大新聞臺SNG現場報導，成為全國性消息）。
4. 旗艦店行銷（臺北中山北路店，靠近晶華大飯店）。
5. 直效行銷（對數萬名會員發出邀請函）。
6. 展場行銷（在店內舉辦模特兒時尚秀）。

六、案例：新光三越週年慶活動整合行銷支出3,750萬元

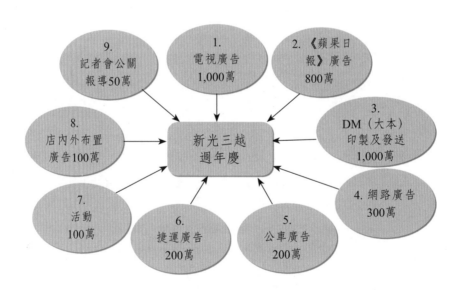

七、案例：三星Galaxy S6及S6 edge整合行銷支出6,000萬元

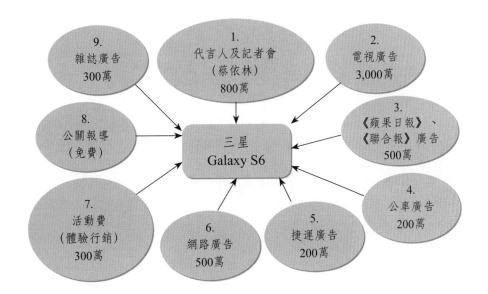

三星Galaxy S6/S6 edgeIMC費用占比：3%而已

預估年營收：20億元

×3%廣宣費占比

6,000萬元

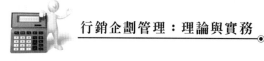

八、案例：娘家滴雞精年度整合行銷支出3,000萬元

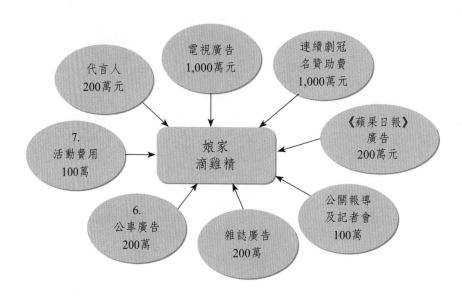

九、行企人員在規劃年度IMC時應考量

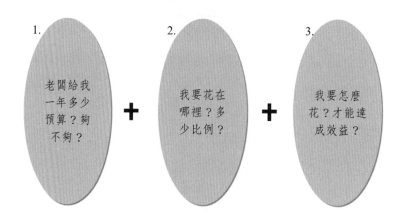

十、IMC規劃，有兩大類方向花費

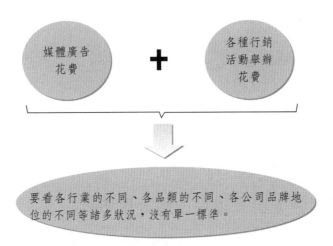

十一、一般來說，媒體廣告花費比較高

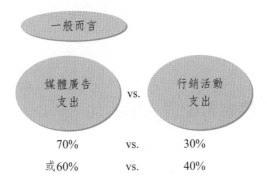

| | 70% | vs. | 30% |
| 或60% | | vs. | 40% |

十二、媒體廣告支出要考慮

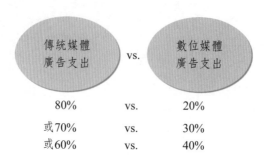

80%	vs.	20%
或70%	vs.	30%
或60%	vs.	40%

十三、媒體廣告支出：電視占最大比率

十四、舉例：媒體廣告配置支出占比

例如：茶裏王飲料一年廣告費支出

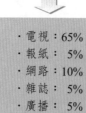

- 電視：65%
- 報紙： 5%
- 網路：10%
- 雜誌： 5%
- 廣播： 5%
- 戶外： 5%
- 基地： 5%

十五、數位廣告支出占比，日益增加

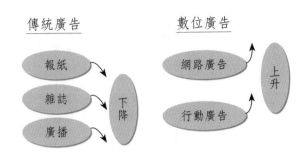

十六、數位廣告項目

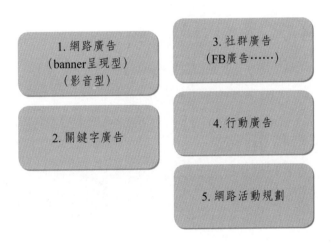

十七、數位廣告刊登所在

十八、數位廣告較多行業

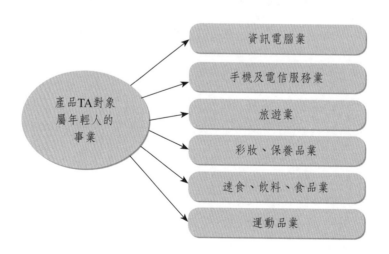

十九、IMC：行銷活動費用支出項目

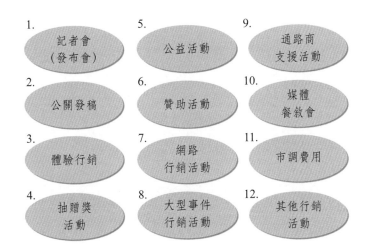

1. 記者會（發布會）
2. 公關發稿
3. 體驗行銷
4. 抽贈獎活動
5. 公益活動
6. 贊助活動
7. 網路行銷活動
8. 大型事件行銷活動
9. 通路商支援活動
10. 媒體餐敘會
11. 市調費用
12. 其他行銷活動

二十、IMC整體支出占比及金額

〈案例〉SK-II化妝保養品

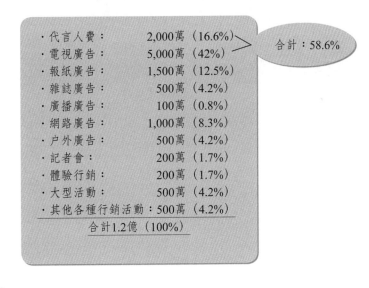

- 代言人費：　　　　2,000萬（16.6%）
- 電視廣告：　　　　5,000萬（42%）　　　合計：58.6%
- 報紙廣告：　　　　1,500萬（12.5%）
- 雜誌廣告：　　　　500萬（4.2%）
- 廣播廣告：　　　　100萬（0.8%）
- 網路廣告：　　　　1,000萬（8.3%）
- 戶外廣告：　　　　500萬（4.2%）
- 記者會：　　　　　200萬（1.7%）
- 體驗行銷：　　　　200萬（1.7%）
- 大型活動：　　　　500萬（4.2%）
- 其他各種行銷活動：500萬（4.2%）

合計1.2億（100%）

SK-II：

$$行銷費用占比 = \frac{行銷費}{營收額} = \frac{1.2億}{30億} = 4\%$$

二十一、IMC問題：我要怎麼花？

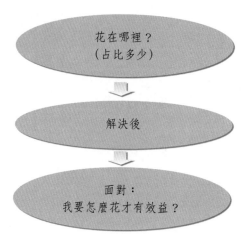

例如：

1.品牌代言人應該找誰？才有效？	4.公關活動如何？
2.廣告片要怎麼拍？才有效？	5.促銷活動如何舉辦？
3.記者會要怎麼舉行才會曝光？	6.網路廣告要放在哪裡？
	7.電視廣告要如何播出？

二十二、各種媒體廣告費用：貴與便宜

二十三、各種媒體廣告刊播要求

1. 高收視率電視頻道及節目。
2. 高閱讀率報紙及雜誌。
3. 高收聽率廣播。
4. 高點閱率網站及手機。
5. 高目擊率戶外廣告。

二十四、各廣告媒體占比的變化趨勢

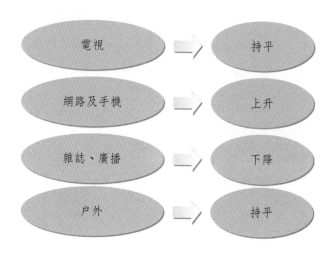

電視	➡	持平
網路及手機	➡	上升
雜誌、廣播	➡	下降
戶外	➡	持平

二十五、臺灣各媒體一年廣告額統計表

	媒體	金額	占比	
1	電視	230億	40.7%	➡ 占最多
2	網路	210億	37.2%	
3	報紙	45億	8%	➡ 占次多
4	雜誌	30億	5.3%	
5	廣播	20億	3.5%	
6	戶外	30億	5.3%	
	合計	565億	100%	

二十六、IMC整體計畫

IMC把錢花在刀口上，重視ROI（投資報酬率）。

(一)什麼是ROI？

ROI的目的有以下三點：
1. 鞏固、提升品牌力。
2. 達成年度業績與獲利目標。
3. 鞏固、提升市占率。

(二)每季定期檢討彈性調整！

常態既有產品年度IMC計畫，每季、每半年、每年均要定期檢討質性效果，並做必要的彈性調整。

(三)何時提出

計畫類別	時程
新產品IMC計畫 大型週年慶IMC計畫	新產品上市前／大活動舉辦前3個月就要提出討論，1個月前即要定案。
常態既有產品年度IMC計畫	每年底12月，即要提出下一年度IMC計畫討論及定案。

(四)由誰來做？

1. 委外專業公司做

有些外商公司習慣請他們合作的媒體代理商或廣告公司先提出初案計畫，然後與他們討論後定案。

2. 自己公司做

大部分公司可能還是自己做較多，主要由行銷企劃部或品牌部來負

責。

(五) 定期檢討什麼？

1. 媒體檢討

檢討各種媒體廣告花用的效果究竟如何？哪一種媒體好？哪一種媒體不好？需要做何調整？

2. 活動檢討

檢討各種行銷活動舉辦花用的效果究竟如何？要如何調整改變？

(六) 蒐集競爭對手情報

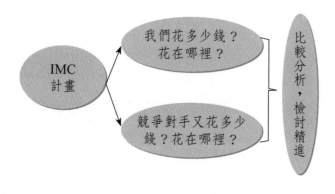

二十七、整合行銷效益分析

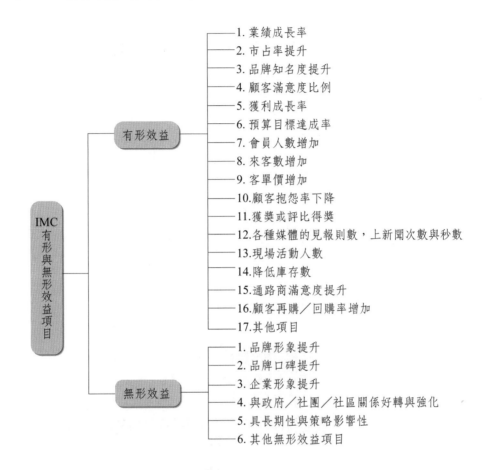

- IMC有形與無形效益項目
  - 有形效益
    1. 業績成長率
    2. 市占率提升
    3. 品牌知名度提升
    4. 顧客滿意度比例
    5. 獲利成長率
    6. 預算目標達成率
    7. 會員人數增加
    8. 來客數增加
    9. 客單價增加
    10. 顧客抱怨率下降
    11. 獲獎或評比得獎
    12. 各種媒體的見報則數，上新聞次數與秒數
    13. 現場活動人數
    14. 降低庫存數
    15. 通路商滿意度提升
    16. 顧客再購／回購率增加
    17. 其他項目
  - 無形效益
    1. 品牌形象提升
    2. 品牌口碑提升
    3. 企業形象提升
    4. 與政府／社團／社區關係好轉與強化
    5. 具長期性與策略影響性
    6. 其他無形效益項目

二十八、IMC的五大意義

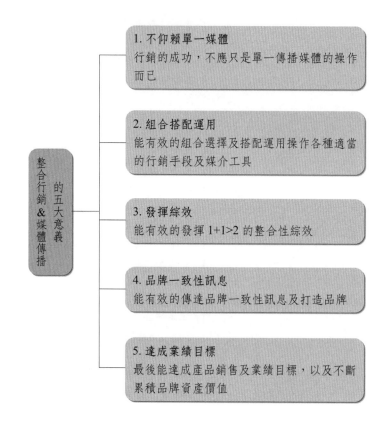

整合行銷＆媒體傳播 的五大意義

1. 不仰賴單一媒體
行銷的成功，不應只是單一傳播媒體的操作而已

2. 組合搭配運用
能有效的組合選擇及搭配運用操作各種適當的行銷手段及媒介工具

3. 發揮綜效
能有效的發揮 1+1>2 的整合性綜效

4. 品牌一致性訊息
能有效的傳達品牌一致性訊息及打造品牌

5. 達成業績目標
最後能達成產品銷售及業績目標，以及不斷累積品牌資產價值

二十九、IMC的十大關鍵成功因素

全方位整合行銷＆媒體傳播策略　的十大關鍵成功要素

1. 檢視產品力本質
   必須能滿足顧客需求，創造顧客價值，具差異化特色，有一定品質水準，與競爭對手相較，有一定競爭力可言

2. 充分利用外部協辦單位
   包括廣告公司、媒體公司、整合行銷公司、公關公司、網路公司、製作公司之資源、專長與豐富經驗

3. 抓住切入點及訴求點
   行銷活動及廣宣活動，要抓住有力的切入點及訴求點才會引爆話題

4. 媒體呈現應具創意性
   各種電視、報紙、網路、戶外、交通媒體工具的呈現，應具創意性，能夠吸引人的目光及注視

5. 吸引媒體報導的興趣
   媒體不願或缺乏興趣報導，或因低收視率／低閱讀率而不報導，將會浪費行銷資源

6. 足夠行銷預算資源的投入
   巧婦難為無米之炊，沒有準備充分預算，行銷不易成功

7. 一波接一波行銷活動投入的持續性及延續性，不能中斷

8. 內部各協力單位良好分工合作及溝通協調
   避免本位主義或分工權責不清

9. 整合性的運用各種行銷手法及媒體手法的組合搭配，發揮綜效

10. 評估效益與隨時調整因應改變
    對每一個活動的事中及事後，應充分評估及衡量其成本效益分析，缺乏效益的行銷活動應即刻改變或喊停

三十、IMC的組織協調力

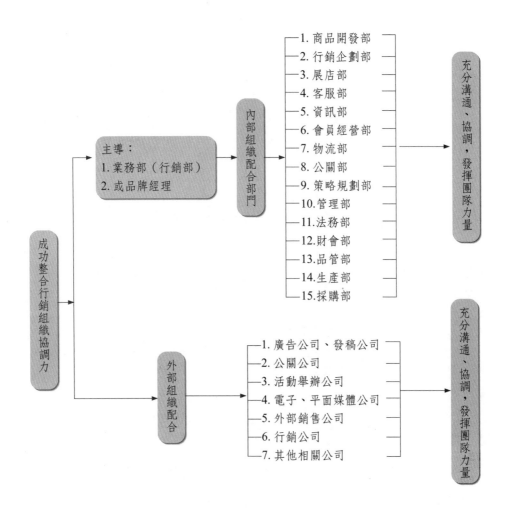

三十一、習作演練

1. 請問如果有一款線上遊戲要上市，並且給你一筆2,000萬元行銷預算，你會做如何的整合行銷傳播操作？為什麼？

2. 請問如果有一個「原萃」綠茶新產品要上市，而且給你一筆2,000萬元行銷預算，你會做如何的IMC操作？為什麼？

3. 請問如果TOYOTA汽車LEXUS（凌志）品牌汽車有一個新款車上

市，並且給你一筆4,000萬元行銷預算，你會做如何的IMC操作？爲什麼？

4. 新光三越百貨週年慶給你一筆2,000萬元廣宣預算，請問你會做如何的IMC操作？爲什麼？

5. 請問如果SK-Ⅱ推出一款新的保養品品牌，並給你2,000萬元行銷預算，你會做如何的IMC操作？爲什麼？

6. 請問膳魔師產品推出一款新產品，並給你2,000萬元行銷預算，你會做如何的IMC操作？爲什麼？

7. 請問7-ELEVEN繼續聘用桂綸鎂做CITY CAFE代言人，並有一年3,000萬元的廣告預算，你會如何操作？爲什麼？

8. 請問阿瘦皮鞋繼續聘請隋棠作爲新年度代言人，並有一年3,000萬元預算，你會如何操作？

第七節

市場調查企劃

一、爲何要做市調

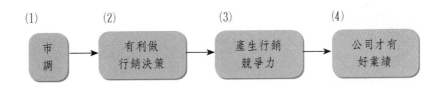

(1) 市調 → (2) 有利做行銷決策 → (3) 產生行銷競爭力 → (4) 公司才有好業績

　　企業經營在實務上，不免要做一些市調專案，企業行銷部門、研發部門或業務部門爲什麼要做市調呢？最主要的目的就是希望能夠透過市調取得科學化數據資料做基礎，以利公司高階層做出相關的「行銷決策」（marketing decision），包括：產品決策、定價決策、研發決策、通路決策、品牌決策、廣告決策、服務決策等各種行銷決策。

二、市調研究主題

產品研究
- 1.產品定位研究
- 2.產品新商機研究
- 3.新產品概念化研究
- 4.新產品試吃、試喝測試研究

滿意度研究
- 1.整體服務滿意度調查
- 2.各項服務滿意度調查
- 3.產品滿意度調查
- 4.其他滿意度調查

廣告研究
- 1.廣告代言人調查
- 2.廣告 CF 調查
- 3.廣告播出後效果調查

品牌研究
- 1.品牌知名度、偏好度研究
- 2.品牌忠誠度研究
- 3.新品牌名稱研究

通路研究
- 1.通路型態研究
- 2.消費者與通路互動關係研究
- 3.通路促銷活動研究

媒體研究
- 1.媒體收視率、閱讀率、收聽率、點閱率調查
- 2.新興媒體效果調查
- 3.傳統媒體效果調查

消費者研究
- 1.潛在需求研究
- 2.生活型態研究
- 3.價值觀研究
- 4.消費行為研究

價格與促銷研究
- 1.新產品價格研究
- 2.價格調整變動調查
- 3.促銷內容調查

三、市調研究兩大類型

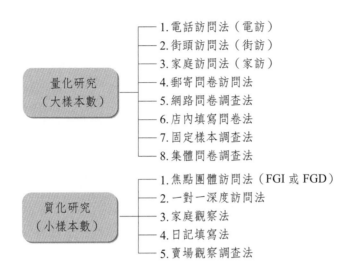

- 量化研究（大樣本數）
  - 1. 電話訪問法（電訪）
  - 2. 街頭訪問法（街訪）
  - 3. 家庭訪問法（家訪）
  - 4. 郵寄問卷訪問法
  - 5. 網路問卷調查法
  - 6. 店內填寫問卷法
  - 7. 固定樣本調查法
  - 8. 集體問卷調查法
- 質化研究（小樣本數）
  - 1. 焦點團體訪問法（FGI 或 FGD）
  - 2. 一對一深度訪問法
  - 3. 家庭觀察法
  - 4. 日記填寫法
  - 5. 賣場觀察調查法

四、企業實務上：量化研究主要三種方式

研究方式	適合對象	例子	優點
電話訪問（電訪）	• 全國性（各縣市）消費者 • 特定對象消費者	麥當勞顧客滿意度，必定採取全國性電話方式進行	隨機抽樣，具大樣本客觀性
網路調查（網路填卷）	• 年輕族群消費者 • 會員消費者 • 卡友消費者	PChome網購顧客滿意度，則可採取網路填寫問卷方式	成本低，速度快
店內填寫問卷市調法		王品、西堤、陶板屋、薇閣Hotel、五星級大飯店、大醫院、服飾連鎖店、銀行等服務業	

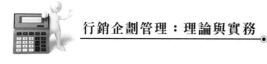

五、案例：王品餐飲集團每月80萬張回收

六、家庭電話訪問調查法

　　一定要委託外界專業市調公司執行，因為公司自身缺乏調查工具設備及人力。

(一)家庭電話訪問調查法的優缺點

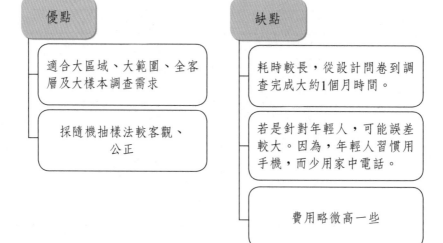

㈡家庭電話訪問調查法的特性

1. 適合大樣本，量化的、全臺灣，至少抽樣樣本1,000份以上。
2. 進行工具設備為CATI系統（電腦輔助電話系統）。
3. 隨機抽樣，較具公正性，誤差也較小。

七、成功的電話訪問調查法執行三大注意重點

1. 問卷設計要仔細、用心、周詳及共同討論、集思廣益，不要缺漏。
2. 展開執行時，要注意電訪員的執行能力好不好。
3. 撰寫分析報告時，必須針對數據要能精準地加以詮釋及應用。

八、要用心設計好問卷

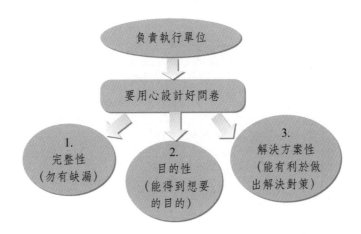

負責執行單位

要用心設計好問卷

1. 完整性（勿有缺漏）

2. 目的性（能得到想要的目的）

3. 解決方案性（能有利於做出解決對策）

九、用心解讀：市調出來的數據及報告內容

1. 要認眞、用心、深思、洞見、詮釋、解讀。
2. 市調報告最後結果，必須展現各種數據、各種百分比的內容，才有利於制定行銷對策。

十、家庭電話訪問調查結果數據表現的三種方式

　　1.簡單百分比法。

　　2.交叉分析百分比法。

　　3.是否有顯著性差異檢定法。

十一、交叉分析百分比法的項目

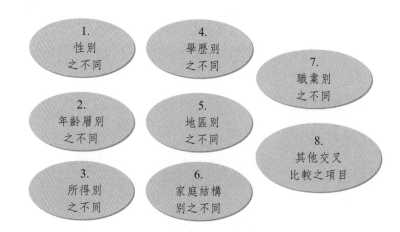

舉例：

　　交叉分析結果：

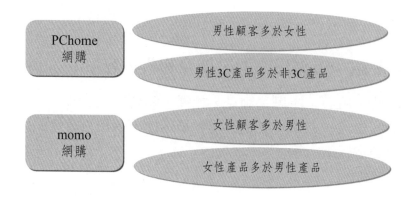

十二、家庭電話訪問調查：問卷題數控制好

最好 在20題以內

最多 不要超過25題

十三、家庭電話訪問拒訪率

拒訪率 一般在30%～40%之間

十四、家庭電話訪問調查的主要目的

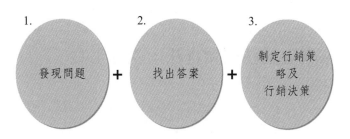

1. 發現問題 + 2. 找出答案 + 3. 制定行銷策略及行銷決策

十五、家庭電訪問卷設計：共同討論、多討論

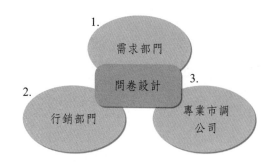

十六、委外家庭電訪：進行到完成時程表

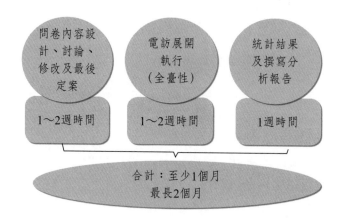

十七、全臺家庭電話訪問調查法：執行工具

電腦輔助電話抽樣系統

十八、網路調查法（Internet survey/online survey，線上調查法）

網路調查法雖不完全精準客觀，但仍有一定程度可參考，因此，目前有日益廣泛使用趨勢。

㈠網路調查法優缺點

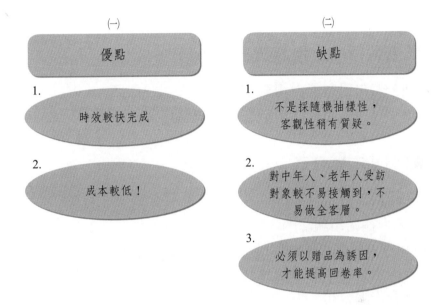

㈡現今執行網路調查的公司類別

1. 零售業。
2. 金融銀行及信用卡業。
3. 電子商務業。
4. 其他行業。
5. 入口網站及新聞網路。

(三)網路調查法：先決條件

1. 必須有龐大會員資料庫。
2. 必須有正確的e-mall網址資料。

(四)網路調查法時程表

1. 最快：2週內可以完成。
2. 最慢：1個月可以完成。

(五)網路調查執行的二種狀況

1. 大型公司自己有能力規劃及執行。
2. 可以委外由專業網路市調公司付費執行。

(六)較知名網站市調公司

1. 波士特市調公司。
2. 104人力網站市調部門。
3. HAPPY GO卡市調部門。
4. 東方線上公司。
5. 尼爾森市調公司。

(七)委外網路市調費用

委外網路市調的成本約為電話訪問調查法的二分之一，視題數多少而定，大約10萬～20萬元。

(八)簡易型網路市調負責軟體工具

可使用Google公開的免費市調軟體。

十九、居家留置問卷調查法（home use test, HUT）

㈠HUT調查法：適用產品別

1. 嬰兒產品。
2. 女性保養品及生理用品。
3. 家庭清潔品。

㈡HUT調查法之目的

1. 新產品推出，在上市前之市調，以改進產品。
2. 既有產品推出改良型產品，在上市前之市調。

二十、盲測調查法（blind test）

㈠何謂盲測法

去掉各種品牌的名稱、logo、標誌等，在不知道各個產品品牌及公司之下，展開各種試吃、試喝及試用的調查法。

㈡適合時機

1. 新產品開發時。
2. 舊產品改良時。

二十一、店內問卷填寫調查法（in-store survey）

舉例如下：
1. 王品、陶板屋、西堤、聚……店內桌上問卷填寫。
2. 百貨公司服務櫃檯填寫。
3. 醫院、銀行、汽車、旅館……內部填寫。

二十二、焦點座談會／集體訪談會（focus group discussion, FGD）

㈠何謂焦點座談、集體座談（FGI、GI）

- FGI: focus group interview。
- GI: group interview。

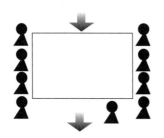

- 1位主持人
- 8～10位出席訪談的一般消費者

- 設定主題
- 展開討論
- 聽取消費者的想法、看法、意見、觀點、評論

- 消費者座談＝傾聽顧客的心聲。
- 聽取不同意見，才能看得更清楚。

㈡定性調查與定量調查的比較（質化與量化調查）

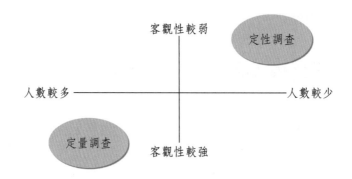

結合「定量調查」及「定性調查」二種方法，二合一才是最完整、周延的調查。

㈢FGI進行的二種方式

1. 委外調查：委託外面專業市調公司進行。
2. 自己親自調查：自己行銷部門親自規劃進行。

㈣FGI的P-D-C-A循環

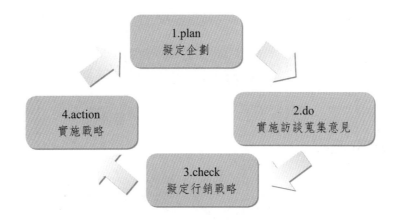

㈤招募適合FGI的訪談對象消費者

1. 請朋友幫忙。
2. 由員工介紹家人、熟人。
3. 活用公司的客戶資料。
4. 在街頭募集。
5. 在網路上募集（社群網路、部落格、臉書）。
6. 學校或機構。

㈥焦點座談會的事前準備

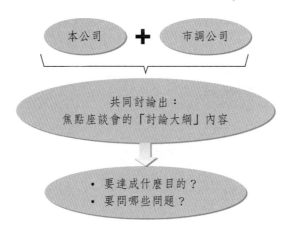

㈦FGI訪談會流程

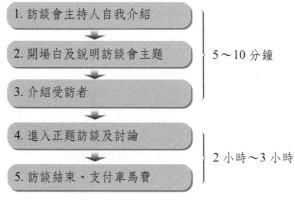

合計：2 小時～3 小時不等

㈧FGI的訪談主題內容

1. 對新產品概念化的討論。
2. 對新產品試作品的討論。
3. 對新代言人的討論。
4. 對廣告創意的討論。
5. 對slogan（廣告標語）的討論。

6.對定價的討論。

7.對品牌命名的討論。

8.對創新服務的討論。

9.對新事業營運模式的討論。

10.新產品開發盲目測試（blind test）。

11.其他。

㈨FGI：親自出席，到現場幕後

二十三、實地（現場）調查法（field survey/field study）

㈠實地（現場）地點

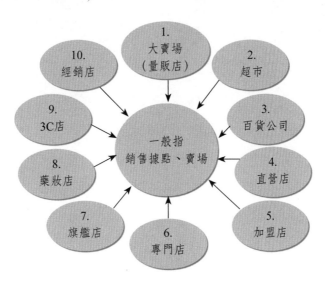

㈡實地調查方法

㈢實地（現場）調查法目的

二十四、手機電話調查法

手機電話調查法：迎合年輕世代。

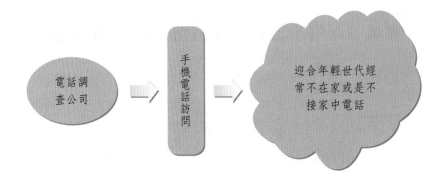

二十五、經銷商調查

(一)經銷商調查內容三重點

1.		2.		3.
了解： • 自家產品賣得如何？ • 為何賣得好？ • 為何賣不好？	+	了解： • 競爭對手產品賣得如何？ • 原因為何？	+	了解： • TA消費者的需求為何？ • 看法如何？

(二)經銷商調查目的

1. 進行行銷 4P/1S的改善與精進	+	2. 掌握競品動向情資	+	3. 了解及洞悉 TA消費群

二十六、市場調查最大目的：為了研訂「行銷戰略」

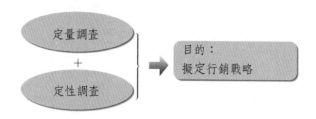

二十七、制定什麼「行銷戰略」？

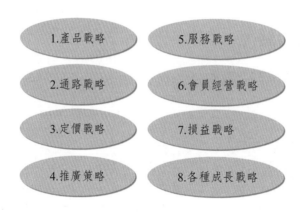

1.產品戰略　　5.服務戰略

2.通路戰略　　6.會員經營戰略

3.定價戰略　　7.損益戰略

4.推廣策略　　8.各種成長戰略

二十八、顧客滿意度問卷設計舉例

回答（請勾選）

□很滿意　　　□滿意　　　□不太滿意

□很不滿意　　□不知道、沒意見

二十九、滿意度達90%

滿意度百分比，包括：

$$35\% + 55\%$$
$$= \underline{90\%}$$

三十、顧客滿意度調查的三大目的

(一)檢視自己	(二)改善依據	(三)監督考核
檢視自身公司在各方面得到顧客滿意程度的百分比	滿意度較低的地方，作為未來改進的重點所在	作為監督考核第一線人員、店長的績效指標之一

三十一、PChome網購公司滿意度市調項目

1.產品多元化滿意度　　　　5.價格滿意度

2.物流宅配滿意度　　　　　6.促銷滿意度

3.產品品質滿意度　　　　　7.網路結帳速度滿意度

4.客戶服務查詢滿意度　　　8.退貨速度滿意度

三十二、顧客滿意度百分比之指標

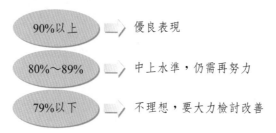

90%以上 ▶ 優良表現

80%～89% ▶ 中上水準，仍需再努力

79%以下 ▶ 不理想，要大力檢討改善

三十三、委外市調流程與步驟

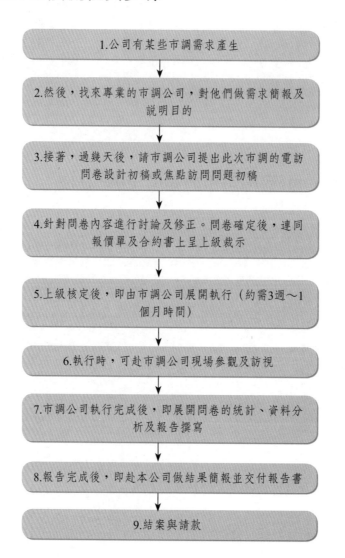

1.公司有某些市調需求產生

↓

2.然後，找來專業的市調公司，對他們做需求簡報及說明目的

↓

3.接著，過幾天後，請市調公司提出此次市調的電訪問卷設計初稿或焦點訪問問題初稿

↓

4.針對問卷內容進行討論及修正。問卷確定後，連同報價單及合約書上呈上級裁示

↓

5.上級核定後，即由市調公司展開執行（約需3週～1個月時間）

↓

6.執行時，可赴市調公司現場參觀及訪視

↓

7.市調公司執行完成後，即展開問卷的統計、資料分析及報告撰寫

↓

8.報告完成後，即赴本公司做結果簡報並交付報告書

↓

9.結案與請款

三十四、有哪些比較有名的市調公司

茲列示幾家比較大、比較有名的市調公司，可供參考：

1. 尼爾森公司市調部門。
2. 模範（TNS）市調公司。
3. 達聯行銷研究公司。
4. 東方線上公司（E-ICP）。
5. 蓋洛普公司。
6. 全國意向民調公司。
7. 利達管理顧問公司。
8. 創市際公司（網路民調）。
9. 思緯市場研究公司。
10. 全方位市調公司。
11. 相關大學附設的民調中心（世新、政大）。
12. 易普索市調公司。

三十五、市調的對象

市調的對象，依每次各公司的需求而有所不同。一般而言，可有二種對象：

1. 一是內部對象。即是公司資料庫所擁有的顧客，包括：VIP會員、一般會員、卡友、網友、來店顧客留下的資料等均屬之。
2. 二是外部對象。包括外部的一般消費大眾或特定族群等。

三十六、市調客戶來源

市調公司的委託客戶來源，大致有三類：

1. 廠商（廣告主）：這主要都是一些比較大型的外商公司或本土大公司。例如：P&G（寶僑）、聯合利華、統一企業、味全企業、麥當勞公司、中國信託公司、台灣大哥大、TOYOTA汽車等。
2. 廣告代理商：他們都是為廣告主做市調研究。
3. 媒體代理商：也是受廣告主委託協助做市調研究。

三十七、市調費用概估

一般來說，市調費比電視廣告費便宜很多。

1.一場FGI（焦點團體座談會）約10萬元～12萬元之間。

2.一次1,000人份的全國性電話訪問問卷約20萬元～35萬元之間。

即使是一般大公司，年度的市調費也都會控制在100～300萬元以內。這與電視廣告費的幾千萬到上億元，相對便宜很多。

三十八、市調的原則及應注意事項

1.有些市調，例如：滿意度調查，應該定期做，用較長的時間去追蹤市調結果狀況。

2.市調應以量化調查為主，質化調查為輔，量化調查較具科學數據效益，而且廣度比較夠，質化調查則較具深度。

3.市調的問卷設計內容及邏輯性，行銷人員應該很用心、細心的去思考，並且與相關部門人員討論，以收集思廣益之效果，並且明確找出公司及該部門真正的需求，以及找到問題解決的答案。

4.針對市調的結果，行銷人員應仔細的加以詮釋、比對及應用。

5.市調應注意到可信度，故對挑選市調公司及監督市調執行，都應加以留意及多予要求。

三十九、案例：某大日用品公司舉行消費者焦點團體座談（FGI）企劃案大綱

㈠舉行焦點團體座談（focus group interview, FGI）之目的說明。
　了解消費者對本公司新推出洗髮精品牌之各種質化建議、意見。

㈡舉行FGI內容規劃

　1.舉行日期。

　2.舉行地點（本公司大會議室）。

　3.舉行場次（二場）。

　4.舉行出席人數（每場10人）。

　5.出席人員對象

⑴女性。

⑵年齡層（30歲～50歲）。

⑶職業別（上班族、家庭主婦各半）。

⑷學歷（大專以上學歷）。

6.會議時間預估：3小時內。

7.會議主持人（本公司行銷企劃協理）。

8.會議記錄（行銷企劃部）。

㈢FGI所想獲得的消費者意見內容

消費者對本公司新推洗髮精品牌的各項看法，意見內容選項如下：

1.對品牌命名的挑選（10個選3個）。

2.對產品定價的挑選（5個選1個）。

3.對廣告代言名人的挑選（10個選3個）。

4.對包裝型式的挑選（5個選2個）。

5.對功能特色強調重點的挑選（5個選2個）。

6.對促銷贈品的選擇（10個選2個）。

7.對促銷方式內容吸引力的選擇（5個選1個）。

8.對通路據點的建議。

9.對宣傳活動的建議。

10.其他相關新產品上市之建議。

㈣本次經費預算概估

1.20人次出席費用。

2.餐飲費用。

3.贈品費用。

㈤結論與建議。

四十、習作演練：如何設計問卷內容？

例1：麥當勞公司每季做一次消費者滿意度調查，請問此問卷如何設計？

例2：新光三越百貨公司每半年做一次消費者滿意度調查，請問此問卷如何設計？

例3：統一企業每年委託辦理一次茶飲料市場現況競爭與未來趨勢委外市調，請問此問卷如何設計？

例4：味全企業每年舉辦一次鮮奶市場調查，請問此問卷如何設計？

例5：統一7-ELEVEN想做一次自創品牌7-SELECT產品市場調查，請問此問卷如何設計？

例6：大眾銀行想針對這一年來的電視廣告片之效果做市調，請問此問卷如何設計？

例7：SK-Ⅱ想針對下一年度改用新代言人舉辦一場FGI，請問如何設計焦點團體座談會的討論大綱？

例8：富邦台北銀行想對往來客戶做一次年度對該公司行員的服務滿意度調查，請問此問卷如何設計？

例9：如果你是一家餐飲連鎖店職員，公司要做顧客滿意度調查，你要如何設計問卷？

例10：統一正推出一個新飲料產品，想做一場盲飲測試（blind test），請問你要如何企劃、設計？

第八節

品牌年輕化行銷企劃（力挽品牌老化）

一、品牌老化的現象

1. 業績逐年滑落衰退，年年無法達成預定目標，怎麼努力都救不起來。

2. 市占率亦呈現下滑現象，從領導品牌跌落到第五、第六名之後。

3. 購買客群年齡亦逐漸老化，以前30歲年輕客群，現在已變成40歲客群了，但年輕新客群卻沒進來。

4. 品牌印象被大眾認為是媽媽、阿姨使用的，而不是年輕人使用購買的牌子。

5. 在零售店、百貨公司或大賣場的櫃位，被移到最裡面、最旁邊的最不好位子，被認為表現不佳的品牌。

二、品牌老化的不良後果

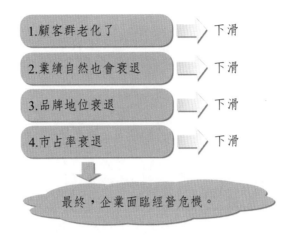

誰都不喜歡品牌老化。因為現在市場主力消費群是在25～45歲之間，超過45歲以上的消費者，他們的消費欲望及消費體力都在衰退中，是看不到未來希望的一群人。

三、一般產品的主力消費群

除了老年產品之外，一般產品的主力消費群為25～45歲，在此年齡層的原因有四：

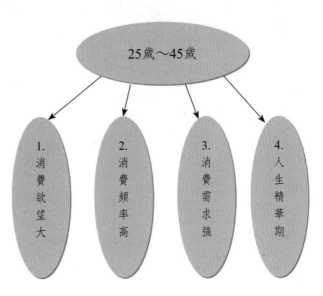

大部分企業、品牌都在爭搶25～45歲主力消費族群。
中老年人雖然有錢，但未必消費，原因如下圖示：

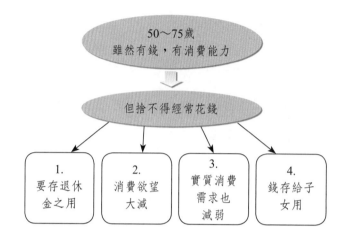

四、國內：第一品牌長青的案例（30年以上）

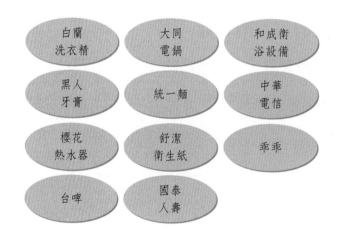

五、國外：第一品牌長青的案例（50年以上）

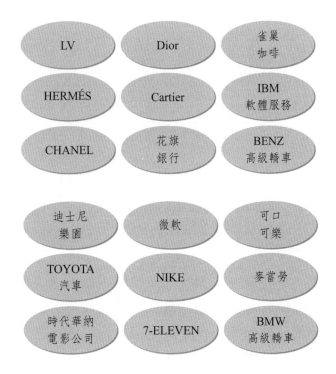

六、品牌年輕化案例

㈠台灣啤酒（國內市占率達50%～80%）

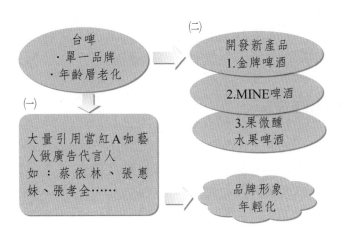

㈡TOYOTA汽車（國內市占率達40%）

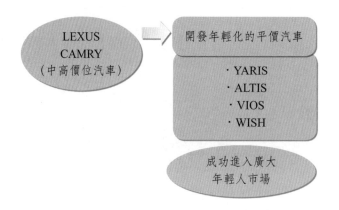

㈢資生堂品牌年輕化

1. 推出「美人心機」新品系列，以年輕人為訴求對象。
2. 大量引用當紅知名且年輕的藝人為廣告代言人。
3. 大量媒體廣告曝光。
4. 開始活用數位新媒體，吸引年輕族群。
5. 百貨公司專櫃銷售小姐全面年輕化。

㈣麥當勞品牌年輕化

1. 改變slogan：I'm lovin' it！「我就喜歡」！迎合年輕人。
2. 新產品開發在口味及種類上向年輕人傾斜。
3. 廣告代言人一律用30歲以下的年輕藝人。
4. 加強採用數位媒體，做宣傳及培養粉絲群。

㈤阿瘦皮鞋品牌年輕化

1. 更改品牌：阿瘦，A.S.O。
2. 開始打電視廣告，並請來隋棠及謝震武做代言人，效果很好。
3. 新鞋設計，強調時尚、流行。

4.加強門市店宣傳布置，更顯活潑、年輕。

(六)山葉CUXi品牌年輕化

1.推出針對年輕女性爲對象的CUXi新品牌機車。
2.外觀設計及色彩頗爲時尙流行。
3.使用知名藝人蔡依林做廣告代言人且一炮而紅。
4.電視廣告強力播放。

(七)白蘭氏雞精品牌年輕化

1.以偶像藝人王力宏做廣告代言人，吸引年輕上班族飲用雞精，而非老年人而已。
2.將產品外包裝盒視覺設計予以年輕化感受。
3.大量託播電視廣告，使每個人幾乎都看過。
4.並對年輕人喊出slogan：「有精神，活力每一天」。

(八)LV品牌年輕化

1.掌握設計感時尙潮流。
2.每年不斷開發多款新產品。
3.運用全球知名的電影明星做代言人。
4.始終確保產品的最高品質。
5.每年各季舉辦大型秀展，維持媒體大量曝光。

(九)精工錶（SEIKO）品牌年輕化

1.每年使用年輕代言人（王力宏、林依晨、田馥甄）。
2.投入電視廣告宣傳。
3.持續開發上班族菁英型錶。
4.公關報導品牌曝光。

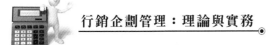

㈩大同電鍋品牌年輕化

1. 創新推出不同色彩、好看外觀的彩色電鍋。
2. 永遠保持大同電鍋高品質、耐用、好用的固定形象。
3. 不強打電視廣告，多用低成本的數位行銷手法。

㈪黑人牙膏品牌年輕化

1. 邀請陶晶瑩等做代言人。
2. 推出不同口味、不同包裝設計。
3. 每年固定投入電視廣告，保持曝光度。
4. 賣場促銷價格。

㈫中華電信品牌年輕化

1. 每年更換、輪替A咖藝人代言。
2. 廣設直營門市店，方便年輕人就近前往。
3. 門市店風格設計年輕化。
4. 推出優惠電信資費，吸引年輕人。

㈬百年可口可樂品牌年輕化

1. 電視廣告TVCF每年創新、有趣、歡樂。
2. 曲線瓶身創新。
3. 瓶身品名創新。（阿母、David……。）
4. 有時運用本土化年輕A咖藝人代言。

㈭福特汽車品牌年輕化

1. 致力產品創新，增加車款多元化，導入新車款。
2. 更多元、有趣的試駕活動及體驗行銷。
3. 推出Go Further品牌宣傳計畫。
4. 搭配節慶行銷（例如：宜蘭童玩節）。

㈥其他品牌年輕化案例大致也用類似行銷手法

七、國內、外長青第一品牌的八大要訣

1. 持續保持領先的創新能力。
2. 不斷推出新產品、新品牌。
3. 廣告宣傳活動不斷創新、有創意。
4. 設計能夠引領時代潮流。
5. 既有產品不斷改良、改變、更新。
6. 引用最新、最有話題的代言人行銷策略。
7. 永遠保持高品質口碑。
8. 與時俱進善用數位新媒體。

八、品牌為什麼會老化？

1. 沒有推出新產品。
2. 沒有以年輕族群為目標客層。
3. 公司高階決策者的失誤或忽略。
4. 公司行銷或品牌定位沒有隨環境改變而變化因應。
5. 沒有持續改良、修正既有產品。
6. 缺乏創新精神。
7. 忽略競爭對手的能力。
8. 沒有定期做SWOT分析。

九、品牌年輕化企劃撰寫的十一個項目

1. SWOT分析。
2. 開發新產品或改良舊產品的推出。
3. 取一個全新品牌或副品牌的名字。
4. 找一個最佳、最適當的年輕偶像藝人做代言人。
5. 喊出一句吸引人的slogan。
6. 產品、品牌「重新定位」。
7. 目標族群（TA）重新訂定。
8. 包裝及色系均要年輕化取向。
9. 全方位整合行銷廣宣活動的推動。
10. 訂出一個合理的價格。
11. 人員銷售組織配合革新。

十、品牌年輕化的二個組織關鍵

1. 老闆、高階經營者的領導思維要永保年輕化。
2. 行銷部、品牌部要隨時警惕，勿讓品牌陷入老化，要在操作手法上
   永保年輕化。

十一、品牌年輕化九大重點

1. 定位要年輕化。
2. 推出創新好產品。
3. 尋找年輕且受歡迎的代言藝人。
4. 產品設計、包裝、色彩要年輕化。
5. 多在電視廣告曝光。
6. 多用數位媒體廣告及社群口碑影響。
7. 辦活動要年輕化。
8. 門市店風格要年輕化。
9. 引起年輕人的話題行銷。

十二、全面性／全方位：品牌年輕化思維與作為

1. 老闆思維年輕化。
2. 行銷部人員年輕化。
3. 研發部人員年輕化。
4. 產品與設計年輕化。
5. 價位年輕化。
6. 通路年輕化。
7. 代言人年輕化。
8. 品名年輕化。
9. 定位年輕化。
10. 電視TVCF年輕化。
11. 門市店、專櫃年輕化。
12. 第一線人員年輕化。

十三、品牌年輕化工作小組編制表

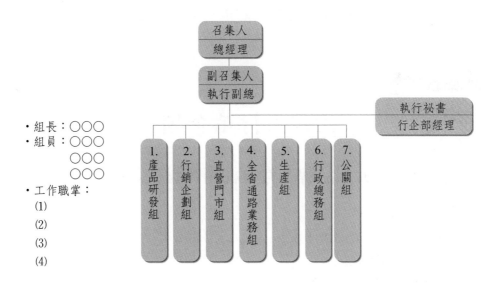

十四、習作演練

1. 假設OLAY（歐蕾）品牌有老化問題，該公司推出一款新產品，想找年輕偶像藝人代言，請問你會找誰？請舉出至少三個人選，爲什麼？

2. 假設SK-II化妝保養品原來是以熟女爲目標客層TA，但長久下來這些熟女群已漸老化了，超過50歲了，現在該公司想找二位雙代言人，希望將品牌形象拉回到30～40歲輕熟女客層，請問你會找哪兩位？爲什麼？

3. 假設黑人牙膏有品牌老化現象，請問你有哪些做法使該品牌年輕化？請說說這些做法以及爲什麼？

4. 華航公司已有六十年歷史，因爲現在年輕人出國旅遊越來越多，該公司想針對這些年輕客層找一位代言人，請問你會找誰？爲什麼？請舉出三位人選。

5. 大同家電已是一家老公司，且進入品牌老化階段，請問你要如何做，才能使這個老品牌回春？說說你的做法有哪些？

6. 華歌爾內衣品牌面對各種年輕新品牌內衣的競爭，使其倍感壓力，請問你有哪些做法使該品牌年輕化？說說你的做法。

第九節

代言人行銷企劃

一、大型公司、大型品牌：常會採用代言人策略

1. 大型公司。
2. 知名品牌。
3. 如果行銷預算充足。
4. 盡可能採取代言人策略。

二、藝人代言人的四大好處

　　1.較吸引人注目。

　　2.較快速打響品牌知名度。

　　3.間接促進銷售業績。

　　4.較易維繫品牌地位。

三、藝人代言人花費不小：500萬～2,000萬

　　　　　　　　　　(一)超級A咖：
　　　　　　　　　　一年：2,000萬
　　　　　　　　　　（或一支TVCF：2000萬）
　　　　　　　　　　例如：金城武

　　(二)A咖：
　　500萬～1000萬
　例如：蔡依林、劉德華、桂綸鎂、
　　　　湯唯、范冰冰、李冰冰等

　　(四)C咖：
　　100萬～300萬
　　例如：名模、二線藝人

　　(三)超B咖：
　　300萬～500萬
　例如：林依晨、謝震武、陶晶瑩、白
　　　　冰冰、陳美鳳、小S、大S等

四、評估代言人數據化效益二大指標

㈠利潤效益

1. 支出

　　　　　　　代言人費用：1,000萬
　　　　　　　廣告播出費：4,000萬
　　　　　　　―――――――――――――
　　　　　　　　　合計：5,000萬

2. 收入

過去年營收：30億

現在年營收：33億（成長一成）

增加： 3億（營收）

× 40%（毛利率）

增加：1億2,000萬（毛利）

減掉： 5,000萬（前列支出）

淨賺： 7,000萬元

值得

所以，重點是增加代言人之後，是否增加年營收一成以上（前例為準）。

㈡ 品牌效益

1.品牌知名度提升了，20%→50%。

2.品牌喜愛度、指名度上升了。

3.品牌忠誠度保持住了。

綜之，代言人效益判斷標準為：

1.年營收效益是否成長？

2.淨利潤效益是否增加？

3.品牌效益是否上升？

五、挑選代言人3+1原則

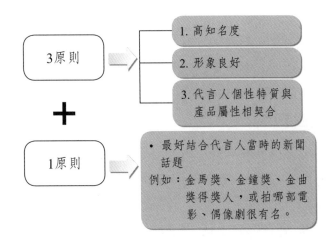

六、藝人代言人如何聯絡

1.找往來廣告公司。
2.找藝人所屬經紀公司或經紀人。
3.找往來公關公司。
4.找往來媒體代理商。

七、藝人代言人如何決定：二種方式

㈠廣告公司提出

由廣告公司提出一至三個候選代言人名單，提供作為參考、或分析及決定。

㈡我方提出

由自己公司提出幾個人選，再與廣告公司相互討論及決定。

八、藝人代言人有二種類型

㈠年度代言人合約

- 簽訂年度代言人合約。
- 這一年內，均需依約配合我方相關要求規約。

㈡廣告代言人合約

- 僅限拍攝這波廣告片（TVCF）：1支～3支。
- 此即廣告片及平面媒體廣告版面之代言人。

九、年度代言人要簽訂「代言合約」

合約內容：
1. 代言期間。
2. 代言總費用及支付款項之方式與時間。
3. 要求代言人這一年內應配合事項。
4. 要求電視廣告片可使用哪些地方、哪些期限。
5. 要求代言人不可做哪些事，即禁止條款。
6. 要求解約條款。
7. 續約的狀況約定。

十、藝人代言vs.素人代言之評估因素

藝人代言或素人代言，三個評估因素：
1. 看行銷預算夠不夠。
2. 看產品的特性、特色及屬性的必須性。
3. 視公司的行銷策略而定。

十一、素人代言也有成功案例

1. 全聯福利中心（全聯先生）。

2.茶裏王飲料。

3.原萃綠茶。

4.純萃・喝咖啡飲料。

但是，藝人代言的成功案例，大於且多於素人代言的成功案例。

十二、代言年度終了，要檢討代言人效益

1.營收業績成長多少？

2.利潤增加多少？

3.品牌效益提高多少？

十三、效益良好：代言人持續好幾年

1.CITY CAFE：桂綸鎂（5年）。

2.阿瘦皮鞋：隋棠（3年）。

3.桂格人蔘雞精：謝震武（3年）。

4.SK-Ⅱ：湯唯（2年）。

5.長榮航空：金城武（2年）。

6.山葉機車／台啤／三星手機：蔡依林（2年）。

7.日立家電：孫芸芸（5年）。

8.象印小家電：陳美鳳（3年）。

9.HTC手機：五月天（3年）。

十四、年度代言人：要求做什麼

1.國內外拍攝1～3支TVCF。

2.棚內拍攝幾組照片，供平面媒體、戶外廣告及海報之用。

3.出席記者會／發布會。

4.出席活動（例如：公關活動、體驗活動）。

5.MV或廣告歌曲的搭配。

6.出席VIP特別晚會、晚宴。

7.網路行銷活動配合進行。

8.其他指定事項。

十五、年度代言人：每年推陳出新

為了不斷創新品牌形象，很多品牌仍然會每年更換，推出新代言人。例如：LOREAL、SK-II、資生堂、蘭蔻、三星手機、SONY手機、精工錶……。

十六、評估是否更換年度代言人

㈠代言效果非常、非常好：可以持續下去，繼續簽約。
㈡代言效果普通、還好、或不好：應該更換新代言人。

十七、成功年度代言人二要件

叫好（有看過、印象深刻、有好感）又叫座（能促進銷售業績顯著提升，能提高品牌知名度及指名度）。

有效果，代言人值得！

如能叫好又叫座，就算一年花費500～2,000萬元也是值得的。

十八、年度代言人，須搭配年度整合行銷活動才有整體效果

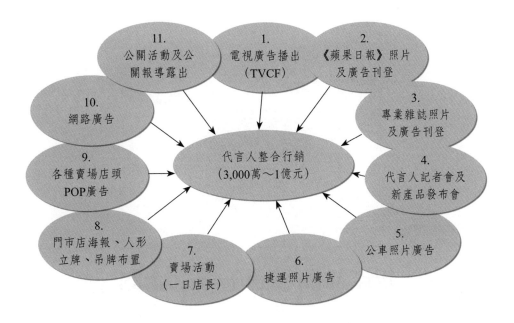

十九、代言人行銷做給誰看：多方面目的

㈠主要：目標TA（目標消費客層）。

㈡次要

　　1. 全臺各縣市經銷商、經銷店。

　　2. 全臺各地大型零售商。

　　3. 全臺直營或加盟門市店。

　　4. 全臺各百貨公司專櫃人員。

　　5. 業務部全體人員。

二十、代言人+廣宣預算+整合行銷預算

例如：金城武（長榮航空代言人）

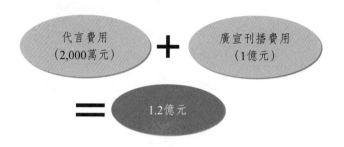

代言費用
（2,000萬元）

＋

廣宣刊播費用
（1億元）

＝

1.2億元

第十節

新產品開發到上市之企劃

一、新產品上市的重要性

㈠取代舊產品

消費者會有喜新厭舊感，因此舊產品久了以後可能銷售量會衰退，必須有新產品或改良式產品替代之。

㈡增加營收額

新產品的增加對整體營收額的持續成長也會帶來助益，如果一直沒有新產品上市，企業營收就不會成長。

㈢確保品牌地位及市占率

新產品上市成功也可能確保本公司的領導品牌地位，或市場占有率的地位提升。

㈣提高獲利

新產品上市成功，可望增加本公司的獲利績效。例如：美國蘋果電腦公司連續成功推出iPod數位隨身聽、iPhone手機及iPad平板電腦，使該公司在近十年內的獲利水準均保持在高檔。

㈤帶動人員士氣

新產品上市成功會帶動本公司業務部及其他全員的工作士氣，發揮潛力，使公司更加欣欣向榮，而不會死氣沉沉。

二、人類（消費者）的一致天性

喜新厭舊

三、改良產品+開發新產品並進

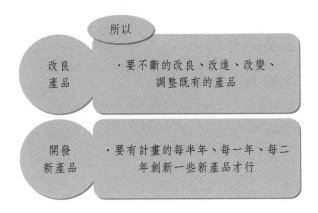

所以

改良產品
・要不斷的改良、改進、改變、調整既有的產品

開發新產品
・要有計畫的每半年、每一年、每二年創新一些新產品才行

〈案例〉

手機業：平均每半年，就要推出新款手機。

食品飲料業：平均每二年，就要推出新產品及改良既有產品。

汽車業：平均每三年，要推出改良新車型。

百貨公司、大飯店：平均每五年至十年，就要進行大改裝。

四、「改良」既有產品的六種方向

1. 改變或增加新配方、新素材。
2. 改變包裝瓶、包裝盒的外觀設計。
3. 改變及強化功能、機能、耐用。
4. 提高品質水準及等級。
5. 色系、視覺的改變。
6. 推出不同容量、規格的產品。

五、「改良產品」案例

例如：

7-ELEVEN：不辣關東煮→麻辣關東煮。

Apple：iPhone1→iPhone7、iPad1→iPad3。

三星：Galaxy S系列→Galaxy Note系列。

六、推出「新產品」案例

例如：7-ELEVEN鮮食類產品

1. 國民便當（米食）→2. 義大利麵食、各種麵食→3. 夏天涼麵及沙拉→4. 冬天小火鍋→5. 冷凍食品。

推出新產品案例：桂格公司

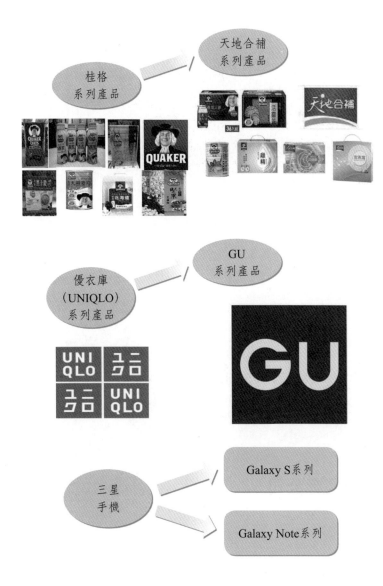

七、改良產品及推出新產品最大目的

八、永保業績長青公司

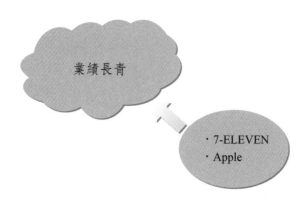

九、嚴重業績衰退公司

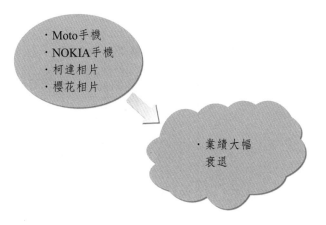

十、新產品開發成功四大部門合作

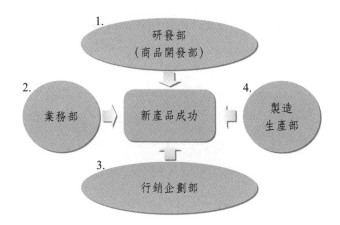

十一、大部分公司設立：新產品開發企劃委員會

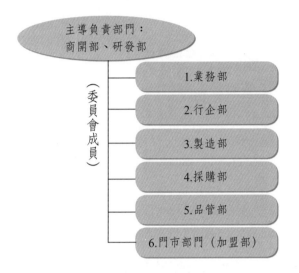

十二、商開部：要訂定年度商品開發計畫

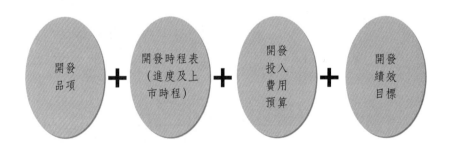

十三、定期開發、考核商品開發進度

每二週或每個月召開「委員會」，追蹤及考核商品開發進度。

十四、每家公司都面對市場激烈競爭

你不開發新產品，而競爭對手開發出新產品，你就會輸了。

十五、開發新產品，速度要快

UNIQLO、ZARA每週都要開發並上架一百款以上的新服飾。

十六、新品上市成功率只有三成

根據統計，新品成功機率只有30%，失敗機率為70%。所以，新產品開發上市速度要快，才能精準成功。

十七、產品的生命週期五階段

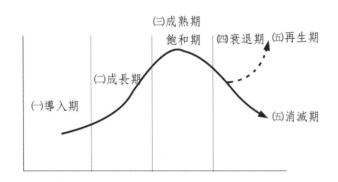

十八、產品生命週期（product life cycle, PLC）

㈠產品銷售量：隨產品生命週期同步而變化 ♪

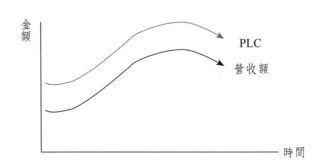

㈡面臨成熟飽和期：思考下一階段產品

步入成熟／飽和期的重點：必須要思考改良產品，推出新產品。

㈢Apple公司：不斷推出新品系列，以因應PLC變化

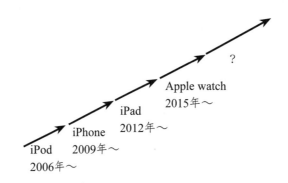

㈣3C產品生命週期非常短且變化快速

手機、液晶電視、數位相機，生命週期非常短，變化快速。

產品生命週期短的行業別廠商，如果跟不上市場競爭與變化時，就會被淘汰出局，或排名落後。

十九、產品力：不斷創新產品

所以企業要：

二十、新產品開發到上市的流程步驟

㈠概念產生來源

1. 研發（R&D）部門主動提出。
2. 行銷企劃部主動提出。
3. 業務（營業）部門主動提出。
4. 公司各單位提案提出。
5. 老闆提出。
6. 參考國外先進國家案例提出。
7. 委託外面設計公司提出。

㈡新品概念產生的方式

1. 從現有產品中，延伸產生概念。
2. 全新產品的創新概念。

㈢新產品概念產生的方向

1. 新的配方、新的成分。
2. 新的功能、新的效果。
3. 新的原物料、新的等級。
4. 新的設計、新風格。
5. 新的配件、新的零件組。
6. 新的規格、包裝、容量、尺寸。
   例如：茶裏王新原料、新成分、新配方。

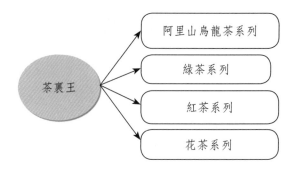

行銷成長矩陣圖

	既有產品	新產品
既有市場	• 深耕既有產品及既有市場策略	• 發展新產品策略
新市場	• 發展新市場策略	• 發展全新產品及全新市場策略

㈣可行性初步評估部門（feasibility study）

1. 業務部門。
2. 行銷企劃部門。
3. 研發部門。
4. 工業設計部門。
5. 生產部門。
6. 採購部門。

㈤可行性初步評估要點

可行性評估的要點，包括：

1. 市場性如何？是否能夠賣得動？
2. 與競爭者的比較如何？是否具有優越性？
3. 產品的獨特性如何？差異化特色如何？創新性如何？
4. 產品的訴求點如何？
5. 產品的生產製造可行性如何？
6. 產品原物料、零組件採購來源及成本多少？
7. 產品的設計問題如何？能否克服？

8.國內外是否有類似性產品？發展如何？經驗如何？

9.產品的目標市場為何？需求量是否能規模化？

10.總結產品的成功要素如何？可能失敗要素又在哪裡？如何避免？

11.產品的售價估計多少？市場可否接受？

可行性評估二大重點：

1.市場可行性。

2.技術可行性。

㈥試作樣品

接下來通過可行性評估之後，即由研發及生產部門展開試作樣品，以供後續各種持續性評估、觀察、市調及分析的工作。

㈦展開市調

在試作樣品出來之後，新產品審議小組即針對試作品展開一連串精密與科學化的翔實市調及檢測，市調項目可能包括：

1.產品的品質如何？

2.產品的功能如何？

3.產品的口味如何？

4.產品的包裝材料如何？

5.產品的外觀設計如何？

6.產品的品名（品牌）如何？

7.產品的定價如何？

8.產品的宣傳訴求點如何？

9.產品的造型如何？

10.產品的賣點如何？

而市調及檢測的進行對象，可能包括：

1.內部員工。

2.專業檢測機構。

3.外部消費者、外部會員。

4.通路商（經銷商、代理商、加盟店）。

市調進行的方法可能包括：

1.網路會員市調問卷。

2.焦點團體座談會（FGI、FGD）。

3.盲目測試（blind test）（即不標示品牌名稱的試飲、試吃、試穿、試乘）。

4.電話問卷訪問。

㈧試作品改良

試作品針對各項市調及消費者的意見，將會持續性展開各種改良、改善、強化、調整等工作，務使新產品達到最好的狀況呈現。改良後的產品常會再進行一次市調，直到消費者表達滿意及OK為止。

試作品改良三大意見來源：

1.公司內部相關人員意見提出（業務部及行銷部為主）。

2.消費者質化調查意見。

3.全臺經銷商意見調查。

㈨訂價格

再下來，業務部將針對即將上市的新產品展開定價決定的工作，訂定市場零售價及經銷價是重要之事，價格訂不好將使產品上市失敗。如何訂一個合宜、可行且市場又能接受的價格，必須考慮下列幾點：

1.是否有競爭品牌？他們定價多少？

2.是否具有產品的獨特性？

3.產品所設定的目標客層是哪些人？

4.產品的定位在哪裡？

5.產品的基本成分及應分攤管銷費用是多少？

6.產品的生命週期處在哪一個階段性？

7.產品的品類為何？品類定價的慣例為何？

8.市場經濟的景氣狀況為何？

9.是否有大量廣宣費用投入？

10.消費者市調結果如何？

新產品訂多少價格，必須考量因素：

1.製造成本多少？

2.產品獨特性如何？

3.競爭對手的價格多少？

4.公司的基本定價政策如何？

5.產品定位在哪裡？要賣給哪些人？

6.此產品的生命週期狀況如何？

7.消費者可接受度的市調結果如何？

(十) 評估銷售量及量產準備

接著業務部應根據過去經驗及判斷力，評估這個新產品每週或每月應該可有的銷售量，避免庫存積壓過多或損壞，並且準備即將進入量產計畫。

新品量產不能過多，量產太多、賣不出去形成庫存品，積壓資金、過期報廢損失。

(十一) 舉行記者會／發布會

在一切準備就緒之後，行銷企劃部就要與公關公司合作或是自行舉行新產品上市記者會，作為打響新產品知名度的第一個動作。

舉行新品記者會、發布會目的：

1.力求新品在各媒體之曝光，見報率高。

2.打響新品知名度。

(十二) 鋪貨上架

業務部同仁及各地分公司或辦事處人員，即應展開全省各通路全面性鋪貨上架的聯繫、協調及執行的實際工作。鋪貨上架務使盡可能普及到各種型態的虛體、實體通路商及零售商，尤其是占比最大的各大型連鎖量販

店、超市、便利超商、百貨公司專櫃、美妝店⋯⋯。

鋪貨上架、虛實通路並進：

1.實體通路
  • 超市。
  • 量販店。
  • 便利商店。
  • 美妝店。
  • 3C店。
  • 百貨公司。
2.虛擬通路（網購通路）
  • PChome。
  • momo。
  • 雅虎。
  • 博客來。
  • PayEasy。
  • 東森+森森。
  • udn shopping。
  • 7net。
  • 86小舖。
  • OB嚴選。

㈢廣宣活動展開

鋪好貨幾天後，即要迅速展開全面性整合行銷與廣宣活動，以打響新品牌知名度及協助促進銷售，這些密集的廣宣活動可能包含以下精心設計的內容：

1.電視廣告播出。
2.平面廣告刊出。
3.公車廣告刊出。
4.戶外牆面廣告刊出。
5.網路行銷活動。

6. 促銷活動的配合。

7. 公關媒體報導露出的配合。

8. 店頭（賣場）行銷的配合。

9. 評估是否需要知名代言人，以加速帶動廣宣效果。

10. 異業合作行銷的配合。

11. 免費樣品贈送的必要性。

12. 其他行銷活動。

新品上市：360度整合行銷出擊

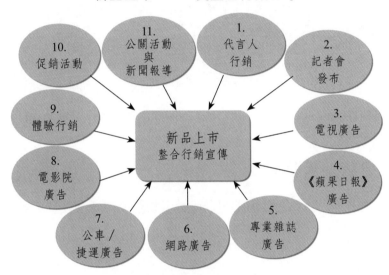

360度整合行銷傳播（integrated marketing communication, IMC）

360度整合行銷手法之目的：

1. 攔截更多的目光。

2. 達成更好的品牌傳播效果。

3. 達成營收成長目標。

新品運用代言人行銷，較易快速打開知名度。

成功案例如下：

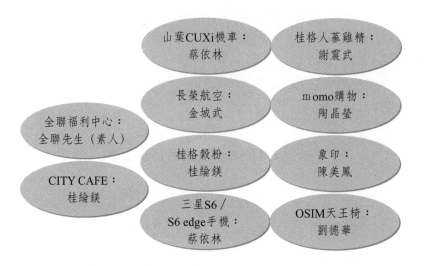

市場鋪貨上架率達到70%以上時，即可展開廣告宣傳活動了。

㈹ 觀察及分析銷售狀況

接著，業務部及行企部必須共同密切注意，每天傳送回來的各通路實際銷售數字及狀況，了解是否與原訂目標有所落差。

落差：未達銷售目標

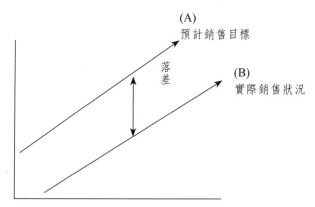

㈤ **最後，檢討改善**

　　最後，如果暢銷的話，就應歸納出上市成功的因素；若市場銷售不理想，則應分析滯銷的原因，研擬因應對策及改善計畫，即刻展開回應與調整。

　　如果一個新產品在一個月內均無起色，就會陷入苦戰了。若六個月內救不起來，則可能要考慮放棄下架宣告上市失敗，並記取失敗教訓。如果銷售普通則可以持續進行改善，一直到轉好爲止。

新品上市後三種狀況

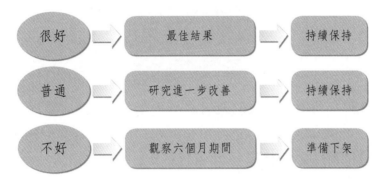

* 新品有六個月觀察期，新產品銷售若六個月內沒有起色，可能就要宣布下市失敗。
* 新品上市第一年大部分不太會賺錢，需要養成期。

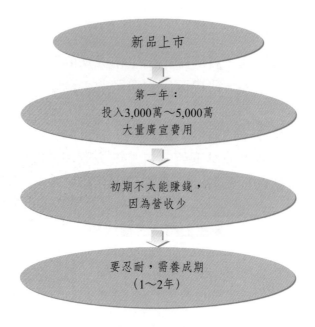

- 以舊養新：利用已賺錢的既有產品，來養短期虧損的新產品。

二十一、預估新品：未來三年損益表

	第一年	第二年	第三年
營業收入			
營業成本			
營業毛利			
營業費用			
營業淨利			

（虧損）　　　（打平）　　　（開始賺錢）

二十二、新品上市後之九大檢討項目

1.檢討產品力。

2.檢討定價。

3.檢討零售通路上架鋪貨。

4.檢討廣告宣傳。

5.檢討門市、專櫃人員銷售力。

6.檢討促銷活動。

7.檢討定位。

8.檢討消費者需求。

9.檢討品牌知名度。

二十三、新產品開發到上市之流程步驟

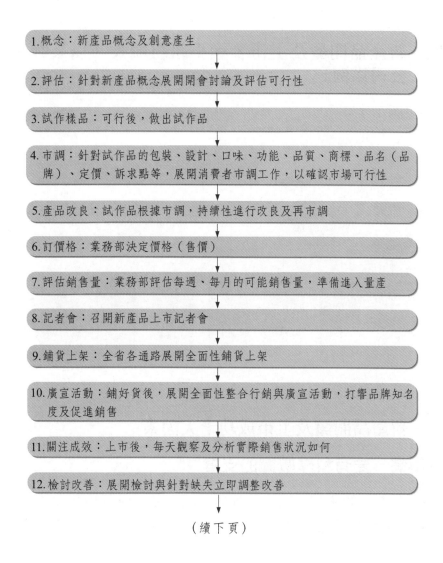

1.概念：新產品概念及創意產生

2.評估：針對新產品概念展開開會討論及評估可行性

3.試作樣品：可行後，做出試作品

4.市調：針對試作品的包裝、設計、口味、功能、品質、商標、品名（品牌）、定價、訴求點等，展開消費者市調工作，以確認市場可行性

5.產品改良：試作品根據市調，持續性進行改良及再市調

6.訂價格：業務部決定價格（售價）

7.評估銷售量：業務部評估每週、每月的可能銷售量，準備進入量產

8.記者會：召開新產品上市記者會

9.鋪貨上架：全省各通路展開全面性鋪貨上架

10.廣宣活動：鋪好貨後，展開全面性整合行銷與廣宣活動，打響品牌知名度及促進銷售

11.關注成效：上市後，每天觀察及分析實際銷售狀況如何

12.檢討改善：展開檢討與針對缺失立即調整改善

（續下頁）

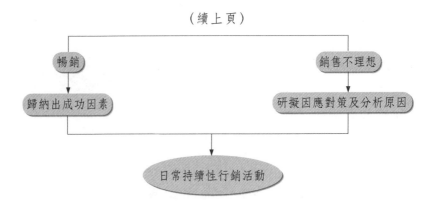

（續上頁）

暢銷 → 歸納出成功因素

銷售不理想 → 研擬因應對策及分析原因

日常持續性行銷活動

二十四、新產品開發及上市審議小組組織表（以某食品飲料公司為例）

組織表圖示：

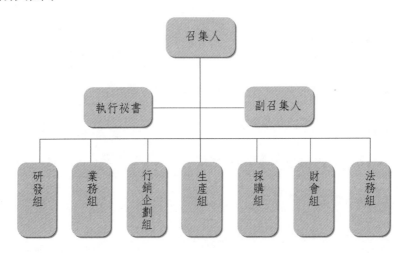

二十五、新產品開發及上市成功十大因素

㈠充分市調，要有科學數據的支撐

從新產品概念的產生、可行性評估、試作品完成討論及改善、定價的可接受性等，行銷人員都必須有充分多次的市調，以科學數據為支撐，徹

底聽取目標消費群的眞正聲音，這是新產品成功的第一要件。

㈡ 產品要有獨特銷售賣點作為訴求點

新產品在設計開發之初，即要想到有什麼可以作爲廣告訴求的有力點，以及對目標消費群有利益（benefit）的所在點，這些即是USP（unique sales point）獨特銷售賣點，以示與別的競爭品牌區隔，而形成自身的特色。

㈢ 適當的廣宣費用投入，且成功展現

新產品沒有知名度，當然需要適當的廣宣費用投入，並且要有好創意成功呈現出來，以打響這個產品及品牌的知名度。有了知名度就會有下一步可走，否則將走不下去。因此，廣告、公關、媒體報導、店頭行銷、促銷等均要好好規劃。

㈣ 定價要有物超所值感

新產品定價最重要的是，讓消費者感受到物超所值感才行，尤其在景氣低迷、消費保守的環境中，不要忘了平價（低價）爲主的守則。「定價」是與「產品力」的表現做相對照的，一定要有物超所值感，消費者才會再次購買。

㈤ 找到對的代言人

有時候，爲求短期迅速一炮而紅，可以評估是否花錢找到對的代言人，此可能有助於整體行銷的操作。過去也有一些成功的案例，包括SK-Ⅱ、台啤、白蘭氏雞精、資生堂、CITY CAFE、Sony Ericsson手機、張君雅碎碎麵、阿瘦皮鞋、維骨力、維士比等，均是A咖代言人。一年雖花500萬～1,000萬元之間，但有時候效益若能產生，仍是值得的。

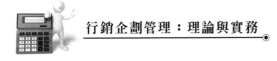
(六)全面鋪貨上架，通路商全力支持

通路全面鋪貨上架及經銷商群力配合主力銷售，也是新產品上市成功的關鍵，這是通路力的展現。

(七)品牌命名成功

新產品的命名若能很有特色、很容易記憶、很好喊出來，再加上大量廣宣的投入配合，此時品牌知名度就容易打造出來，例如：CITY CAFE、維骨力、LEXUS汽車、iPod、iPad、iPhone、Facebook（臉書）、SK-II、林鳳營鮮奶、舒潔、舒酸定牙膏、白蘭、潘婷、多芬、黑人牙膏、王品牛排餐館……均是。

(八)產品成本控制得宜

產品要低價，其成本就得控制得宜，或是向下壓低，特別是向上游的原物料或零組件廠商要求降價是最有效的。

(九)上市時機及時間點正確

有些產品上市要看季節性、市場環境成熟度，若時機不成熟或時間點不對，則產品可能不容易水到渠成，要先吃一段苦頭，容忍虧錢以等待好時機到來。

(十)堅守及貫徹「顧客導向」的經營理念

最後，成功要素的歸納連結點即是行銷人員及廠商老闆們，心中一定要時刻存著「顧客導向」的信念及做法，在此信念下如何不斷的滿足顧客、感動顧客、為顧客著想、為顧客省錢、為顧客提高生活水準、更貼近顧客、更融入顧客的情境，然後不斷改革及創新，以滿足顧客變動中的需求及渴望，能做到這樣，廠商行銷沒有不成功的道理。

二十六、新品上市成功三大根本要素

1. 立足在顧客導向方針上。
2. 站在顧客立場上去思考及設想。
3. 新品一定要有特色、有差異化、有USP才可以上市。

二十七、新產品開發上市成功要素

新產品開發及上市成功十大要素：
1. 充分市調，要有科學數據的支撐。
2. 產品要有獨特銷售賣點作為訴求。
3. 適當的廣宣費用投入才能成功展現。
4. 定價要有物超所值感。
5. 找到對的代言人。
6. 全面性鋪貨上架，通路商全力支持。
7. 品牌命名成功。
8. 產品成本控制得宜。
9. 上市時機及時間點正確。
10. 堅守及貫徹顧客導向的經營理念。

二十八、演練習作

1. 請舉出目前在產品生命週期五階段中的各階段產品實例或服務業案例有哪些？
2. 請舉出最近幾年有哪些創新產品或創新服務進入市場之案例？列舉至少二個以上案例。
3. 如果你是一家食品飲料公司的企劃人員，請問你如何有新產品創意概念點子？這些來源管道有哪些？
4. 如果有一款水果啤酒要上市，請問你會為該品牌命名哪些名稱？請列出二個品牌名稱。（例如：台啤命名為果微醺）
5. 某新產品上市一個月後，銷售成績不好，公司老闆要做總檢討，請問要討論什麼內容？

6. 當有一款果汁飲料的新產品概念時，你要如何評估該產品的可行性？可行性評估報告內容應該有哪些項目？

7. 當開發出一款茶飲料新產品且即將上市，而需要訂定價格時，你必須考量哪些因素？

8. 麥當勞要推出一款新產品漢堡，該公司想進行消費者市場調查時，請問你會如何進行？以證明該新品漢堡可以具有市場性而賣得不錯。

9. 新產品上市要成功，總要有一些USP，請列舉最近幾年上市成功產品或服務業，他們的USP為何？請至少列舉二個案例。

10. 請仿照味全健康輕茶企劃案，說出該企劃案的撰寫大綱架構有哪些？

11. 假設你是DR.WU醫美保養品公司的企劃人員，該公司要上市一款面膜新產品，請問你會如何為該產品命名（品牌命名）？請列出二個名稱。

第十一節

通路企劃與通路行銷第4P：Place

一、通路行銷的英文

trade marketing或channel marketing。

二、「通路行銷」的定義

1. 通路行銷（trade marketing）指的是製造業公司內部，一個負責通路企劃的單位。

2. 工作內容主要是透過對流通業者之整體通路分析，發展通路別之品牌策略，讓行銷策略可以充分實現在賣場。

3. 通路策略包括鋪貨、陳列、價格及促銷等四個構面。

三、通路行銷三大工作

1.上架及定價洽商。

2.鋪貨、陳列及補貨。

3.促銷活動配合。

四、通路行銷面對的客戶是誰？

第一層：批發商（盤商）、經銷商。

第二層：大型零售商、百貨公司、超市、便利商店、量販店、各式零售店、網購公司、藥妝店、3C店。

五、通路最後一哩路（the last mile）

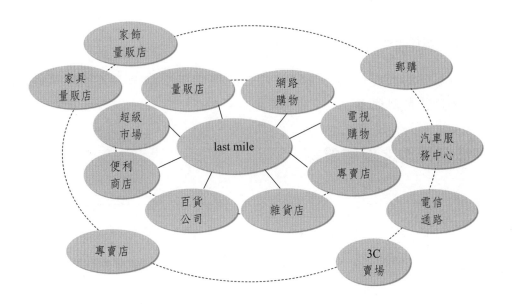

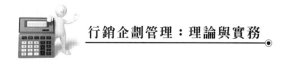

六、通路企劃與通路行銷的負責單位

> 業務部
> （營業部）

七、「通路行銷」意在促進銷售業績

㈠從大型零售商角度看

　　要求賣場內上架的各家品牌供貨商，配合提供各種促銷折扣為優惠的行銷作為，例如：買一送一、全面八折、買二送一、滿額贈等。

㈡從經銷商角度看

　　供貨品牌廠商提供各種積極、有效的優惠措施給全臺經銷商，以利經銷商多多銷售此品牌商品。

八、通路行銷之促進業績

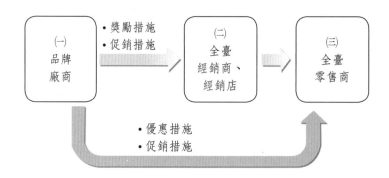

九、景氣低迷時，「通路行銷」勝過「品牌行銷」

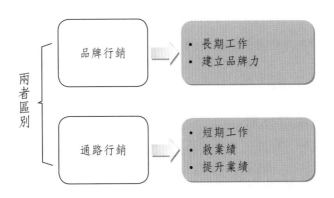

景氣低迷時，消費者要的是「實惠」回饋，故促銷活動最實惠。
實惠，就是要做通路促銷活動。

十、百貨公司設立專櫃企劃

(一)在百貨公司設立專櫃的條件與費用

1. 承租面積（跟租金有關）。
2. 包底租金（百貨最低收取費用）。
3. 營業抽成18～30%上下，依業種而異。
4. 目標營業額。
5. 合約租期時間（半年～2年）。
6. 公裝補助費（通常按坪數計算，新百貨費用較高）。
7. 管理費（通常按坪數計算）5,000～10,000元／月。
8. 收銀機維護費（1,500～2,500元／月）。
9. 行銷贊助費（每月固定約1,500～2,000元，年度、週年慶約1～2萬）。
10. 刷卡手續費、分期刷卡手續費、水電瓦斯、倉儲、電話等費用。
11. 百貨公司滿千送百、會員折扣優惠分攤比例。

㈡百貨公司及大賣場設立專櫃：二種付費方式

1. 抽成（按營業額抽成20%～30%）。
2. 包底+抽成。

㈢抽成法（抽三成）

某彩妝保養品牌專櫃：
- 每月營收額3億元×30%抽成＝9,000萬元。
- 該百貨公司可獲得9,000萬元收入。

㈣百貨公司設專櫃成本很高，固定價也最高

羊毛出在羊身上，百貨公司的商品價格是最貴的通路。

㈤四種零售通路價格高低的順序

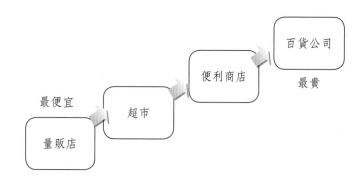

㈥國內各大百貨公司

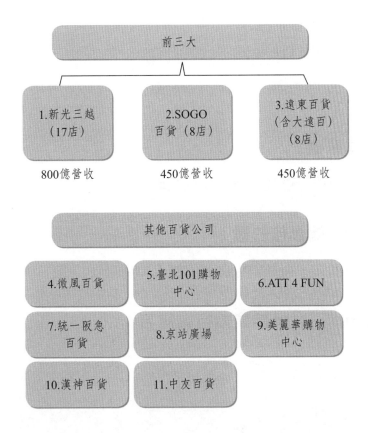

前三大

| 1.新光三越（17店） | 2.SOGO百貨（8店） | 3.遠東百貨（含大遠百）（8店） |

800億營收　　　450億營收　　　450億營收

其他百貨公司

4.微風百貨	5.臺北101購物中心	6.ATT 4 FUN
7.統一阪急百貨	8.京站廣場	9.美麗華購物中心
10.漢神百貨	11.中友百貨	

㈦提交百貨公司設專櫃：提案企劃書

1. 品牌、廠商、公司自我簡介。
2. 品牌代理簡介（特色、優勢、賣點）。
3. 預計櫃位面積坪數。
4. 專櫃布置設計圖示及裝潢說明。
5. TA對象（目標客層）及市場需求潛力。
6. 預計價格（價格帶）。
7. 產品組合介紹。
8. 預計一年營業額。

9. 預計簽約年數。

10. 推廣與宣傳計畫。

11. 專櫃人員銷售訓練。

12. 預計正式銷售日期。

13. 聯絡窗口。

14. 其他說明。

㈧ **百貨公司撤櫃**

專櫃業績不佳，會被百貨公司依約撤櫃。

㈨ **百貨公司一樓最佳位置**

專櫃業績很好，會被安置在各樓層入口處最佳位置。

㈩ **百貨公司前三大最佳業績行業排名**

十一、建立直營門市店（專門店）通路企劃書

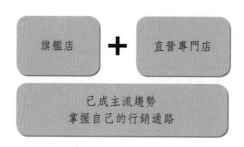

㈠直營門市店拓展：通路企劃書 ❜

1. 拓店目的與任務。
2. 拓店三年目標數。
3. 拓店地區縣市分配。
4. 拓店專案小組。
5. 拓店總預算支出。
6. 拓店人力安排與培訓安排。
7. 拓店管理安排與行銷安排。
8. 拓店後總營收。
9. 拓店後損益預估。
10. 拓店IT支援。
11. 拓店後與同業店數比較分析。
12. 拓店店型的規劃。
13. 拓店時程點。
14. 結語。

㈡直營門市店拓店舉例 ❜

1. UNIQLO優衣庫。
2. GU服飾店。
3. ZARA。
4. H&M。
5. LV。
6. 中華電信。
7. 台哥大電信。
8. 遠傳電信。
9. 星巴克咖啡。
10. GUCCI。
11. 信義房屋。
12. 王品、陶板屋、hot7、ita。

13. 精工錶。

14. 三星。

15. Studio Apple。

16. 屈臣氏。

(三) 建立自己直營門市店（專門店）的四大好處

1. 自己掌握自己公司的業績命脈（不必仰賴經銷店）。

2. 兼做品牌廣告印象宣傳之用。

3. 兼做現場服務之用。

4. 兼做體驗行銷之用。

(四) 建立自己直營門市店（專門店）企劃，最重要做好三件事

1. 要持續拓店、展店企劃（搶占市場占有率）。

2. 要做好店面促銷活動（提升業績）。

3. 要做好門市店人員管理及專業訓練工作。

(五) 各行各業均建立自己直營店專門店

1. 名牌精品業（包包、珠寶配件）。

2. 服飾業（UNIQLO）。

3. 各式餐廳（瓦城、王品）。

4. 咖啡館業（星巴克）。

5. 內衣業（華歌爾）。

6. 電信業（中華電信、台哥大）。

7. 速食業。

8. 鐘錶業。

9. 資訊3C業（三星、Studio A）。

10. 美妝業、藥妝業（屈臣氏）。

十二、進入大型連鎖零售商通路企劃

㈠主力連鎖大型零售商公司 ❜

1. 超市部分
   ⑴全聯福利中心。
   ⑵頂好。
   ⑶楓康。
   ⑷city' super。

2. 量販店部分
   ⑴家樂福。
   ⑵大潤發。
   ⑶愛買。
   ⑷Costco。

3. 便利商店
   ⑴7-11。
   ⑵全家。
   ⑶萊爾富。
   ⑷OK。

4. 美妝／藥妝店
   ⑴屈臣氏。
   ⑵康是美。
   ⑶寶雅。
   ⑷sasa。
   ⑸THE BODY SHOP。
   ⑸巴黎小舖。

㈡日常生活用品銷售通路仰賴大型零售商 ❜

1. 飲料。
2. 食品。
3. 奶粉。

4. 咖啡。

5. 麥片穀類。

6. 洗髮精。

7. 沐浴乳。

8. 牙膏、牙刷、牙線。

9. 男性內衣褲。

10. 洗潔劑。

11. 冷凍食品冰品。

12. 生鮮品（魚肉菜）。

13. 酒類。

14. 保養品。

15. 居家用品。

16. 其他。

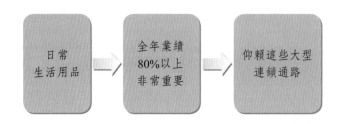

(三)新商品、新品牌：如何進入大型零售商，準備三件東西

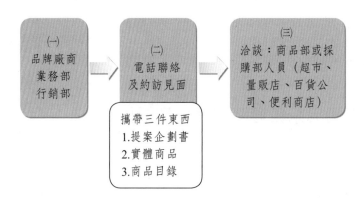

十三、通路企劃：虛實通路並進

　　㈠實體通路上架。

　　㈡虛擬通路上架：網購通路、電子商務通路。

十四、上架電子商務（網購）通路越來越重要

㈠B2C網站（綜合電商網站）

　　1.PChome。

　　2.momo。

　　3.雅虎奇摩。

　　4.博客來。

　　5.東森＋森森。

　　6.PayEasy。

　　7.udn shopping。

　　8.7net。

　　9.Go Happy購物網。

　　10.GOMAJI夠麻吉。

　　11.17 Life團購網。

㈡B2B2C網站

　　1.商店街市集公司（PChome子公司）。

　　2.雅虎奇摩、超級商城。

　　3.臺灣樂天。

㈢B2C網站（垂直店商網站）

　　1.86小舖（美妝網站）。

　　2.OB嚴選（服飾）。

　　3.PAZZO（服飾）。

　　4.燦坤3C。

5. 愛買。
6. i3Fresh。
7. iFit。
8. lativ。

十五、高成長通路：電子商務業

1. 傳統實體零售業：每年成長率僅2%～5%而已，呈現低成長。
2. 電子商務零售業：每年成長率僅15%～20%，呈現高成長通路。
3. 各種名牌商品也開始上架電子商務網站了。

十六、傳統實體零售業占比仍高

㈠90%實體零售業

百貨公司、量販店、超市、便利店、各式專賣店、門市店、加盟店、經銷店。

㈡10%電子商務業

網購業、行動購物業。

十七、經銷商、批發商通路企劃

㈠哪些行業需要經銷商、批發商

1. 食品業。
2. 飲料業。
3. 酒類／香菸業。
4. 農產品業（水果、農產）。
5. 家電業。
6. 資訊3C業。
7. 汽車業。

8.機車業。

9.鐘錶業。

10.雜貨業。

11.日常用品業。

12.藥品業。

13.油脂業。

㈡為何需要經銷商／批發商

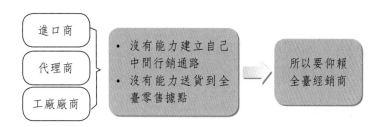

㈢行銷通路結構

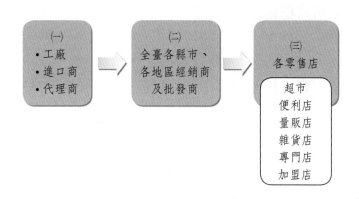

(四)對經銷商的主要工作企劃

1. 新品上市教育訓練。
2. 對經銷商各種獎勵進貨工作。
3. 協助經銷商IT資訊連線建置。
4. 協助經銷商當地宣傳廣告工作及店面招牌設立。
5. 舉辦全國經銷商年度開會大會。
6. 招待經銷商出國旅遊。
7. 年底地區經銷商餐敘過年。
8. 宣傳品提供。

十八、藥妝店、超市、量販店、大賣場、便利店向廠商收取各種名目費用

1. 新品建檔費。
2. 新品上架費。
3. 週年慶贊助金。
4. DM贊助金。
5. 特別陳列費。
6. 統倉及資訊管理費。
7. 未到貨罰款。

十九、7-ELEVEN上架費

飲料為例：

單店： 100元
全臺：5,000店

新廠商、新品一次上架費：50萬元

7-ELEVEN上架費（另一種算法）

例如：100元的文具組，每家店放5組

$$
\begin{array}{r}
100元 \\
\times \qquad 5組 \\
\hline
500元 \\
\times \quad 5,000家店 \\
\hline
250萬元 \\
\times （5\%進貨+3\%退貨+3\%盤損）=11\% \\
\hline
\end{array}
$$

上架費：27.5萬元

7-11下架狀況

例如：

$$
\begin{array}{c}
單店每天銷售低於2瓶飲料 \\
\times 5,000店 \\
\hline
若低於1萬瓶飲料
\end{array}
$$

⬇

> 一個月後
> 新品即要下架啦！

二十、頂好超市上架費

例如：某新產品

$$
\begin{array}{r}
每店上架費：2,000元 \\
\times \qquad 300店 \\
\hline
一次上架費：60萬元
\end{array}
$$

小結：通路行銷最終目的 ❜

促進銷售！
提高業績！

二十一、結語：兩者不同功能

㈠品牌行銷 ❜

1.提高品牌知名度。
2.打造品牌力。
3.長期工作。

㈡通路行銷 ❜

1.提高業績。
2.刺激業績。
3.短期工作。

二十二、兩部門合作：通路行銷與通路企劃

㈠主要 ❜

1.業務部。
2.營業部。
3.門市部。

⑤次要

1. 行銷部。
2. 行企部。

結語：兩者並重！

二十三、通路企劃經理職掌

1. 制定產品通路規劃、管理、配合與組織實施。
2. 制定各計畫的相應促銷活動，擬定合適的促銷政策，且指導與監督實施。
3. 評估各計畫與促銷活動，並對實施的計畫做結案處理，總結與調整各活動方案。
4. 根據銷售狀況，確定年度重點品項、預估銷售量、分配各銷售指標。
5. 根據年度新品上市計畫，擬定與跟進新品上市活動。
6. 匯總、分類與分析處理各銷售資料、業務報表等。
7. 跟工廠的對接工作、跟蹤產品產能、產品品質等情況。
8. 完成上級交辦的其他事項。

第十二節

定期營運檢討報告撰寫項目

㈠外部環境變化分析與趨勢分析

包括：國內外的法令、政策、財經、股市、消費者、競爭者、科技、天災人禍、上中下游關係、利率、匯率、產業獎勵、進出口貿易、經濟成長率、人口成長率、家庭結構、宅經濟現象、低價走向、M型社會等。

㈡現況（成果）比較分析

包括：現況分析、現況檢討、去年度檢討、上月檢討、上週檢討等。

㈢與競爭對手比較分析

包括：競爭對手的優勢、劣勢、強項、弱項如何，以及未來的最新發展動向、動態、策略及重心等。

㈣本公司優缺點與強弱項分析

再回頭檢視本公司內部、人才、技術、財力、組織、上中下游關係、採購、生產製造、行銷、品牌、業務、運籌物流、全球化、通路等之優缺點及強弱項的變化如何。

㈤原因探索分析、背景分析、緣起分析

㈥做法與對策如何（How to do）

包括：該如何做、做法如何、對策如何、如何解決、如何加強、如何規劃、規劃方案、如何改善、如何因應、各種做法等。

㈦效益會如何 ❜

　　包括：⑴有形效益如何（營收、市占率、獲利、店數成長、坪效成長、來客數、客單價、會員數、再購率等）；⑵無形效益如何（企業聲譽、品牌知名度及形象、品牌好感度、戰略意義等）。

㈧成本與效益比較如何 ❜

　　即cost & effect分析，表示成本支出與效益回收的比較如何。

㈨要寫出預計的具體目標數據 ❜

　　包括：店數、市占率、營收、成長率、獲利、業績、毛利、店效、坪效、損益、分公司數、來客數、客單價、會員數、VIP人數、活卡率、卡數總量、自有品牌占有率、新產品開發數、廣告預算、促銷預算、會員經營預算、管銷費用預算、EPS、品牌數等。

㈩要考量到6W/3H/1E十項思考點 ❜

- Who
- Whom
- Why
- Where
- When
- What
- How to do
- How much
- How long
- Effectiveness

㈪比較分析的五種原則 ❜

1. 實際數據與目標（預算）數據比較如何？
2. 今年數據與去年數據比較如何？
3. 本月數據與上月或去年同期數據比較如何？
4. 本公司與競爭對手數據比較如何？
5. 本公司與整體業界或市場數據比較如何？

㈫關鍵成功因素（Key Success Factors, KSF）為何？ ❜

　　要歸納彙整出此公司、此產業、此部門、此產品、此品牌、此專案、

此活動、此計畫、此市場，以及此通路等之關鍵成功因素為何，以利掌握關鍵要素。

(三)**預計願景為何？**

(四)**戰略意涵**

(五)**行銷支出預算列明細表**

(六)**思考各種「面向」因素與「完整性」**

第十三節

CITY CAFE行銷企劃成功個案研究

一、CITY CAFE品牌行銷成功關鍵七大因素

(一)品牌定位成功

CITY CAFE在2004年重新再出發，以「整個城市就是我的咖啡館」為都會咖啡，24小時平價、便利、現煮的優質好咖啡為品牌定位及品牌精神，並以年輕上班族為主要目標客層，成功做好品牌定位的第一步。

(二)價格平價優勢

CITY CAFE依不同大小杯及不同口味，定價在35元～50元之間，價格只有星巴克店內咖啡的三分之一，也比85度C平價咖啡稍微便宜一點，迎接平價咖啡時代的來臨，提供物超所值的平價優質咖啡，廣受上班咖啡族的歡迎，也是品牌行銷成功的關鍵因素之二。

(三)通路便利優勢

CITY CAFE鋪機布點數，從2004年開始，到2007年已突破1,000家

店，到2008年突破2,000家店，2009年底突破2,600家店，2010年底達到3,000店以上。未來幾年內，更有可能每家店都會鋪機，可望突破5,000家店。以現在近3,000店的鋪機數，比星巴克300店多出近10倍左右。

這為數眾多CITY CAFE便利商店，以24小時全年無休，隨時隨地都能買到現煮好咖啡，對廣大消費者而言，具有相當的便利性。這種絕對的通路便利優勢，成為CITY CAFE品牌行銷成功的關鍵因素之三。

㈣ 產品優質優勢

CITY CAFE使用進口特級咖啡豆，最好的義式咖啡機、口味一致、品種多元化、四季化的提供，打造出CITY CAFE嚴選、優質的咖啡口味。幾乎與星巴克精品咖啡相一致。

產品優質也帶來了它的好口碑及鞏固一大群主顧客，產品力成為CITY CAFE品牌行銷成功的關鍵因素之四。

㈤ 整合行銷傳播操作成功

統一超商長期以來，就是以擅長行銷宣傳與傳播溝通為特色的公司，如今在CITY CAFE的整合行銷傳播上，更顯示出它們一貫的特色及優勢。

CITY CAFE行銷傳播操作的主核心，首先在於找來氣質藝人桂綸鎂做CITY CAFE的代言人，大大拉抬都會咖啡的品牌精神表徵。此外，在電視廣告、報紙廣編特輯廣告、戶外廣告、公仔贈品活動、半價促銷活動、公關報導、媒體專訪、藝文講座、網路行銷活動、事件行銷活動、店頭行銷活動等，完整呈現出鋪天蓋地的整合行銷傳播有效操作，此為CITY CAFE品牌行銷成功的關鍵因素之五。

㈥ 品牌知名度優勢

自2004年以來，CITY CAFE的品牌名稱已成功被打造出來，每天幾百萬人次進出統一超商，4,000多家店都會看到店頭行銷的廣告宣傳招牌，以及其他媒體的廣宣呈現。

到今天，CITY CAFE的品牌知名度已躍為速食咖啡的第一品牌，一點都不輸實體據點的星巴克、西雅圖、丹堤、85度C咖啡等品牌。CITY

CAFE的高品牌知名度，也強化它的品牌資產累積及消費群的忠誠度，此為CITY CAFE品牌行銷成功的關鍵因素之六。

㈦品牌經營信念堅定

統一超商的咖啡經營，早期雖然經營模式不對與時機尚未成熟，導致經營失敗。但該公司仍不斷研發改良、不斷精進，並且等待最適當時機，記取失敗經驗及洞察消費者需求，最終正式推出新的CITY CAFE品牌，並以「品牌化」的經營信念，做好品牌長期經營的政策及完整規劃。此為CITY CAFE品牌行銷成功的關鍵因素之七。

二、CITY CAFE成功的品牌行銷完整架構模式

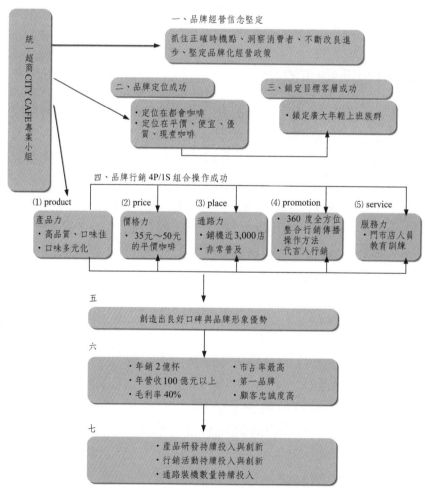

三、CITY CAFE 360度全方位品牌行銷傳播操作內容

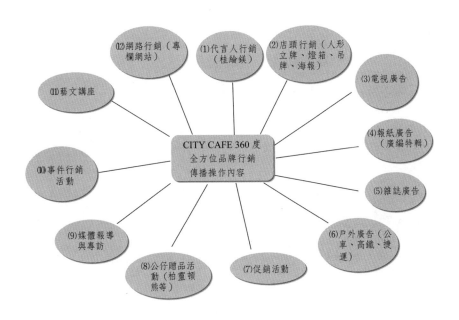

第十四節

林鳳營鮮奶行銷企劃成功的個案研究

一、味全林鳳營鮮奶第一品牌個案研究結果

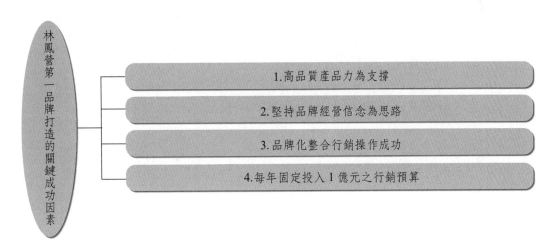

二、林鳳營第一品牌打造成功與整合行銷傳播的全方位架構 模式（九個步驟）

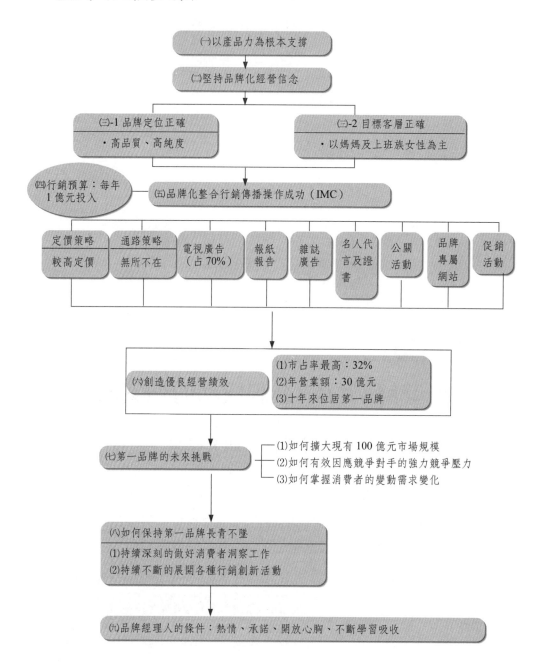

三、林鳳營第一品牌成功打造的堅強團隊組織機制模式

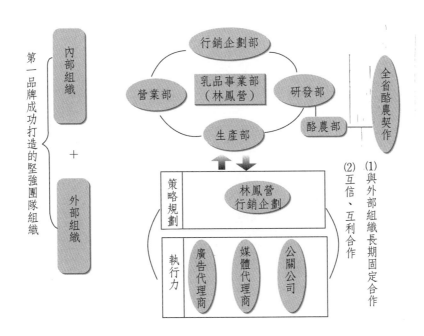

第二篇 行銷企劃基本理論篇

Chapter 2

行銷企劃管理的九大項完整架構

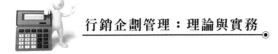

一、行銷企劃完整架構內涵之一

從企業實務來看，行銷企劃人員日常在操作的行銷管理內涵，歸納來說，大概有如圖2-1所示的九大項目。當然，這不是一個人能全部同時做的，而是有一個5至6人或10人以上的行銷企劃部門共同團隊合作與分工來做的，而行銷企劃部門的最高主管，則必須有能力同時做好這些工作的決策。

茲列示這九大項重點部分，如下：

(一) 做好「行銷環境的分析與判斷」

知道現在及未來行銷的潛藏商機或威脅何在，然後有因應的對策。

(二) 做好「S-T-P架構分析」

知道目標顧客層，並對自己的產品定位要很明確及有利基點。

(三) 做好「年度行銷策略主軸」

行銷要有效，應先抓住每個年度的行銷策略主軸及訴求，然後才有方向、目標與想法可以遵循。

(四) 做好「年度行銷預算制定與檢討」

在企業實務界，幾乎經常要檢討行銷的績效如何、如何成長、為何衰退、如何因應與改變，預算與績效的達成，是一切行銷努力的總結果，大家都很關心及重視。

(五) 做好「行銷組合操作：8P/1S/1C」

行銷操作上，具體來說，每天就是圍繞在8P/1S/1C的具體計畫與執行面的工作上。也可以說是在市場上跟對手競爭的最大作戰項目，也是花掉預算最多的項目，在這方面的創意與執行力，一定要超過競爭對手。

㈥ 做好「媒體企劃與媒體購買」 🍂

媒體購買就是要把預算花在最有效益與最值得的廣告上或活動上。而媒體企劃即是做出一個最好的媒體組合計畫，然後付諸執行。媒體企劃與購買通常會有專業的外部單位來協助我們，因為他們比較專業，而且也比較有談判籌碼。

㈦ 做好「行銷效益檢討」 🍂

行銷效益的層面很廣，幾乎每個活動、營運項目、單位，都可以有行銷效益檢討，檢討是為了追求更大的進步與領先競爭對手，以及企業要賺錢的概念而來的。

㈧ 做好「顧客滿意度」 🍂

行銷績效除了要創造業績及獲利外，更重要的是要提升顧客滿意度。唯有好的及高顧客滿意度，才能代表我們做到以客為尊與顧客至上的目標。

㈨ 做好「顧客忠誠度」 🍂

顧客忠誠了，才會再回頭光顧，也才能形成所謂的習慣性購買本品牌。掌握好顧客忠誠度，企業銷售才會穩定、鞏固，不怕被競爭、挖角。

此外，除上述九大項工作重點外，行銷人員及行銷企劃部門還須努力做好下列次要的工作，包括：

- 做好「市場調查與行銷研究」。
- 做好「資訊工廠與資料庫的搭配支援」。
- 做好「R & D研發或商品開發的搭配支援」。
- 做好「業務銷售部門的搭配支援」。
- 做好「委外合作單位的搭配支援」。

總而言之，如果能夠做好上述九大項工作，行銷人員一定可以使行銷產品致勝成功，並成為前三大知名品牌，甚至是第一品牌的市場領導者。

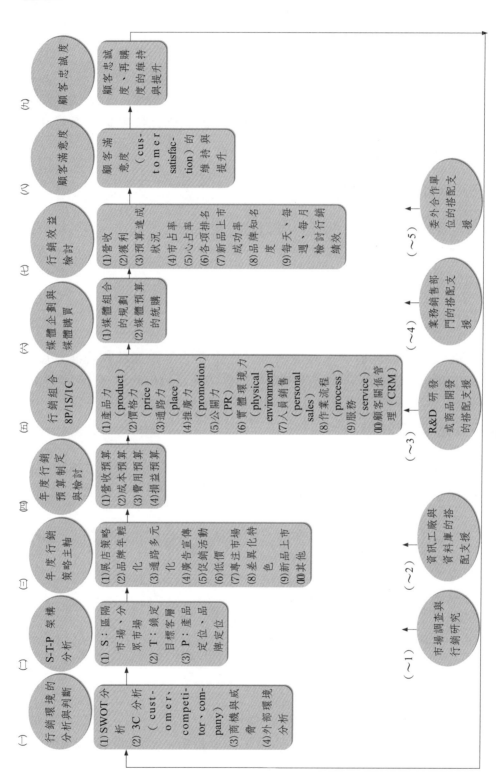

圖2-1 行銷企劃管理的完整架構

二、行銷企劃完整架構內涵之二

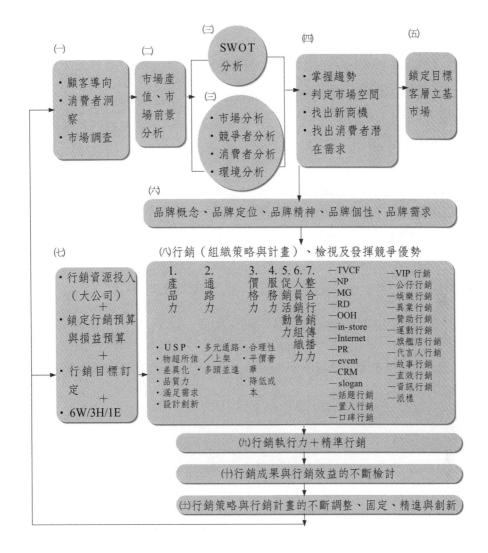

三、競爭者動態分析企劃

(一)從十四個全方位面向分析競爭者動態

1.產品動向分析。

2.技術動向分析。

3.價格動向分析。

4.通路動向分析。

5.推廣動向分析。

6.服務動向分析。

7.經營模式動向分析。

8.經營績效動向分析。

9.投資動向分析。

10.重要客戶動向分析。

11.供應商動向分析。

12.新加入競爭對手動向分析。

13.併購、合資、結盟動向分析。

14.人力資源動向分析。

㈡競爭動態分析→評估影響性→提出因應對策

對於競爭者動態分析的企劃，基本上有三個階段，如下圖：

1. 競爭對手正在做些什麼？（動態分析）

↓

2. 競爭對手這些動作，會對本公司造成什麼影響？（評估影響性）

↓

3. 我們應該有何因應對策？如何面對這些潛在威脅及攻擊？（提出因應對策）

Chapter 3

行銷企劃重要關鍵概念

第一節

「行銷學」重要關鍵字

1.行銷管理（Marketing Management）	23.行銷策略思考
2.行銷P-D-C-A（Plan-Do-Check-Action）	24.廠商行銷環境分析（Market Environment）
3.行銷目標（Marketing Objective）	25.總體環境與個體環境（Macro & Micro）
4.營收與獲利（Revenue and Profit）	26.行銷對策
5.行銷公益責任（Marketing Social Responsibility）	27.行銷攻擊策略
6.市占率（Market Share）	28.市場調查與行銷決策
7.行銷資源（Marketing Resources）	29.U & A調查（消費者使用行為與態度調查）（Usage & Attitude）
8.生產觀念→產品觀念→銷售觀念→行銷觀念	30.焦點團體座談會（Focus Group Interview, FGI; Focus Group Discussion, FGD）
9.市場導向與顧客導向（Market-Orientation & Customer Orientation）	31.質化調查與量化調查
10.滿足顧客需求（Meet Customer Needs）	32.電訪、家訪、街訪
11.聽取顧客心聲（Voice of Customer, VOC）	33.委外調查（Outsourcing Survey）
12.公益行銷（Social Marketing）	34.消費者洞察（Consumer Insight）
13.顧客長（Chief Customer Office, CCO）	35.S-T-P架構（Segmentation-Target-Positioning）
14.消費群分眾化與階層化	36.市場區隔（Segment Market）
15.尊榮行銷、價值行銷及服務行銷	37.鎖定目標客層（Targeting Customer）
16.行銷商機洞見	38.產品定位／品牌定位（Product & Brand Positioning）
17.行銷競爭警惕	39.市場區隔變數（Market Segmentation Variables）
18.WWWH成功法則（Who/What/Why/How）	40.產品屬性（Product Attribute）
19.全球品牌在地產品	41.產品獨特銷售賣點（Unique Sales Point, USP）
20.市場機會點（Opportunity）	42.知覺圖定位法（Perceptual Map）
21.市場危機點（Threaten）	43.品牌Slogan（標語廣告詞）
22.市場分析與選定目標市場（Target Market）	44.傳統行銷4P組合（Product/Price/Place/Promotion）

45.4P（Product：產品規劃；Price：定價規劃；Place：通路規劃；Promotion：推廣規劃）	67.品牌定位
46.服務業行銷8P/1S/1C組合（Product、Price、Promotion、Place、Public-Relationship、Personal Sales、Physical Environment、Process Operation; Service; CRM）	68.品牌重定位
47.物超所值、推陳出新	69.多品牌策略（Multi-brand）
48.4P與4C（Customer-Value; Cost Down; Convenience; Communication）	70.家族品牌（Family-brand）
49.核心產品、有形產品、擴大產品	71.品牌主張與品牌承諾（Brand Proposition and Commitment）
50.消費財、耐久財	72.品牌故事（Brand Story）
51.產品線（Product Line）	73.品牌價值（Brand Value）
52.產品線向上、向下延伸策略	74.品牌精耕與聚焦品牌管理
53.全方位產品線	75.品牌經理（Brand Manager）（BM）
54.產品線刪減	76.產品經理（Product Manager）（PM）
55.產品組合（Product Mix）	77.品牌檢測
56.包裝（Packaging）策略	78.全國性品牌（National Brand, NB）與零售商自有品牌（Retail/Private Brand，簡稱PB商品）
57.促銷型包裝（Promotional Package）	79.名人行銷與精品行銷
58.新產品開發（New Product Development）	80.促銷活動（SP活動；Sales Promotion）
59.新產品上市、成功、失敗（New Product Launch）	81.促銷方案、促銷誘因、促銷宣傳及促銷效益評估
60.新產品創意提案	82.對消費者促銷、對通路商促銷、對業務員促銷
61.新產品概念、試作、測試	83.免息分期付款、打折、降價、紅利集點、抵用券、包裝贈品、刮刮樂、買三送一、加價購
62.顧客意見與新產品研發	84.促銷效益（營收增加、獲利增加、現金流量增加、庫存減少）
63.產品創新與服務創新	85.廣告功能
64.品牌資產（Brand Asset）	86.廣告主（廣告廠商）、廣告代理商、媒體代理商、媒體公司、監播公司及收視率/閱讀率調查公司
65.知名品牌、全球品牌	87.廣告創意策略（Advertising Creative Strategy）
66.品牌特質	88.媒體策略（Media Strategy）

89.廣告代理商：李奧貝納、奧美、智威湯遜、台灣電通、我是大衛、華威葛瑞、太笈策略	115.直銷、電視購物、型錄購物、電話行銷、自動販賣機及網路購物
90.媒體發稿代理商：凱絡、傳立、貝立德、媒傳庫、實力、宏將	116.加盟連鎖店（Chain-Store）
91.名人代言、廣告代言人、產品代言人、品牌代言人	117.暢貨中心（Outlet Center）
92.媒體曝光公關報導、報紙定稿	118.通路方案設計、通路管理及通路促銷
93.戶外廣告（Outdoor Advertising）	119.多通路行銷
94.廣告預算（adv. Budget）	120.通路改革與加強
95.廣告目標、廣告策略與廣告創意	121.通路為王時代
96.媒體計畫與媒體預算（Media Planning & Budget）	122.向下游通路整合
97.POP廣告（店家及賣場廣告）	123.直覺通路、加盟通路及經銷通路
98.傳統媒體與新興媒體	124.實體通路與虛擬通路並進
99.媒體企劃與媒體購買（Media Planning & Media Buying）	125.店頭行銷、通路行銷（In-Store Marketing & Channel Marketing）
100.店頭、報紙、廣播、雜誌、網路及戶外六大媒傳廣告	126.媒體公關報導
101.定價與損益表分析	127.企業贊助行銷（Sponsor Marketing）
102.BU制度（Business Unit）	128.事件行銷（Event Marketing）
103.成本加成法（毛利率加成法）	129.公關公司：奧美、21世紀、先勢公關、精英公關、聯太公關
104.市場吸脂法（高價）及市場滲透（低價）定價法	130.銷售組織與人員銷售
105.畸零定價法（尾數定價法）	131.銷售人員訓練與管理
106.促銷定價法	132.銷售人員激勵
107.尊榮定價法	133.銷售獎勵與業績連結
108.降價策略	134.售前、售中及售後服務
109.平價策略	135.服務品質評鑑
110.行銷通路（Marketing Channel）	136.服務調查之神祕客（假裝顧客）
111.通路階層（中間商）	137.服務至上、服務第一、精緻服務、感動服務
112.進口商、代理商、大盤商、中盤商、經銷商、零售商	138.服務策略
113.量販店、百貨公司、超市、便利商店、美妝店、速食店	139.整合行銷傳播（Integrated Marketing Communication, IMC）
114.無店鋪販賣（虛擬通路販賣）	140.直效行銷（Direct Marketing）

141.行銷企劃案撰寫	152.客製化與一對一行銷
142.行銷效益評估	153.顧客資料庫（Data-Base）
143.行銷專案小組（Project Team）	154.資料庫探勘（Data-Mining）
144.行銷預算（Marketing Budget）	155.客服中心（Call-Center）
145.行銷時程進度表	156電話行銷（T/M; Telephone Marketing）
146.顧客關係管理（Customer Relationship Management, CRM）	157.顧客滿意度調查（Customer Satisfaction Survey）
147.會員經營計畫（Member Keeping Plan）	158.內部行銷（Internal Marketing）
148.關係行銷（Relationship Marketing）	159優良顧客與顧客分級
149.留住顧客（Customer Retention）	160.與顧客的接觸點（Contact Point）
150.顧客忠誠度（Customer Loyalty）	161.POS系統（Point of Sales；銷售據點的資訊回報系統；記錄店內每天銷售狀況）
151.顧客終身價值（Customer Lifetime Value）	

第二節

「整合行銷傳播」重要關鍵字

1	整合行銷傳播	Integrated Marketing Communication
2	利基市場	Niche Market
3	目標市場	Target Market
4	目標客層	Target Audience, TA
5	市場區隔化	Market Segmentation
6	大眾市場	Mass Market
7	分眾市場	Segment Market
8	獨特銷售賣點	Unique Selling Proposition; Unique Sales Point; USP
9	媒體企劃	Media Planning
10	媒體購買	Media Buying
11	人口統計變數	Demographic Variables
12	心理變數	Psychological Variables

13	顧客導向	Customer-Orientation; Customer-Oriented
14	創造顧客價值	Create Customer Value
15	顧客利益點	Customer Benefit
16	利益關係人	Stakeholders
17	媒體行為	Media Behavior
18	購買行為	Purchase Behavior
19	公關報導	Publicity
20	產品定位	Product Positioning
21	傳播溝通目標	Communication Objective
22	廣告目標	Advertising Objective
23	品牌知名度	Brand Awareness
24	品牌化	Branding
25	品牌忠誠度	Brand Loyalty
26	市占率	Market Share
27	心占率	Mind Share; Top of Mind
28	市場環境分析	Market Environment Analysis
29	競爭對手分析	Competitor Analysis
30	市場調查	Market Survey
31	焦點團體座談會	Focus Group Interview, FGI; Focus Group Discussion, FGD
32	行銷預算	Marketing Budget
33	新產品上市	New Product Launch
34	傳播溝通策略	Communication Strategy
35	大創意	Big Idea
36	媒體組合計畫	Media Mix Plan
37	預算配置	Budget Allocation
38	電視廣告片	TVCF; TVC; Commercial Film; CF
39	報紙廣告稿 雜誌廣告稿 廣播廣告稿	NP稿 MG稿 RD稿
40	傳播訊息	Communication Message
41	廣告詞、廣告金句、標語	Slogan

42	廣告創意	Advertising Creativity
43	創意總監	Creative Director
44	戶外廣告	Outdoor Advertising
45	行銷4P	Product, Price, Place, Promotion
46	行銷8P/1S/2C	8P/Product, Price, Place, Promotion, Public Relationship, Process, Personal Sales, Physical Environment） 1S/Service 2C/CRM, CSR: Corporate Social Responsibility（企業社會責任）
47	店頭行銷	In-Store Marketing
48	促銷、販促	Sales Promotion, SP
49	通路行銷	Trade-Marketing; Channel; Channel Marketing
50	產品研發、商品開發	Product R&D; Research & Development
51	電話行銷	Telephone Marketing, TM
52	贊助行銷	Sponsorship Marketing
53	運動行銷	Sports Marketing
54	網路行銷	Internet/On-Line Marketing
55	線上媒體	Above the Line Media, ATL
56	線下媒體	Below the Line Media, BTL
57	一致訊息	One-Voice
58	效益、成果	Effectiveness
59	媒體投資報酬率	Media Return on Investment; ROI
60	產品定位	Product Positioning
61	事件行銷	Event Marketing
62	行銷活動	Marketing Campaign
63	整合性組織	Integrative Organization
64	廣告代理商	Advertising Agent（李奧貝納、奧美、台灣電通……）
65	媒體代理商	Media Service Agent（凱絡、傳立、媒體庫、貝立德……）
66	公關公司	PR Company（奧美公關……）
67	異業結盟行銷	Alliance Marketing
68	CPRP	Cost Per Rating Point（每一個收視點數之成本）

69	檔購	Spot Buy
70	總收視點數	Gross Reach Point; GRP = Reach × Frequence
71	顧客關係管理	Customer Relationship Management, CRM
72	維繫客戶	Retention Customer
73	行動計畫	Action Plan
74	直效行銷	Direct Marketing
75	樣品贈送	Free Samples
76	產品力	Product Power
77	訴求點	Appeal Point
78	市場商機	Market Opportunity
79	市場威脅	Market Threaten
80	置入行銷	Placement Marketing
81	綜效	Synergy (1+1>2)
82	業績營收	Revenue; Sales Amount
83	獲利	Profit
84	品牌資產（權益）	Brand Assets (Equity)
85	數位傳播	Digital Communication
86	POS系統	Point of Sales（門市店即時銷售資訊系統）
87	顧客資料庫	Customer Data-Base
88	溝通、協調	Communication and Coordination
89	整合機制	Integrated Mechanism
90	360°整合行銷傳播	360° IMC
91	4P v.s 4C	Customer Value, Cost Down; Convenience; Communication
92	訊息一致的整合行銷傳播	One Voice Marketing Communication
93	整合行銷活動	Integrated Marketing Campaign
94	資料庫探勘	Data-Mining
95	資料庫倉儲	Data-Warehouse
96	形象統一	Unified Image
97	訊息一致	Consistent Voice
98	執行力	Executional Capability
99	U & A	Usage & Attitude

100	訊息的說服	Message-Base Persuasion
101	態度改變策略	Attitude Change Strategy
102	顧客滿意度	Customer Satisfaction, CS
103	IMC資源	Resources
104	P-D-C-A（管理循環）	Plan-Do-Check-Action；計畫、執行、考核、調整再行動
105	S-T-P架構	Segmentation-Target-Position
106	高品質	High Quality
107	價值競爭	Value Competition
108	價格競爭	Price Competition
109	服務競爭	Service Competition
110	廣告提案	Advertising Proposal
111	行銷決策	Marketing Decision-Making
112	DM	Direct Marketing
113	媒體排程	Media Schedule
114	評估、評價	Evaluate
115	引導、前導性廣告	Teaser Advertising
116	上檔	ON AIR
117	事前測試	Pre-Test
118	腳本	Copy Write
119	產品概念	Product Concept
120	事後評估	Post-Evaluation
121	戶外廣告	Out of Home Media, OOH
122	廣播媒體	Broadcast Media
123	地板廣告	Ad-Flooring
124	曝光效應	Exposure Effect
125	企業識別系統	Corporate Identity System, CIS
126	行銷研究	Marketing Research
127	消費者洞察	Consumer Insight
128	市調	Market Survey
129	認知、知覺	Perception
130	廣告業務員	Account Executive, AE

131	創意簡報	Creative Brief
132	B2C/B2B	Business to Consumer; Business to Business
133	E化行銷	E-Marketing
134	顧客分類	Customer-Grouping
135	客服中心	Call-Center
136	行銷策略	Marketing Strategy
137	利潤中心制度	Business Unit（簡稱BU制）
138	品牌經理與產品經理	Brand Manager v.s Product Manager; BM v.s PM
139	顧客輪廓	Customer Profile
140	委外處理	Outsourcing
141	損益表（每月）	Income Statement
142	毛利率	Gross Profit Ratio
143	獲利率	Profit Ratio
144	營業成本	Operating Cost
145	營業費用	Operating Expense
146	虧損	Loss
147	廣編特輯平面稿	Editorial Advertising
148	感動行銷	Emotional Marketing
149	關鍵成功因素	Key Success Factor, KSF
150	聚焦策略與行銷	Focus Strategy & Marketing
151	關鍵字搜尋行銷	Key Word Search Marketing
152	POP	Point of Purchase（販賣地點或賣場內的各種廣告招牌、布條、吊牌、立牌）
153	競爭優勢	Competitive Advantage
154	SWOT分析	Strength, Weakness, Opportunity, Threaten
155	IMC專案小組	IMC Project Team
156	6W/3H/1E	6W/What, Why, Who, Whom, Where, When 3H/How to Do, How Much, How Long 1E/Effectiveness
157	媒體預算配置	Media Budget Allocation

「品牌行銷與管理」重要關鍵字

1	品牌「微笑曲線」	Smile Curve
2	品牌「附加價值」	Value-Added
3	品牌與通路	Brand & Channel
4	品牌與代工	Brand & OEM
5	品牌打造	Brand Buliding
6	關鍵時刻	Moment of Truth, MOT
7	品牌承諾	Brand Commitment
8	消費者老闆日	Consumer Boss Day
9	複製	Duplicate
10	無形資產	Intangible Assets
11	市場占有率	Market Share
12	心占率	Mind Share; Top of Mind
13	品牌價值	Brand Value
14	OEM→ODM→OBM	Original Equipment/Design/Brand Manufacture
15	理想品牌	Ideal Brand
16	品牌「策略性資產」	Strategic Asset
17	全球品牌	Global Brand
18	品牌形象	Brand Image
19	品名	Brand Name
20	品牌「標示」、「標章」	Logo
21	品牌「訴求語」、「廣告語」	Slogan
22	一致聲音	One Voice
23	品牌個性	Brand Personality
24	直效行銷	Direct Marketing
25	顧客關係管理	Customer Relationship Management, CRM
26	品牌知名度	Brand Awareness
27	品牌銷售力	Brand Sales

28	品牌忠誠度	Brand Loyalty
29	會員介紹會員	Member Get Member, MGM
30	品牌權益	Brand Equity
31	管理品牌權益	Managing Brand Equity
32	知覺的品質	Perceived Quality
33	品牌聯想度	Brand Association
34	產品屬性	Product Attributes
35	消費者利益	Consumer Benefit
36	差異化訴求	Differential Appeal
37	差異化策略	Differential Strategy
38	品牌延伸	Brand Extend
39	價格vs.價值導向	Price v.s Value Orientation
40	品牌策略	Brand Strategy
41	消費者洞察	Consumer Insight
42	3C分析	customer/Competitor/Company
43	品牌維護及強化	Brand Maintenance & Improvement
44	SWOT分析	Strength, Weakness, Opportunity, Threaten
45	品牌主張	Brand Proposition
46	核心價值	Core Value
47	獨特銷售賣點	Unique Selling Proposition, USP
48	品牌態度與品牌偏好	Brand Attitude & Preference
49	品牌視覺	Brand Visuability
50	品牌文化	Brand Culture
51	品牌一致性	Brand Consistency
52	品牌行銷	Brand Marketing
53	品牌願景	Brand Vision
54	品牌藍圖	Brand Map
55	品牌競爭優勢	Brand Competitive Advantage
56	副品牌	Sub-Brand
57	品牌識別體系（Brand CI）	Corporate Identity
58	品牌象徵	Brand Symbol

59	品牌定位與重定位	Brand Positioning & Reposition
60	品牌知覺圖示法	Brand Perception Map
61	品牌組織	Brand Organization
62	品牌再生 品牌再造	Brand Revitalization Rebranding
63	品牌故事	Brand Story
64	品牌行銷4P	Product/Price/Place/Promotion
65	品牌行銷8P/1S/2C	Product, Price, Place, Promotion, Public Relationship, Physical Environment, Processing, Personal Sales, Service, CRM, CSR (Corporate Social Responsibility)
66	4C	Customer-Value, Cost Down, Convenience, Communication
67	品牌行銷組合	Brand Marketing Mix
68	思考十項準則6W/3H/1E	What, Why, Who, Whom, Where, When, How to do, How much, How long, Effectiveness
69	S-T-P架構	Segmentation-Target-Positioning
70	製造利潤	Manufacture Profit
71	行銷利潤	Marketing Profit
72	知覺品質與知覺價值	Perceived Quality & Value
73	目標市場	Target Market
74	大創意	Big Idea
75	創意提案	Creative Proposal
76	上市行銷	Launch Marketing
77	品牌生命週期	Brand Life Cycle
78	產品線	Product Line
79	價格帶	Price Zone
80	吸脂法	Skimming Price/High Price
81	滲透法	Penetration Price/Low Price
82	品牌通路策略	Channel Strategy
83	品牌定價策略	Pricing Strategy
84	整合行銷傳播	IMC
85	廣告	Advertising
86	事件行銷	Event Marketing

87	贊助行銷	Sponsorship Marketing
88	品牌運動行銷	Sports Marketing
89	媒體企劃與購買	Media Planning & Media Buying
90	置入行銷	Product Placement
91	顧客導向	Customer-Oriented
92	顧客滿意	Customer Satisfaction, CS
93	店頭行銷	In-Store Marketing
94	網路行銷	Internet Marketing/On Line
95	產品改善	Product Improvement
96	通路行銷	Trade-Marketing
97	廣告片	TVCF/TVC
98	廣告測試	adv. Test
99	焦點團體座談會	Focus Group Interview, FGI; Focus Group Discussion, FGD
100	產品創新	Product Innovation
101	U & A	Usage & Attitude
102	標準作業流程SOP	Standard of Process
103	聚焦行銷	Focus Marketing
104	差異化優越性	Differential Superiority
105	品牌績效	Brand Performance
106	行銷預算	Marketing Budget
107	體驗行銷	Experimental Marketing
108	廣編稿行銷	Editorial Marketing
109	目標客層	Target Audience, TA
110	強勢品牌	Strong Brand
111	利基市場	Niche Marketing
112	關鍵成功因素	Key Success Factor, KSF
113	執行力	Implementation Capability
114	行銷績效	Marketing Performance
115	品牌計畫	Brand Plan
116	市場商機	Market Opportunity
117	工作時程表	Time Table; Time Schedule

118	專案小組	Project Team
119	品牌管理	Brand Management
120	品牌P-D-C-A	Plan-Do-Check-Action（品牌管理）
121	品牌組合	Brand Mix
122	品牌經理 產品經理	Brand Manager Product Manager, PM
123	客服中心	Call-Center
124	品牌利潤中心制度、事業單位 獨立制	Brand Business Unit, BU制
125	全球性品牌	Global Brand
126	全國性品牌vs.零售商自有品牌	National Brand, NB & Private Brand, PB
127	品牌健康檢測	Brand Health Test
128	攻擊行銷	Offensive Marketing
129	防禦行銷	Defensive Marketing
130	損益表	Income Statement
131	營收、毛利、獲利	Revenue; Gross Profit; Net Profit
132	銷售目標	Sales Target
133	銷售預算、獲利預算	Sales Budget; Profit Budget
134	委外處理	Outsourcing
135	市場調查 行銷研究	Market Survey Marketing Research
136	溝通協調	Communication & Coordination
137	品牌併購	Brand M & A; Brand Merge & Acquisition
138	全球市場與本國市場	Global Market & Domestic Market
139	品牌授權	Brand License
140	多品牌策略	Multi-Brand Strategy
141	家族品牌	Family Brand
142	品牌鑑價	Brand Valuation
143	品牌再購	Brand Repurchase
144	360度品牌行銷傳播	360° Brand Marketing Communication
145	品牌元素	Brand Element

146	品牌老化vs.品牌年輕化	Brand Younger & Brand older
147	品牌大使／品牌代言人	Brand Ambassador
148	品牌形象	Brand Image
149	品牌公關報導	Brand Publiclity
150	品牌精神	Brand Spirit
151	品牌與代工	Brand & OEM
152	品牌M型化並行	Brand M type
153	品牌長期投資	Brand Long-Term Investment
154	品牌投資報酬率	Brand ROI; Return on Investment

第四節

「行銷企劃撰寫」重要關鍵字（key words & key concept）

1.品牌訴求的slogan	14.黃金陳列位置（通路據點）
2.USP（獨特的銷售賣點）	15.完整的產品線
3.行銷策略的renew與創新（包裝設計與原料來源）	16.新品推出失敗經驗
4.營收與市占率	17.素人（上班族）代言風格
5.產品品質始終如一	18.聚焦品牌核心價值
6.借鏡日本瓶裝茶飲料的發展	19.最新包裝設計（委外設計）
7.環境趨勢：健康意識崛起	20.質感升級計畫
8.廣告量投入	21.感性認同的行銷定位
9.潛在忠誠消費者	22.素人廣告代言
10.市場缺口（利基市場，尚未被滿足的市場）	23.產品（品牌）定位
11.命名獨特	24.目標族群
12.平價定位策略	25.廣告策略
13.通路結構比的均衡與多元化	26.廣告訴求

27.新品上市失敗	54.透過市調發掘利基市場
28.消費者市調	55.產品力（產品品質）與優質產品的配合
29.口味及包裝測試	56.品牌定位及品牌個性，特質清晰明確
30.品牌知名度	57.軟體（人員服務）與硬體（產品、設備）的同步強化
31.代言人策略	58.有系統品牌化的操作計畫（Branding）
32.通路決生死	59.整合行銷傳播（IMC）與店頭行銷手法的操作
33.市占率上升	60.有利的媒體公關報導
34.行銷成果：市占率	61.絕佳的廣告語（Slogan）
35.產品的「切入點」	62.廣宣預算的必要支出投入
36.以「優質」茶飲料為定位	63.通路店數不斷的擴張
37.品質嚴格管制	64.消費者洞察
38.品牌訴求（第一口就回甘）	65.重定位（新產品）
39.高人氣代言人	66.品牌概念創意形成
40.維持最大廣告聲量	67.產品力為核心
41.由市調決定最佳代言人	68.電視媒體節目置入行銷
42.目標消費族群	69.結合藝人演唱會贊助
43.捷運廣告與目標族群相一致	70.異業合作行銷（夜店、頂級沙龍、產品廠商、遊戲廠商）
44.代言人與目標族群相一致	71.國外名人代言（安室奈美惠）
45.消費者洞察	72.產品上市前、後之市調
46.鎖定客層精準行銷	73.IMC360度廣告宣傳操作
47.廣宣預算充分支援	74.顧客導向
48.新聞話題的製造	75.市場調查
49.行銷4P組合，同步做好、做強	76.市場產值、市場前景分析
50.廣告CF極具創意，表現引人目光	77.SWOT分析
51.整合行銷傳播（IMC）手法的全方位規劃展現	78.市場分析、競爭者分析、消費者分析、環境分析
52.產品的行銷訴求，要定期更新改變	79.掌握趨勢、判定市場空間、找出新商機、找出消費者潛在需求
53.產品的內涵與表現，一定要物超所值	80.鎖定目標客層、利基市場

81.品牌概念、品牌定位、品牌精神、品牌個性、品牌需求	・Event ・CRM ・Slogan ・話題行銷 ・置入行銷 ・口碑行銷 ・VIP行銷 ・公仔行銷 ・娛樂行銷 ・異業行銷 ・贊助行銷 ・運動行銷 ・旗艦店行銷 ・代言人行銷 ・故事行銷 ・直效行銷 ・簡訊行銷 ・派樣
82.行銷資源投入（大公司）	
83.編定行銷預算與損益預算	
84.行銷目標訂定	
85.6W/3H/1E(What、Why、Who、Whom、Where、When、How to Do、How Long、How Much、Effectiveness)	
86.行銷（組合策略與計畫）	
87.檢視及發揮競爭優勢與強項	
88.產品力—— ・USP ・物超所值 ・差異化 ・品質力 ・滿足需求 ・設計創新	
89.通路力—— ・多元通路 ・上架 ・多頭並進	95.行銷執行力＋精準行銷
90.價格力—— ・合理性 ・平價奢華 ・降低成本	96.行銷成果與行銷效益的不斷檢討
91.服務力	97.行銷策略與行銷計畫的不斷調整、因應、精進與創新
92.促銷活動力	98.洞察消費者潛在需求、勇於開發
93.人員銷售組織力	99.異業結盟行銷、面向更廣
94.整合行銷傳播力 ・TVCF ・NP ・MG ・RD ・OOH（戶外） ・In-Store ・Internet ・PR	100.媒體大幅報導效應

101.便宜是不景氣時代的王道	104.Q→R→W→A→R Question→Reason→Why→Answer→Result 問題是什麼→為何會造成如此→答案是什麼→對策為何→成果如何
102.品牌知名度→品牌偏愛度→品牌促購度→品牌忠誠度→品牌習慣度	105.O→S→P→D→C→A Objective→Strategy→Plan→Do→Check→Action 目標是什麼→策略為何→如何計畫→執行力→考核與追蹤→再行動
103.活動企劃案撰寫內容項目 (1)活動緣起 (2)活動目標 (3)活動目的 (4)活動辦法 (5)活動內容安排 (6)活動專案小組 (7)活動對象 (8)活動地點 (9)活動日期與時間 (10)活動run-down表（進行表） (11)活動進程表 (12)活動預算 (13)活動效益分析（有形效益／無形效益） (14)活動贈品 (15)活動主辦單位、協辦單位、贊助單位 (16)活動宣傳計畫 (17)活動代言人 (18)活動公關報導 (19)活動製作物 (20)活動成本與效益分析 (21)活動主題、主軸、slogan	106.樹狀圖問題分析與解決問題

第五節

行銷企劃致勝整體架構圖示

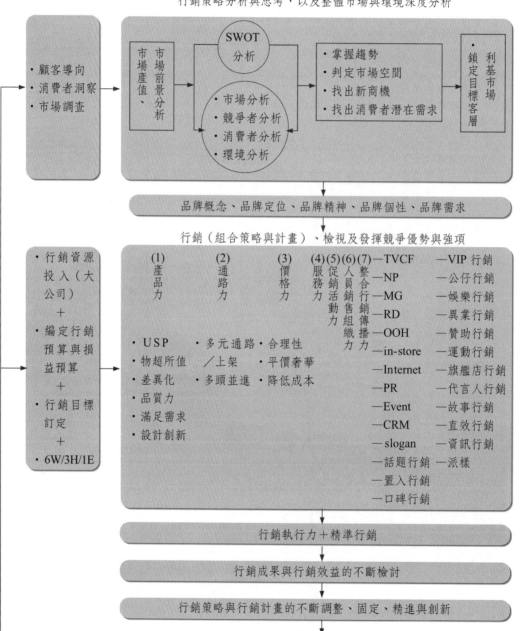

行銷策略分析與思考，以及整體市場與環境深度分析

- 顧客導向
- 消費者洞察
- 市場調查

市場產值、市場前景分析

SWOT分析

- 市場分析
- 競爭者分析
- 消費者分析
- 環境分析

- 掌握趨勢
- 判定市場空間
- 找出新商機
- 找出消費者潛在需求

鎖定目標客層・利基市場

品牌概念、品牌定位、品牌精神、品牌個性、品牌需求

行銷（組合策略與計畫）、檢視及發揮競爭優勢與強項

- 行銷資源投入（大公司）
  +
- 編定行銷預算與損益預算
  +
- 行銷目標訂定
  +
- 6W/3H/1E

(1) 產品力
- USP
- 物超所值
- 差異化
- 品質力
- 滿足需求
- 設計創新

(2) 通路力
- 多元通路／上架
- 多頭並進

(3) 價格力
- 合理性
- 平價奢華
- 降低成本

(4) 服務力

(5) 人員銷售活動力

(6) 促銷活動力

(7) 整合行銷傳播力
—TVCF
—NP
—MG
—RD
—OOH
—in-store
—Internet
—PR
—Event
—CRM
—slogan
—話題行銷
—置入行銷
—口碑行銷

—VIP行銷
—公仔行銷
—娛樂行銷
—異業行銷
—贊助行銷
—運動行銷
—旗艦店行銷
—代言人行銷
—故事行銷
—直效行銷
—資訊行銷
—派樣

行銷執行力＋精準行銷

行銷成果與行銷效益的不斷檢討

行銷策略與行銷計畫的不斷調整、固定、精進與創新

第六節

行銷人員必須認識每月損益表

一、每月損益表 —— 看公司是否賺錢

公司別／產品別／品牌別／分公司別／分店別〇〇年〇〇月

項目	金額	百分比	
1.營業收入	$00000	％	
2.營業成本	($00000)	％	（成本率）
3.營業毛利	$00000	％	（毛利率）
4.營業費用	($00000)	％	
5.營業損益（獲利或虧損）	$00000	％	（費用率）

二、什麼是營業收入？

1.營業收入又稱為營收額或銷售收入，也是公司業績的來源。

2.營業收入＝銷售量×銷售單價

　　例如：某飲料公司

　　　　每月銷售　1,000,000瓶

　　　　　　　　　×

　　　　　　　　　　　　20元（每瓶價格）

　　　　─────────────────

　　　　　　2,000萬營收額

　　例如：某液晶電視機公司

　　　　每月銷售　50,000臺

　　　　　　　×　15,000元（每臺價格）

　　　　─────────────────

　　　　　　7.5億營收額

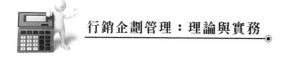

三、什麼是營業成本？

(一)製造業：製造成本＝營業成本

例如：一瓶飲料的製造成本，包括：瓶子成本、水成本、果汁成本、加工製造成本、人工成本、貼標成本等。

(二)服務業：進貨成本＝營業成本

例如：王品牛排餐廳進貨成本，包括：牛排、配料、主廚薪水、現場服務人員薪水等。

四、什麼是營業毛利？

營業收入	$1,000,000元
－營業成本	$1,700,000元
營業毛利	$ 300,000元

五、合理的毛利率

正常：30%～40%之間（例如：消費品）。
高的：50%～70%（例如：名牌精品）。
低的：15%～25%（例如：3C產品）。

六、什麼是營業費用？

1. 營業費用又稱管銷費用（即管理費＋銷售費用）。
2. 包括：董事長薪水、總經理薪水、辦公室租金、總公司幕僚人員薪水、業務人員薪水、健保費、國民年金費、加班費、交際費、水電費、書報費、廣告費、雜費等。

七、什麼是營業淨利？

　　　營業毛利　　$1,000,000元

　　－營業費用　　$ 900,000元

　　　營業淨利　　$ 100,000元（本月）

　　（即獲利、賺錢）

八、合理的獲利率（淨利率）

　　正常：5%～10%之間（例如：一般日用消費品）。

　　高的：15%～30%（例如：名牌精品）。

　　低的：2%～5%（例如：零售業）。

九、舉例：某食品飲料公司（製造業）

〇〇年〇〇月

項目	金額	百分比
1.營業收入	2億	100%
2.營業成本	（1.4億）	70%
3.營業毛利	6,000萬	30%
4.營業費用	（5,000萬）	25%
5.營業損益（獲利或虧損）	1,000萬	5%

當月獲利1,000萬元

十、舉例：某服飾連鎖店公司（進口商）

〇〇年〇〇月

項目	金額	百分比
1.營業收入	1億	100%
2.營業成本	（7,000萬）	70%
3.營業毛利	3,000萬	30%
4.營業費用	（3,500萬）	35%
5.營業損益	（500萬）	(5)%

當月虧損500萬元

十一、從損益表上看為何虧損？

四大可能原因：

1. 營業收入不夠（銷售量不足）。
2. 營業成本偏高（成本偏高）。
3. 毛利不夠（毛利率偏低）。
4. 營業費用偏高（費用偏高）。

故致使公司當月或當年度虧損不賺錢。

十二、營業收入為何不夠？

1. 產品競爭力不夠。
2. 定價策略不對。
3. 通路布置不足、據點不足。
4. 廣宣不夠。
5. 品牌知名度不夠。
6. 行銷預算花太少。
7. 市場競爭者太多。
8. 門市地點不對。
9. 品牌定價錯誤。
10. 缺乏代言人。
11. 尚未形成規模經濟效益。
12. 不能真正滿足消費者需求。
13. 其他競爭為項目不足。

十三、從損益表上看公司為何賺錢？

四大可能原因：

1. 營業收入足夠（業績好、成長高）。
2. 營業成本低（成本偏低、製造成本低）。
3. 毛利足夠（毛利率足夠）。
4. 營業費用低（費用率低）。

故致使公司當月或當年度獲利賺錢。

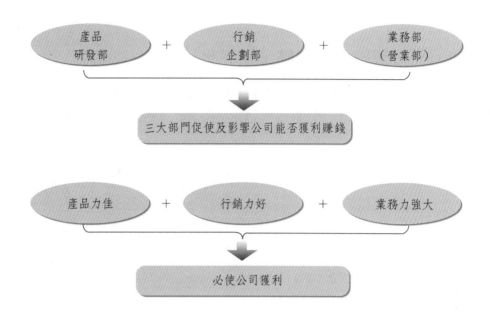

所以公司要：
1. 壯大研發，提升產品競爭力。
2. 重視行銷操作，提高整合行銷傳播戰鬥力，打造好品牌。
3. 打造業務銷售人員與銷售組織戰力，全面提升業績。

第七節

思考獨特銷售賣點如何差異化、特色化

一、問題的省思

行銷競爭非常激烈，新產品上市成功率平均僅有一至兩成而已，其他八成新品，不到三個月就遭到下架或消失，不管是新品上市、品牌再生，或既有產品的革新改善，千萬不要忘了最根本的核心思考點：「你的產品或服務，到底有哪些獨特銷售賣點、特色、差異化或價值，值得消費者要買你的產品，而不買其他公司的產品？」

　　因此，必須要做好「消費者洞察」（consumer insight）的工作，結合產品的差異化及特色化，確實滿足顧客。

二、如何導出獨特銷售賣點及差異化特色

　　在此提供獨特銷售賣點，差異化、特色化思考面向的架構項目，從這些項目再進一步思考如何做到USP（Unique Sales Point）或差異化特色。

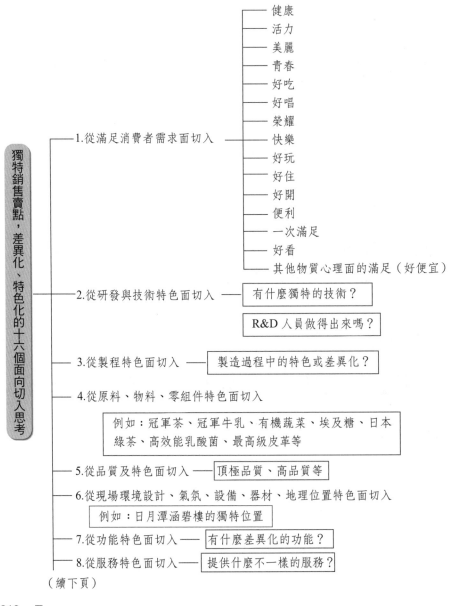

（續下頁）

（續上頁）

- 9.從品質嚴格特色面切入——數十道、上百道的品管過程把關
- 10.從手工打造特色面切入
- 11.從訂製、特製、全球限量特色面切入
- 12.從獨家配方、專利權特色面切入
- 13.從低價格特色面切入
- 14.從全球競賽得獎特色面切入
- 15.從現場現做的特色面切入
- 16.從品牌知名度切入

三、十六個切入思考點的四項必要補充條件是否做到了？

獨特銷售賣點與差異化特色的四項必要條件

- 1. 內涵實值超越對手
  你的產品特色真的超越主要競爭對手，而不是跟隨在對方後面。
- 2. 領先一步推出
  產品的特色或 USP 必須領先對手推出，不能落後。
- 3. 要與對手不一樣
  產品的特色或 USP 與對手真的不一樣，是屬於自家獨有的。
- 4. 對消費者而言，是有意義、有價值、物超所值。

> 產品的特色或 USP，不能只是講好聽的，必須能滿足消費者內心的各種需求，或創造出新的顧客潛在需求。

四、全方位架構圖示

(一)十六個切入 USP 及差異化特色點

> 1. 滿足消費者需求切入
> 2. 研發與技術切入
> 3. 製程切入
> 4. 原物料切入
> 5. 品質等級切入
> 6. 現場設備、地理條件切入
> 7. 功能切入
> 8. 服務切入
> 9. 品質嚴格切入
> 10. 手工打造切入
> 11. 訂製／特製、全球限量切入
> 12. 獨家配方、專利權切入
> 13. 低價格切入
> 14. 競賽得獎切入
> 15. 現場立即切入
> 16. 知名品牌切入

(二)四項必要補充條件

> 1. 特色是否超越對手？
> 2. 特色是否領先一步？
> 3. 特色是否與對手產品不一樣？
> 4. 特色是否對消費者有意義、有價值的？

(三)產品冒出頭來

> 1. 銷售業績好　　2. 行銷致勝

第八節

P&G公司行銷策略思維

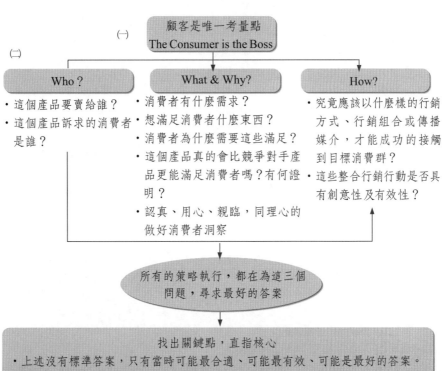

（一）　　顧客是唯一考量點
The Consumer is the Boss

（二）

Who？
- 這個產品要賣給誰？
- 這個產品訴求的消費者是誰？

What & Why?
- 消費者有什麼需求？想滿足消費者什麼東西？
- 消費者為什麼需要這些滿足？
- 這個產品真的會比競爭對手產品更能滿足消費者嗎？有何證明？
- 認真、用心、親臨，同理心的做好消費者洞察

How?
- 究竟應該以什麼樣的行銷方式、行銷組合或傳播媒介，才能成功的接觸到目標消費群？
- 這些整合行銷行動是否具有創意性及有效性？

所有的策略執行，都在為這三個問題，尋求最好的答案

找出關鍵點，直指核心
- 上述沒有標準答案，只有當時可能最合適、可能最有效、可能是最好的答案。
- 如何達到呢？必須找出最重要的關鍵點，專心的思考，直指核心。不要想太多外圍的、有點偏掉的東西。
- 唯一要想的就是消費者內心（含心理的及物質的）真正需要的是什麼？一定要找出他們內心最渴望的，然後透過創新的產品、品牌、包裝、功能、心靈、感覺等滿足他們，而且要比競爭對手做得更好。
- 要用心創造符合需求的顧客核心價值出來。

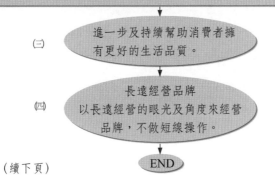

（三）　進一步及持續幫助消費者擁有更好的生活品質。

（四）　長遠經營品牌
以長遠經營的眼光及角度來經營品牌，不做短線操作。

END

（續下頁）

（續上頁）

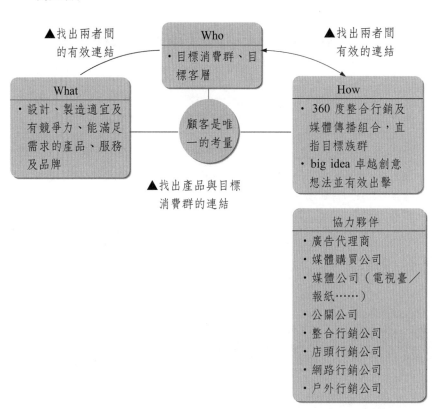

▲找出兩者間
的有效連結

Who
・目標消費群、目標客層

▲找出兩者間
有效的連結

What
・設計、製造適宜及有競爭力、能滿足需求的產品、服務及品牌

顧客是唯一的考量

How
・360度整合行銷及媒體傳播組合，直指目標族群
・big idea 卓越創意想法並有效出擊

▲找出產品與目標
消費群的連結

協力夥伴
・廣告代理商
・媒體購買公司
・媒體公司（電視臺／報紙……）
・公關公司
・整合行銷公司
・店頭行銷公司
・網路行銷公司
・戶外行銷公司

消費者洞察暨市場商機與威脅分析

一、P&G公司對消費者洞察的七項做法

全球最大日用品 P&G 公司對消費者洞見依據來源及培養基礎

1. AGB 尼爾森的零售通路實地調查資料庫分析及整理

2. P&G 公司對消費者固定樣本所提供的消費意見反映資料與數據分析

3. 每年度委外進行的消費者購買行為調查報告內容與發現

4. 每年度對自己與競爭品牌資產追蹤調查報告（委外）

5. 家戶實地訪查與生活觀察體驗檢查報告

6. 其他無數大大小小的市調及民調報告，所累積與呈現出來的數據資料與質化資料

7. 零售賣場親自觀察消費者選購行為及訪問

二、市場機會點如何洞察

市場機會點如何洞察

1. 赴國外先進國家、消費市場，標竿廠商等參訪學習（包括現場的錄影、拍照、座談、蒐集 DM、資料、購買樣品等），成功案例可移植臺灣

2. 上網查詢國外先進國家及廠商的具體做法，並思考是否可移植國內

3. 購買國外先進國家各種專業產業市場的深度研究報告、調查報告或專業雜誌，從中發現商機趨勢

4. 在國內委託專業市調公司、研究公司、學術單位，針對可能的潛在商機，做完整的市調報告及消費者需求報告

5. 高層經營者或公司內部商品部門、企劃部門、業務部門等之長期以來的分析

6. 長期且廣範蒐集來自各種管道消費者的意見表達及需求，而深入評估分析及確定

7. 定期閱讀國內外財經、商業、企管之專業報紙，了解世界大事及企業大事

三、市場商機型態來源

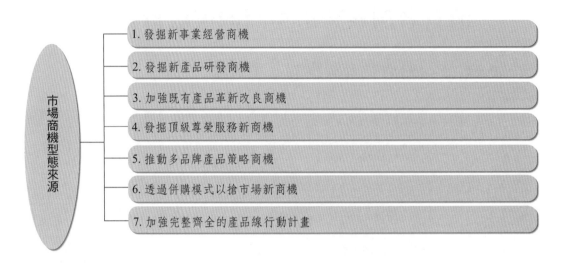

市場商機型態來源

1. 發掘新事業經營商機
2. 發掘新產品研發商機
3. 加強既有產品革新改良商機
4. 發掘頂級尊榮服務新商機
5. 推動多品牌產品策略商機
6. 透過併購模式以搶市場新商機
7. 加強完整齊全的產品線行動計畫

四、市場問題點（危機點）洞察來源

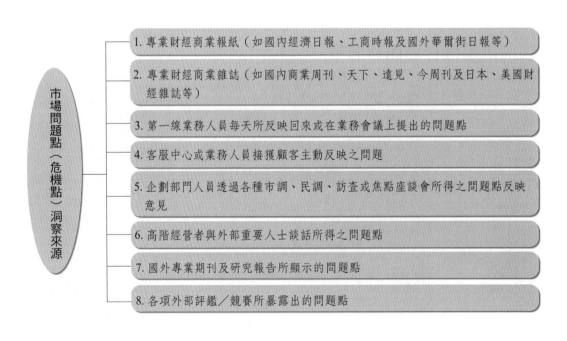

市場問題點（危機點）洞察來源

1. 專業財經商業報紙（如國內經濟日報、工商時報及國外華爾街日報等）
2. 專業財經商業雜誌（如國內商業周刊、天下、遠見、今周刊及日本、美國財經雜誌等）
3. 第一線業務人員每天所反映回來或在業務會議上提出的問題點
4. 客服中心或業務人員接獲顧客主動反映之問題
5. 企劃部門人員透過各種市調、民調、訪查或焦點座談會所得之問題點反映意見
6. 高階經營者與外部重要人士談話所得之問題點
7. 國外專業期刊及研究報告所顯示的問題點
8. 各項外部評鑑／競賽所暴露出的問題點

五、企業面對各種威脅與危機來源

企業面對各種威脅與危機來源

1. 來自主要競爭者以低價、促銷及大量廣告爭戰市場

2. 來自對手技術的重大突破及大躍進

3. 產品生命週期已進入衰退期

4. 經濟成長率低，市場買氣低迷，消費力弱

5. 利率升高的不利

6. 政府產業政策及法令不利改變

7. 全球化與自由化的威脅

8. 規模大型化威脅

9. 經營成本偏高的不利

10. 新競爭對手的紛紛加入

11. 引進國際大公司的資源爭戰

12. 資金強大威脅

13. 研發出創新獨特新產品威脅

14. 國外高關稅威脅

15. 集團資源綜效的對抗

16. 企業自身資源逐步弱化

17. 自身新產品推出速度太慢或缺乏主力產品

18. 行銷戰略的嚴重失誤

Chapter 4

撰寫企劃案的重要原則

行銷企劃案的成功關鍵點

根據筆者過去多年在企業實務界的工作經驗，以及筆者上班族朋友們所提供的經驗顯示，在撰寫一份比較有效果及有作戰力的行銷企劃案時，可以歸納出下列值得參考借鏡的二十一項要點。

一、參考過去做法，避免犯同樣的錯

你應該將去年或以前做過的行銷企劃案拿出來看看，了解過去企劃案的得與失，避免再犯同樣的錯誤，並吸收不久前成功的經驗與做法，想想是否可以再沿用並擴大戰功。因此，了解過去、掌握現在、籌劃未來是重要的三部曲。

二、是否真的可以滿足顧客需求

你應該問自己，這些行銷企劃案的內容及做法，是否可以滿足目標顧客群的真正需求？這個企劃案對顧客是否有吸引力？是否有價值？是否真的站在顧客導向的立場去做行銷規劃呢？以及我們是否真的了解到顧客的真正需求？

三、顛覆傳統，大膽創新

你應該掌握大膽的行銷創新原則，不走老套，要有獨特性、差異化、特色化，讓人眼睛為之一亮。這些創新方向，包括：新產品創新、新服務創新、新通路創新、新定價策略創新、新廣告模式創新、品牌創新、活動創新、定位創新、異業結盟創新及科技運用創新等。

四、定位與區隔是否正確

你應該想一想，是否在一開頭，即對行銷企劃的目的、目標市場、區

隔顧客群、產品定位、品牌定位及公司經營定位，有最深入、最明確與最正確的概念與結論。未來行銷企劃的一切作為，都將環繞在這些主軸上規劃及發想，才會比較有效。

五、超越競爭對手

你應該想一想，你的行銷企劃案是否勝過競爭對手所推出企劃案的內容及做法。如果力道沒有比對手更好、更有誘因、更強，那麼就不太能超越競爭對手。另外，在推出的速度上，如果能超越對手，成為第一個推出此案的領先者，則其行銷企劃效果將會更大。

六、行銷應與策略經營結合

你應該想一想，此次的行銷企劃案，是否能與公司的最高經營策略相互結合，使策略、行銷雙方資源結合，成為策略行銷（strategic marketing）力量。例如：王品、西堤、陶板屋等三個品牌的餐飲連鎖企劃，就展現出一種策略＋行銷的有力資源。

七、洞察環境最新變化趨勢

你應該想一想，並注意到環境條件的最新變化趨勢。例如：人口結構、家庭結構、購買地點行為、購買時間行為、消費者價值觀、生活型態、分眾化／小眾化市場發展、借錢消費、名牌消費、教育水準、所得差距、女性購買力、商業在改變、城鄉差異、南北差異、科技條件、法令與政策、外食人口、通路變化、流行風潮、個性化等各種變化。這些變化的方向、程度、力道、影響性等，均會對我們的行銷企劃案內容及規劃產生一定的影響，而我們的因應對策又是如何。

八、科學化數據做支撐

你應該想一想，在行銷企劃案中，一定要有相關數據來支撐我們的方案及做法。這包括了過去的市場、產業數據資料及其趨勢變化，以及我們

委外所做的客觀市調及推估、預估數據。只有這樣做，才有利於高級主管做最後的決策。因此，歷史性的、科學性的、外部客觀的及內部合理推估的各種主客觀數據的反映，均是在比較重大行銷企劃案時需呈現出來的。

九、向國外先進業者取經

我們是否必須參考國外先進國家的市場發展、產業現況及領導廠商的成功經營模式及成功行銷做法，作為我們的必要參考借鏡。一方面可以學習別人的優點及成功方法；二方面對上級的詢問也能回答得出來；三方面亦將使自己的心裡更加篤定、堅定信心。因此，國外市場考察、業者訪談、資料報告取得或網站查詢蒐集等，均是可執行的。

十、各種效益面向的分析

在行銷企劃案中，最後應該要有不可或缺的效益分析，包括無形效益與有形效益列示、短期與長期效益列示、內部與外部效益列示，以及成本與利益之對照列示分析。

十一、提出多個方案做比較選擇及思考

在行銷企劃案中，對於解決方案或是提案方案的數量，最好能有多個不同考量面向及資源投入的選擇方案（alternatives plan），目的主要在於提供決策者比較思考之用。有時候行銷企劃人員的階層與最高決策者的決策觀點、視野、所站的位置，以及影響深遠程度等，均會有不同的看法。因此，行銷企劃人員最好站在不同層次、不同時間點，以及不同的戰略戰術觀點，多提出幾個不同的方案，並分析他們的優缺點、使用時機及影響面向等。如此，有助於決策者做出最終的正確決策。

十二、行銷預算的編列

大部分的行銷企劃案，一定有行銷預算編列，其中可能包括單純的支出預算、收入與支出均存在的預算，以及最後的損益預算等。從預算中，可以反映出行銷方案的決策該如何做下去。

十三、擬定時程表做追蹤考核之用

行銷企劃案中，應該要有預計時程表作為追蹤考核之用，以及各單位應配合的工作事項。時程表也是評估執行力好壞的一個基礎。

十四、賽局理論，想到第二步、第三步

當我們提出這個行銷企劃案時，應再進一步設想到主力競爭對手會有何反應，以及會採什麼樣的反擊或跟進措施來迎戰。在此狀況下，行銷企劃案應更深遠地想到我們已準備了哪些第二波行銷火力，這就是策略的賽局（game）理論推演。這些事情都應該事先準備好。例如：我們提出24期（二年）免息分期付款，而競爭對手卻推出更長的36期（三年）免息方案，那時我們該如何因應呢？我們是跟進？或是下更重口味的48期（四年）方案？但此時利息成本負擔的加重，是否會吃掉我們微薄的獲利呢？這些都必須在事前想到，並加以模擬。

十五、準備好配套的SOP

對一個比較複雜的行銷企劃案，應再考量到執行的作業流程是否已安排好或設計好，或同步建構中。這就是所謂SOP（standard of procedure）標準作業流程，很多行銷企劃案的推動，必然要涉及作業執行面的改變或執行，這方面也必須做好「配套」準備才行。例如：要在三個月內，推出一個新產品上市；要在六個月內，建立作業自動化的資訊系統；要在十二個月內，推出一部新車款上市等，均牽涉到很多部門、負責人員與上、中、下游作業接續流程等之統合、合作及協調。

十六、異業資源結盟，擴大力量

行銷企劃案大部分的時候，也必須借助異業的行銷力量合作，才能壯大自己的方案價值及吸引力。因此，異業行銷結盟合作是一個重點。例如：統一超商與日本Hello Kitty凱蒂貓合作推出消費滿77元以上，即贈送一塊可愛凱蒂貓的3D磁鐵。再如，信用卡銀行紛紛與各大飯店、各大旅遊景點、各大精品店、各大餐飲店等合作，推出刷卡消費折扣之優惠。另

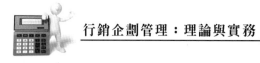

外，也有紅利積點可以抵換屈臣氏、麥當勞、肯德基等折價券。

十七、能賺錢的，就是好的企劃案

你應該想一想，老闆最想看到的行銷企劃案是「show me money」，最好的行銷企劃案，就是能夠讓公司立竿見影，創造高業績、高現金週轉、高毛利的賺錢企劃案。因此，在討論及設計行銷企劃案時，不要忘了寫上可以幫公司賺多少錢，或是省下多少通路成本、人力成本、產品成本等事宜，這樣老闆才會很快同意你的企劃案。

十八、通過可行性考驗（feasibility study）

你應該想一想，到底這個行銷企劃案是否具有可行性（feasibility），是否做過詳細及說服力強的可行性評估，被證明是可行的。很多時候，老闆或部門主管會質詢此案的可行性，我們必須要答得出來才行。當然，有時候一些過去沒做過的，或是創新做法的，或是新開創市場的，或是巨大變革事項等，均會涉及到可行性問題，而且有時候，也很不易對此做百分之百的確定。因此，相對地，我們也要進一步想到可能的風險性問題，亦即公司可以承擔多大損害的風險程度。然後，老闆才能下決策。

十九、跨部門、跨單位共同討論後的結論

你應該想一想，這個行銷企劃案最後是否為經過所有相關部門多次開會討論、辯論、修正，最後定案的。其目的就是在求取所有相關部門的共同認同及承諾，以及專業的分工負責。換言之，這個行銷企劃案是跨部門、跨單位共同認可及討論出來的最後結果，大家共同對此負責。因此，行銷企劃單位應會同業務部、資訊部、商品開發部、生產部、財會部、品質部、物流倉儲部、廣告宣傳部、管理部、門市部、加盟部等，所有關係到此次行銷企劃活動的部門。

二十、爭取老闆或決策主管的全力支持（要人給人、要錢給錢）

行銷企劃案的成功，必然要爭取到最高主管或老闆的全力支持才行。這種全力支持，代表了公司會全力支援行銷企劃案的相關必要資源，包括人力資源、資金、產品資源、研發資源、設備資源等。唯有資源力量充足，行銷企劃案才會有力量，否則再好的想法，沒有公司資源的支持，也無法落實行銷企劃的美好想法及點子。

二十一、流動型企劃案，隨時檢討改進

最後一點，你應該要知道，行銷企劃案不是一案定江山，不是一案到底，不是一篇漂亮的文案，不是不能改變的，也不是怕失面子而不敢修改的。相反的，任何大大小小的行銷企劃案，絕對應該是：彈性、流動、非固定、可調整、應改變、要看效果而定的。這就是筆者一直強調的「流動型行銷企劃案」的根本原因。因為，行銷企劃案會受外部自然環境、競爭對手、供應商、消費者等各種條件而影響。

因此，只要行銷企劃案推出一週、半個月、一個月或一季之後，證明是無效或效益低時，就應該馬上調整改變。還有，行銷企劃案在實務上，也不是說一次就應該寫好一大本、寫好全部的事情，這是不切實際的。行銷企劃案可能會被切割成幾個在不同時間去規劃及推出的小案子累積而成的。換言之，每天、每週、每旬、每月、每季、每半年、每年等，都可能會有大大小小的行銷企劃案，及接連順序而出的行銷企劃案，我們每天都必須非常重視外部及內部的數據情報、動態情報，然後研擬出「流動型企劃案」，將這些累積起來，最終將成為這家公司行銷企劃的最強戰鬥力。

結語：把二十一項視為行銷企劃的KSF

以上是當你在設計、構思、撰寫、討論、修正，以及進入執行階段時，應該隨時隨地想到的二十一項重點所在。千萬不要忽略了其中任何一點，因為少了一點就足以讓行銷企劃案破功。因此，必須以非常戒慎恐懼的態度去思考，然後，行銷企劃案才能大功告成，行銷企劃人員在公司的地位，才會受到業務部門及老闆的高度重視、支持與肯定。總結來說，

本文的二十一項要點就是任何一個行銷企劃案關鍵成功因素（key success factor, KSF）的組合體。

二十一項行銷企劃案成功關鍵點

- 1.參考過去做法，避免犯同樣的錯
- 2.是否真的可以滿足顧客需求
- 3.顛覆傳統，大膽創新
- 4.定位與區隔是否正確
- 5.超越競爭對手
- 6.行銷應與策略經營結合
- 7.洞察環境最新變化趨勢
- 8.科學化數據做支撐
- 9.向國外先進業者取經
- 10.各種效益面向的分析
- 11.提出多個方案做比較選擇及思考
- 12.行銷預算的編列
- 13.擬定時程表做追蹤考核之用
- 14.賽局理論，想到第二步、第三步
- 15.準備好配套的 SOP
- 16.異業資源結盟，擴大力量
- 17.能賺錢的，就是好的企劃案
- 18.通過可行性考驗（feasibility study）
- 19.跨部門、跨單位共同討論後的結論
- 20.爭取老闆或決策主管的全力支持（要人給人、要錢給錢）
- 21.流動型企劃案，隨時檢討改進

圖4-1　行銷企劃案成功的關鍵二十一項

某公司案例──
董事長聽取報告的十九個原則要點

〈原則1〉show me the money

　　現在董事長要聽取報告，首要的原則：即是此報告要能夠為公司創造獲利賺錢、要能提升產值效益為基本目標；因此任何報告都應該考慮到，一定要寫到這方面的內容才行。

〈原則2〉要有數據分析、效益分析

　　董事長非常重視報告，因此報告中一定要有數據分析，要呈現出營收數據分析、成本數據、效益數據及各種營運數據（例如：進線數、日線數、成交率、續保率、年化佣金、進件數……），如此董事長才能做決策及下指示。任何報告不能只有文字報告，而沒有數據報告及效益分析報告，包括業務單位及幕僚單位均是如此，董事長要求每位幹部要有強烈的數據概念才行。

〈原則3〉要有比較分析、對比分析

　　在數據分析中，還要記住需有比較分析才行。包括跟同業比較分析、跟去年同期比、跟上月比、跟整體市場比、跟預算／實際比、跟現在／未來比。透過比較分析，才能知道進步或退步、贏或輸，以及可能的潛在問題在哪裡。

〈原則4〉要有市場大數法則觀念

　　董事長經常強調撰寫報告的內容，要有市場法則，亦即報告內容要有邏輯性（logic）、合理性（make sense）、符合市場現況性及可達成性。只要違背這些原則的報告，就是不值得看。

〈原則5〉要有具體、可行的做法

董事長經常問：你打算怎麼做？有什麼行動方案（action plan）？有什麼創新做法？是否具體、可行？或是被認為可行性低，不會有效果。因此，一定要能向董事長證明這是最具可行性的方案，一定要能提出證明或數據、邏輯推演、過去經驗等來做支持點，支持這樣的做法可以成功及可行性高。

〈原則6〉要有死命達成預算的決心與方法

預算達成是董事長聽取報告的最終關切點。預算無法達成，一切報告都是虛的。董事長要求任何公司、任何事業部單位的實績與預算差距要在5%以內，否則就是失控，就是部門失控、人員失控。

〈原則7〉報告要能抓到要點、要會下結論

董事長近來已無太大耐心聽取冗長及沒有切入要點的報告，也經常問你的結論是什麼？因此，寫報告要盡可能精簡化、要點化、結論化，不必長篇大論。因為董事長已聽過幾百、幾千個各式各樣的報告，因此看報告速度非常精準、非常快，我們要因應這種變化。

〈原則8〉要能借鏡國內外第一名成功案例及經營模式做法

國內外第一名成功案例做法，值得我們參考借鏡，也才能指出正確的方向，達到事半功倍效果，不必自己浪費時間及成本胡亂摸索。經由模仿，加快速度、創造業績。董事長經常指示要到國外去考察相關產業成功的原因及做法。

〈原則9〉要有成本概念。

要賺一筆錢很困難，但要花一筆成本支出是很容易的。董事長強調在任何一筆支出前，都要慎重思考及評估，要看它具體的效益是否真的會產生。每個人心中一定要有成本數據的意識及敏感性。尤其，董事長看到要花錢的報告，就會提出很多問題。

〈原則10〉要以四力為根本

董事長強調任何好業績的創造，都是根植於四個力：

1.產品力。

2.行銷力。

3.服務力。

4.執行力。

只要一旦業績不好或沒有達成預算，就一定是這四個力中的某些力發生問題了。在報告中，要從這些力中去發現問題及解決問題。

〈原則11〉要有強大執行力的展現

董事長認為有良好完整的規劃報告還不夠，只完成一半，後面一半就要看是否有強大的組織執行力。執行力不嚴格、不澈底、沒有紀律、沒有決心，業績自然不會好。光會寫報告，但執行力差，最終效果還是沒有出來。

〈原則12〉要找到對的人去規劃或執行

董事長強調組織內每個人的專長及才華都不同，有人專長在思考規劃、有人專長在貫徹執行，因此找到對的人、適當的人，是很重要的。因此，每個主管一定要能在人力安排上適才適所。

〈原則13〉執行之前，要做適當的市場調查

董事長認為我們應該再加強市場調查或市場研究的工作。

例如：是否可以提高產品銷售成功的精準性？是否可以多做一些事前的電話市調，掌握顧客的需求，減少產品的失敗率？

〈原則14〉隨時提出檢討報告，機動調整、彈性應變

董事長要求在新的一年裡，各事業部門單位及各後勤支援單位，都應該以每週為單位，隨時提出業績數據的檢討及分析報告，並研擬因應對策，不斷調整、改變及加強，直到業績回到原訂預算為要求目標。因此，各業務及幕僚單位都要隨時提出分析與改進對策報告。

〈原則15〉跨部門討論

董事長經常問：這個報告有沒有跟那些部門討論過。因此，撰寫報告必須做好跨部門、跨主管的討論會議，以集思廣益、建立共識，並有利團隊合作。

〈原則16〉報告的完整性

董事長要求報告撰寫完成之後，要再仔細的思考，看看是否有遺漏的地方，務使報告的每個面向及每個環節都能被考慮到、被想到，而使報告的撰寫能夠達到完整性的目的。因此，要多思考及提升自己的思考力。

〈原則17〉戰術兼具戰略觀點

董事長是一個了解戰術行動，又同時能兼具戰略觀點的領導者，因此，撰寫報告時，要能見樹又見林；要能站在高處看，才能看得遠、看得深及看得廣，這是戰略性視野的能力培養。撰寫報告不能只往狹處看，要能跳高、跳遠來看待一切事情。這樣，每個人才能夠不斷成長與進步。

〈原則18〉沒其他方案了嗎？（多個方案並呈）

撰寫報告提出方案計畫時，如果董事長並不滿意此方案或認為此方案不可行時，經常會問：沒有其他方案了嗎？因此，我們應注意最好提出不同思考方向的備案，以多方案並呈說明為宜。要站在董事長的思考層次，來提出多元化的比較性方案，以利董事長做正確的決策與指示。

〈原則19〉提出新計畫時，最好提出與舊計畫或舊作業方式之效益比較

董事長經常詢問新方案、新方式、新制度、新人力配置、新作業與既有的方式，兩者相互比較，何者效益為大的問題考量。

撰寫報告的十項思考點：6W/3H/1E

1. What：做什麼事？達成何種目標？
2. Why：為何如此做？為何是如此方案？為何是如此做法？為何是如

此策略？

3. Who：派誰去做？派哪些團隊去做？人才在哪裡？

4. Where：在哪裡做？

5. When：何時做？時程表為何？

6. Whom：對誰做？

7. How to do：如何做？計畫為何？方案為何？策略為何？方式為何？

8. How much：花多少錢做？預算多少？

9. How long：做多久？多長時間？

10. Evaluate：有形效益及無形效益評估。

Chapter 5

行銷（廣告）企劃案撰寫

完整性內容分析

本章將要介紹一個完整的「行銷（廣告）企劃案」撰寫內容說明。這是一個完整的架構，涵蓋領域非常廣，也是一個完整的企劃案。但是在實務上，不一定需要寫這麼完整的內容與項目。因為企業實務上，每天都有新的狀況出現，或是有新的作為，或是一些連續性、常態規律化的行動，未必每次都要提出如此完整的企劃案。本章所要介紹的企劃案，比較適合下列三種狀況：

1. 廣告公司為爭取年度大型廣告客戶，所提出的完整比稿案或企劃案。
2. 公司計畫上市某項重要年度產品，所提出的年度行銷企劃案。
3. 公司轉向新行業或新市場經營，正計畫全面推展。

本章所介紹的行銷（廣告）企劃案，應該算是在行銷領域一個重要的根本企劃案。其他較為零散的企劃案，也是從本企劃案中再抽出獨立所撰寫。以下將開始介紹本企劃案撰寫的重要綱要項目，如表5-1。

表5-1　企劃案撰寫的重要綱要項目

一、導言
本企劃案的目的與目標
二、行銷市場環境分析
㈠市場分析（market analysis）
1.市場規模（market size）
2.重要品牌占有率（market share of major brand）
3.價格結構（price）
4.通路結構（channel）
5.促銷結構（promotion）
6.商品生命週期（product life cycle）
7.進入障礙分析（entry barrier）
㈡競爭者分析（major competitors）
1.主要品牌產品特色分析
2.主要品牌產品價格分析
3.主要品牌通路分布分析
4.主要品牌目標市場區隔分析
5.主要品牌定位分析
6.主要品牌廣告活動分析
7.主要品牌販促活動分析
8.主要品牌整體競爭力分析

（續前表）

（三）商品分析（product analysis）
　　1.各商品的包裝方式、規格大小、各種包裝的售價、各種包裝的銷售比例
　　2.各商品的特色與賣點
　　3.各商品的行銷區域及上市時期
　　4.各商品的季節性銷售狀況
　　5.各商品在不同通路的銷售比例
（四）消費者分析（consumers analysis）
　　1.重要的使用者與購買者是誰？是否為同一人？購買總數量？
　　2.消費者在購買時，會受到哪些因素影響？購買重要動機為何？
　　3.消費者在什麼時候買？經常在哪些地點買？或時間、地點均不定？
　　4.消費者對商品的要求條件重要有哪些？
　　5.消費者每天、每週、每月或每年的使用次數？使用量？
　　6.消費者大多經由哪些管道得知商品訊息？
　　7.消費者對此類商品的品牌忠誠度如何？很高或很低？
　　8.消費者對此類商品的價格敏感度高低如何？對品牌敏感度高低如何？對販促敏感度高低如
　　　何？對廣告吸引力敏感度高低如何？
　　9.不同的消費者是否有不同包裝容量的需求？

三、定位：產品現況定位（positioning）
（一）市場對象：什麼人買？什麼人用？
（二）廣告訴求對象：賣給什麼人？
（三）產品的印象及所要塑造的個性
（四）定位就是產品的位置，究竟站在哪裡？你要選好、站好、永遠站穩，讓人家很清楚

四、問題點及機會點（problem & opportunity）
（一）問題點分析與克服
（二）機會點分析與掌握

五、行銷計畫（marketing plan）
（一）行銷目標（marketing goal）
（二）定位（positioning）
（三）目標市場（對象）（target）
（四）產品特色與獨特賣點（USP）
（五）行銷通路布局
（六）銷售地區布局
（七）定價策略
（八）上市時間點

六、廣告計畫（advertising plan）
（一）廣告目標（advertising goal）
（二）廣告訴求對象（target audience）
（三）消費者利益點與支持點
（四）廣告呈現格調（tone）與調性、人物、背景、視覺
（五）創意構想與執行

（續前表）

七、媒體計畫（media plan） ㈠媒體目標 ㈡媒體預算 ㈢媒體分配 ㈣媒體實施期間分配 ㈤媒體公關（記者、編輯）
八、促銷活動計畫 ㈠販促活動目標 ㈡販促活動的策略與誘因 ㈢販促活動的執行方案內容 ㈣販促活動時間表
九、事件行銷與直效行銷計畫 ㈠事件行銷（event marketing）計畫重點 ㈡直效行銷（direct marketing）計畫重點
十、工作進度總表
十一、總行銷預算表 ㈠廣告預算 ㈡販促預算 ㈢媒體公關預算 ㈣事件行銷預算 ㈤直效行銷預算 ㈥記者會、發表會預算 ㈦市調預算 ㈧其他預算

　　以上是整個行銷（廣告）企劃案撰寫的綱要項目內容。

　　以下將針對上述相關事項，再做進一步重點闡述說明。

一、本案目的與目標

　　此處要開宗明義宣示出本企劃案撰寫與提報之目的何在？目標又何在？均須很明確加以提出，好讓高階決策者知道本企劃案為何提報，然後他們才能聽完或看完後，給予修正提示並做最後裁示決策。

二、市場規模

市場規模（market size）是很重要的事情，它能讓人判斷是否值得進入此市場，以及應投入多少心力。例如：國內轎車市場一年銷售35萬輛，每輛平均70萬元，全年規模達2,400億元。

再如國內速食麵市場一年約100億、冰品市場20億、廣告市場約600億、百貨公司市場約1,500億、大賣場市場規模1,500億、便利商店連鎖市場約1,500億。私立大專院校市場規模一年50萬人，每年10萬元學雜費，就有500億的市場大餅。

三、廣告表現格調

每一種產品均有不同的定位、區隔市場、購買對象及產品特色等表現格調（tone），因此在廣告方面一定要與這些相符才行。

我們舉一些案例來看：

- 保力達B、維士比、蠻牛等廣告表現較為粗獷。
- BENZ、BMW、LEXUS等高級車的廣告表現較為高雅豪華。
- 多芬、SK-II、鑽石等廣告則為唯美表現。
- 保肝丸：鄉土表現。
- 六福村、劍湖山：玩樂、刺激表現。
- 麥當勞：歡聚、歡笑在一起。
- 百貨公司週年慶：快樂購物的感受。

四、目標市場（區隔市場）對象

每一種品牌、產品或服務，其實均有不同的消費群或是目標區隔市場，單一產品想要吃下所有層次的市場，已是不可能的事了。現在市場已被區隔化得很精緻了。

我們舉一些案例來看：

- CD唱片：以學生族群為主。
- 三立、民視閩南語連續劇：以本土、年紀稍大、學歷中下程度之收

視群為主。

- 新聞頻道：以白領階層、男性為主。
- 麥當勞：以兒童為主。
- 多芬洗髮精：以上班族女性為主。
- SK-II保養品：以較高所得、較高教育程度女性為主。
- 亞培恩美力：以有幼童的家庭主婦為主。
- LV皮件／CD香水：以高所得女性為主。

五、品牌占有率

實務上，前幾大品牌經常會占有六成、七成以上的市場占有率，重要的競爭者也是這幾家公司。

我們舉一些案例如下：

- 人壽保險：國泰人壽、南山人壽及新光人壽為前三大品牌。
- 有線頻道：東森、TVBS、三立及八大為前四大品牌。
- 保養品：SK-II居第一品牌。
- 洗髮精：多芬居第一品牌。
- 速食：麥當勞居第一品牌。
- 便利商店：統一7-ELEVEN、全家及萊爾富為前三大品牌。
- 冰品：義美及杜老爺為前二大品牌。
- 速食麵：統一為第一品牌。
- 百貨公司：新光三越及太平洋SOGO為前二大品牌。
- 信用卡：中國信託信用卡居第一品牌。
- 國產轎車：中華三菱、TOYOTA及裕隆為前三大品牌。
- 進口轎車：BENZ居第一品牌。
- 麵包：山崎麵包（日本）居第一品牌。
- 主機板：華碩主機板居第一品牌。
- 手機：NOKIA及MOTOROLA居前二大品牌。
- 進口米：日本高級越光米。
- 咖啡飲料：金車咖啡飲料。
- 國外銀行：花旗銀行。

第三篇 如何撰寫行銷（業務）企劃案

行銷企劃綱要架構

行銷（業務）企劃案對產品或服務的銷售，具有直接的關鍵影響。前面章節曾提到的經營企劃案，比較著重整個公司、集團或事業總部的策略企劃與營運計畫，它們是比較戰略層次、高層次的、匯總型的及全方位的思考，但企業最重要的還是售出商品或勞務。這對公司來說，就是業績達成或是業績成長，而這有賴於卓越的行銷企劃或業務企劃工作。

因此我們可以定位經營企劃是戰略，而行銷（業務）企劃則是最重要的一項戰術，戰略就像是參謀總長及陸軍總司令功能，戰術則為陸軍各師長的職權及功能。兩個都很重要，是相輔相成的。下面將企業實務上的行銷（業務）企劃分為七種類型：

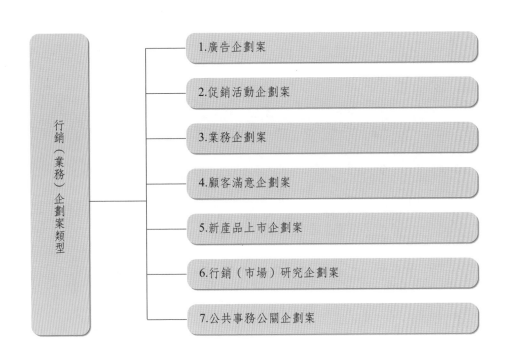

行銷（業務）企劃案類型

1. 廣告企劃案
2. 促銷活動企劃案
3. 業務企劃案
4. 顧客滿意企劃案
5. 新產品上市企劃案
6. 行銷（市場）研究企劃案
7. 公共事務公關企劃案

Chapter 6

如何撰寫「廣告企劃案」

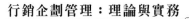

用途說明

廣告企劃案通常是由廣告公司提出，因爲他們最專業，人才也比較多。而他們也是靠此提案與執行，才能獲取廣告主支付15%～16.5%的廣告服務費收入。

一般來說，對於一個廣告公司的提案比稿，大致都是較爲完整內容的。因此，本案的用途，即在獲得比稿成功，順利取得廣告主年度廣告預算。

另外，對公司而言，透過一個完整的廣告企劃提案，也具有檢視本公司在市場環境中行銷力的優點、缺點以及有待突破改善之處。

資料來源

1. 廣告企劃案大致由廣告公司所主撰，公司站在協辦立場，提供充分書面資料（包括公司簡介、產品簡介、過去行銷作爲、市場分析、市場報告、問題點、機會點、行銷策略、廣告目的及目標、預算規模、市場競爭分析……），並且要舉行至少一場以上的會議溝通，以傳達公司的訊息。
2. 另外，廣告公司也會進行自我資料蒐集、焦點座談會（FGI）、簡易型電訪民調等。
3. 然後廣告公司即會針對此次廣告主軸焦點進行創意發想，形成以「篇別」爲命名的CF腳本設計與平面稿設計。

重要理論名詞

- 傳播概念與傳播策略。
- 傳播組合。
- 創意腳本。
- Event活動。
- 網路行銷（on line marketing）。
- 媒體計畫（media plan）。
- 品牌資產（brand equity）。
- 市場分析。
- 品牌網路關係。
- CF、NP、RD（CF：電視廣告片、NP：報紙廣告稿、RD：廣播廣告稿）。
- 產品定位（product positioning）。

個案參考

個案一　某大型啤酒公司年度廣告企劃案

本企劃案係由廣告公司對某啤酒公司所提出的「廣告企劃案」，茲將其全案之綱要架構列示如下，以供參考：

一、整體環境的挑戰

㈠競爭者挑戰面。
㈡WTO開放挑戰面。
㈢消費者變化挑戰面。

㈣政府法令面。

二、啤酒市場未來在哪裡

㈠最近五年啤酒產銷。

㈡各品牌啤酒市場占有率。

㈢啤酒的未來成長空間與潛力。

三、目前本啤酒品牌與消費者的品牌網絡關係

四、本啤酒品牌今年度最關鍵思考主軸與核心

五、經營策略

㈠如何擴大整體啤酒市場。

㈡如何提升本品牌形象。

㈢如何經營年輕人市場。

㈣如何經營通路。

六、傳播目標與策略

㈠短期／長期的傳播目標。

㈡短期／長期的傳播策略。

七、傳播概念

㈠主要／次要訴求對象。

㈡核心訴求重點與口號

　　1.品牌概念。

　　2.產品概念。

　　3.企業理念。

　　4.價值訴求。

八、傳播組合

㈠品牌運作

　　1.廣告（電視、報紙、廣播、電影、雜誌）。

2.通路行銷（中／西餐廳、KTV店、便利商店）。

3.促銷（SP）。

4.事件行銷（event）。

5.網路互動。

㈡公益campaign運作

1.事件行銷。

2.PR記者會。

九、創意策略與表現

㈠主題口號。

㈡核心idea。

㈢創意各篇腳本（電視CF篇、報紙NP篇、廣播RD篇）。

十、通路行銷

㈠KTV活動行銷。

㈡便利商店（CVS）活動行銷。

㈢大賣場活動行銷。

㈣超市活動行銷。

十一、消費者促銷

活動目的、主題、方式、廣告助成物。

十二、事件行銷活動

活動名稱、目的、計畫、內容、助成物。

十三、網路行銷

活動目的、主題、手法、方式、視覺表現。

十四、公益campaign

活動目的、策略、傳播組合。

十五、媒體計畫建議

(一)目前主要品牌媒體廣告已投資分析。

(二)媒體廣告組合計畫。

(三)媒體選擇。

(四)媒體排期策略。

(五)媒體執行策略。

十六、媒體預算分析

(一)五大媒體預算。

(二)通路行銷預算。

(三)事件行銷預算。

(四)公益campaign預算。

(五)互動網路預算。

(六)CF製作費。

(七)廣告效果測試預算。

(八)企劃設計費。

(九)其他費用。

(十)總計金額。

十七、整體時效計畫表

(一)拍片（CF）。

(二)助成物印製。

(三)五大媒體上檔。

(四)通路行銷發動。

(五)SP發動。

(六)事件行銷發動。

(七)Campaign發動。

(八)互助網路發動。

(九)廣告效果測試日。

個案二　某大廣告公司對某大人壽保險公司所提年度廣宣企劃案

一、市場概況

(一)今年度狀況分析。

(二)最近五年的變化

   1.壽險公司的歷年知名度比較。

   2.認識壽險公司的主要傳播媒介。

   3.業務員最受推崇的壽險公司比較。

   4.最佳推薦壽險公司比較。

(三)現況的分析研判。

二、Target分析

(一)未投保但有投保意願的消費者（新保戶）。

(二)已投保且有再投保意願的消費者（再保戶）。

三、競爭品牌分析

(一)商品命名。

(二)廣告活動。

(三)PR活動。

(四)教育訓練。

(五)徵員訴求。

四、問題與機會點

五、課題與解決對策

(一)課題之一：爭取20～30歲年輕階層的好感度

解決對策：

   1.傳播。

   2.商品。

   3.PR。

㈡課題之二：提升專業感

解決對策：

1.徵員。

2.商品。

㈢課題之三：PR資源重整與有效利用

解決對策：

1.傳播。

2.分眾。

3.重點化、主題化。

六、行銷策略

㈠行銷策略之一

策略主軸：因應40週年，帶領壽險產業升級。

㈡行銷策略之二

1.第一階段行銷目標

⑴年度新契約的成長。

⑵企業形象年輕化、專業化。

2.第二階段行銷目標

⑴拓展市場。

⑵確立全方位理財形象。

3.第三階段行銷目標：鞏固All No.1之品牌地位。

㈢行銷策略之三：目標對象——新保單

㈣行銷策略之四

行動概念：活動、積極、全方位的壽險業領導者。

七、傳播策略

㈠傳播目的：企劃形象年輕化、活力化。

㈡主要目標對象：20～30歲都會地區人口。

1.獨立自主型。

2.傳播依賴型。

3.精挑細選型。

㈢廣告主張：保險不再只是保險。

㈣改變認知。

八、創意策略與表現

九、媒體策略

㈠電視執行策略。

㈡報紙執行策略。

㈢雜誌執行策略。

㈣媒體預算分配建議。

十、其他建議

㈠置入性行銷節目合作建議案。

㈡戶外媒體（戶外看板）建議。

㈢網路使用策略。

㈣電影院使用策略。

㈤廣播使用策略。

個案三　某大廣告公司對某大電視購物公司形象廣告提案

一、我們的課題

㈠擴大新用戶。

㈡增加舊用戶再購率。

二、我們做了一些功課

㈠消費者／未消費者質化深入訪談。

㈡研究美國及韓國成功購物頻道特色。

㈢親身感受（看→買→退）。

三、針對課題一：擴大新客戶

(一)我們的發現

   1.雙重障礙。

   2.兩個機會。

(二)創意表現。

四、針對課題二：增加再購率

(一)停滯客戶未再向○○購物之原因。

(二)現有會員的購物行為。

(三)鼓勵再購策略核心。

(四)創意表現。

五、媒體計畫與預算

六、其他行銷傳播建議

(一)公關做法

   1.善用名人代言及推薦。

   2.專題報導，創造話題。

   3.以電視購物為故事的連續劇。

(二)直效行銷做法

   1.型錄發行普及化。

   2.發行人氣商品TOP 10快報。

個案四 **某大廣告公司對客戶廣告預算支用執行效益分析報告案**

一、○○○廣告片（CF）

(一)媒體目標群：30～39歲女性。

(二)檔期：○○月○○日～○○月○○日。

(三)購買方式：檔購。

(四)應有檔次為891檔，播出檔次892檔，檔次達成率100%。

(五)10秒GRP（母評點）為99.22。

㈥換算10秒CPRP（千人成本）值為9,319元。

㈦GRP之prime time（主時段）比為51%。

二、○○○廣告片

㈠媒體目標群：30～39歲女性。

㈡檔期：○○月○○日～○○月○○日。

㈢購買方式：檔購。

㈣應有檔次為1,209檔，播出檔次為1,234檔，檔次達成率100%。

㈤10秒GRP為170。

㈥換算10秒CPRP值為7,280元。

㈦GRP之prime time比率為58%。

三、2017年度上半年廣告預算執行狀況

㈠電視預算：東森、三立、中天、TVBS、八大、年代、緯來、衛視。

㈡廣播預算：飛碟、News 89.3、中廣流行網、臺北之音。

㈢報紙預算：中時、聯合、自由、蘋果。

㈣雜誌預算：時報周刊、美麗佳人、ＶＯＧＵＥ、ＥＬＬＥ、儂儂、BAZAAR。

㈤網站：Yahoo!奇摩。

㈥簡訊：中華電信、台灣大哥大。

個案五　新上市化妝保養品牌廣告提案

一、○○○源自法國，因為○○，臺灣消費者得以享受到平價的高級保養品。

二、目標對象

㈠30～45歲熟齡女性。

㈡大專以上家庭主婦及白領上班族。

㈢家庭月收入10萬元以上。

㈣注重生活品質，關心自我保養。

三、她們為什麼會相信○○○？她們如何面對使用○○○的社會評價？

四、○○○要帶給女人什麼？

五、什麼是下一代保養品的新浪潮？

六、幸福觸感。

七、30歲女人→青春不再的危機→自發性的內在對話→由內而外的美麗。

八、誰能說服她們？誰是她們追隨的典範？

九、歷經歲月的美女，被寵愛、被呵護、被尊重，幸福的女人。

十、○○○上市的兩大系列——深海活妍及草本效能。

十一、深海活妍系列：代言人張艾嘉

深海活妍的幸福觸感——透明光彩。

十二、草本效能系列：代言人鍾楚紅

草本效能的幸福觸感——回復柔潤緊緻。

十三、創意概念，澈底紓壓，喚醒肌膚自我修護能力，回復原有的潤澤緊緻。

Chapter 7

如何撰寫「新產品上市企劃案」

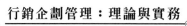

用途說明

本案主要係針對企業年度推出新產品或新服務時之整體評估案及執行規劃案，其目的有三個：

1. 應先了解新產品或新品牌推出之市場與競爭者環境，先做一個深入的資料蒐集、討論分析，然後再做相關決策。當然，在這個過程中，委外做一些市調（或民調）報告，也是值得的。因為，有些創新產品或創新服務，實在難以預估它們有多少市場潛力，以及民眾的接受度如何。
2. 如果初步證明市場真有可行性之後，就可以進行行銷4P活動的設計規劃，以作為未來上市執行遵循。
3. 當然，此種整體行銷企劃案，不是報告一次就完成的。在上市推廣產品的過程，還要面對市場嚴厲競爭的考驗，因此在行銷4P規劃中，還要機動地隨著市場進展而做相應的調整改善。所以，必須隨時提出調整報告才行。

資料來源

對於一個完整新產品或新品牌上市的評估、規劃及執行案，可說是一個複雜的過程，它除了自身各部門的全力配合動員外，在廣告作業方面，還需要仰賴廣告公司的專業能力。一般來說，其過程應該分為二大步驟：第一是新產品（或新品牌）的市場可行性評估、調查及分析，經過這部分的確認之後，才能進入第二步。第二就是進入行銷上市規劃的階段了。

而本案的撰寫資料來源包括幾個方面：

1. 協請外部民調公司幫公司做一個較完整的民調報告，包括電訪方式、街訪方式或是FGI焦點團體座談等。

2. 協請業務部門蒐集產品、通路、市場與競爭者的相關資訊情報,再配合企劃部門所蒐集的資料,整合在一起。

3. 協請廣告公司提供廣告宣傳的創意點,以及整體年度預算的廣告提案。

4. 在產品技術與原物料來源方面,必要時,可能須協請國外知名廠商協助才行。

5. 在上市記者會或產品發表會方面,可以協請公關公司提案委託辦理。

第三節

重要理論名詞

- 產品規劃(product plan)。
- 定價規劃(pricing plan)。
- 廣告宣傳規劃(advertising plan)。
- 公共事務規劃(public relation plan)。
- 通路規劃(channel plan)。
- 業務組織規劃。
- 品牌規劃(brand plan)。
- 產品區隔與定位規劃(product segmentation and positioning plan)。
- 目標族群輪廓分析(target profile analysis)。
- 市場契機與成長潛力。
- 焦點團體座談(FGI或FGD, focus group interview or discussion)。
- 電話訪問(telephone survey)。
- 街頭定點訪問。
- 媒體預算(media budget)。
- 行銷費用預算(marketing expense budget)。
- SWOT分析(strength、weakness、opportunity、threaten)。
- 競爭分析(competition analysis)。

個案參考

 個案一 某大飲料公司推出「新品牌茶飲料」之企劃案

一、國內健康茶飲料市場現況分析

㈠國內茶飲料市場營收規模預估。

㈡市場前五名茶飲料廠商、品牌、銷售量及市場占有率分析。

㈢國內茶飲料受歡迎品牌之茶種、口味、包裝、定價及通路配銷概況。

㈣國內主要茶飲料品牌每年投資廣告額分析。

㈤國內主要茶飲料消費目標族群分析。

㈦未來國內茶飲料流行方向、成長潛力與契機。

㈧日本健康茶飲料市場發展經驗分析。

二、本公司擬推出新品牌健康茶飲料之行銷企劃案

㈠產品企劃

　1.品牌名稱。

　2.包裝設計。

　3.容量設計。

　4.口味與茶種設計。

㈡定價企劃

　1.促銷期定價。

　2.各種不同通路型態定價。

　3.不同包裝容量之定價。

㈢廣告宣傳企劃

　1.廣告宣傳總預算（第一波）。

　2.各媒體配置概況。

　3.預計委託廣告公司對象。

　　4.媒體公關記者安排。

　㈣促銷活動企劃

　　1.第一次SP活動計畫內容。

　　2.第二次SP活動計畫內容。

　㈤通路企劃

　　1.大賣場通路鋪貨對象及數量分配。

　　2.便利商店連鎖公司、超級市場鋪貨對象及數量分配。

　　3.其他經銷商鋪貨對象及數量分配。

　㈥業務目標量企劃

　　1.各通路別全年業務目標量預估。

　　2.各地區別全年業務目標量預估。

　　3.全年度各月別業務目標量預估。

　㈦本新品牌茶飲料之銷售訴求點。

三、本專案組織架構及各工作小組分工事務執掌說明

四、本專案重要事項推動時程表列管

五、本項新產品第一年度之營收成本與損益分析試算

六、結論

個案二　某大型便利超商推出「新產品」之市場可行性評估企劃案

一、推出新產品之緣由與目標

二、對新產品市場可行性評估之計畫做法

　㈠委外市調公司執行全省性電話訪問。

　㈡本公司行銷企劃部門配合各店面進行問卷填答。

　㈢本公司網站配合網路民調問卷填答。

　㈣本公司各店面進行試吃活動，並回報消費者反映結果。

三、評估項目內容

　　㈠了解消費者對口味及菜色的需求性。

　　㈡了解消費者對價格的接受性。

　　㈢了解消費者對熱度與新鮮的需求性。

　　㈣評估各店可能的每日需求量，及全省每日總需求量。

　　㈤評估北、中、南、東四區供貨廠商的供貨數量及供貨時間的配合。

　　㈥評估供貨廠商在不同採購數量下的供貨定價。

　　㈦評估本公司對產品在不同銷售訂購下的獲利情況。

　　㈧推出新產品的適當時間點。

　　㈨此新產品對本公司預期的其他附加效益分析。

四、本案市調進行時程計畫

　　㈠預計展開進行時間。

　　㈡預計完成市調報告時間。

　　㈢預計委外市調公司向本公司簡報時間。

五、本案預估經費預算

　　㈠委外預算。

　　㈡內部自己進行預算。

六、結論

個案三　某大汽車銷售公司推出「新款車上市」行銷企劃案

一、今年度本公司新款車介紹

　　㈠車型特色與功能說明。

　　㈡車型銷售對象說明。

　　㈢定價說明。

　　㈣分期付款說明。

　　㈤其他售後服務說明。

二、全省業務銷售部門工作計畫說明

(一)全省業務人員總動員銷售組織與人力計畫。

(二)全省業務人員新車型教育訓練計畫。

(三)全省各直營店、各經銷商年度銷售量目標計畫。

(四)全省各店面布置翻新計畫。

(五)售後服務計畫。

三、總公司行銷企劃部門工作計畫說明

(一)廣告宣傳計畫說明

1.電視。

2.報紙。

3.雜誌。

4.廣播。

5.戶外廣告。

6.網站。

7.車展會。

8.宣傳品、宣傳物。

(二)媒體公共關係計畫說明

1.電子媒體記者安排。

2.平面媒體記者安排。

(三)新車上市記者會工作計畫說明

1.地點。

2.時間。

3.媒體邀請對象。

4.記者會流程。

5.資料袋。

6.主持人。

(四)事件行銷計畫說明。

(五)總行銷經費預算

1.記者會預算。

2.宣傳品預算。

3.交際費預算。

四、生產製造部門與物流運輸部門配合工作計畫說明

五、整個工作計畫推動時程表

六、結語與裁示

個案四　國內某大便利超商升級版「新國民便當」商品企劃案

一、「國民便當」推出二年來總檢討

㈠全省各地區銷售業績總檢討（銷售量、銷售品項、銷售額）。

㈡供應商（含自己製造廠）供應狀況總檢討（供應量、供應價格、供應品質、供應速度之配合）。

㈢各銷售據點（直營店、加盟店）消費者意見彙整分析檢討。

㈣本公司網站消費者調查意見彙整分析檢討。

㈤委託民調公司專案調查結果報告。

㈥主要四家競爭對手同質性產品的競爭分析與優缺點分析。

㈦社會環境與媒體環境對國民便當之評價與意見總檢討。

㈧問題與商機總評估。

二、「新國民便當」升級版商品開發計畫說明

㈠「新國民便當」產品內容設計構想（含菜色、餐盒、米量與成本）

1.第一案規劃。

2.第二案規劃。

㈡供應商配合計畫說明。

㈢消費者試吃民調計畫說明。

㈣全省○○家加盟店長民調計畫說明。

三、結語與裁示

個案五 國內第一大速食麵公司推出「頂級速食麵」產品企劃案

一、速食麵市場價位區隔分析

　　㈠低價位速食麵市場分析。

　　㈡中價位速食麵市場分析。

　　㈢高價位速食麵市場分析。

二、探索高價位速食麵的問題與商機

　　㈠高價位（高級）速食麵市場的利基與空間評估。

　　㈡通路商意見彙整。

　　㈢消費者市調結果彙整。

　　㈣小結：高價位、高品質速食麵具有開發上市潛力。

三、高級速食麵

　　㈠臺東太麻里臺9線公司：「臺灣牛牛肉麵」售價55元。

　　㈡阿官海鮮牛奶麵：售價35元。

　　㈢包裝袋總logo名稱：「哈燒肉店」系列速食麵。

四、高價位、高品質速食麵產品推出的意見分析

　　㈠開創差異化策略。

　　㈡避開同質性高的產品低價競爭。

　　㈢產品線的完整齊全（從低價→中價→高價位）。

五、合作名店配方使用權利與費用

六、結語與討論

個案六　某大乳酸飲料公司拓展「新產品線」營運企劃案

一、現有主力產品線現況分析

　　㈠本公司「○○○」乳酸飲料躍升國內第一品牌，營收額達7億元。

　　㈡○○○上市三年來之銷售量，及銷售額成長概況。

　　㈢○○○各通路銷售結構比，及各地區銷售結構比分析。

　　㈣○○○的SWOT分析。

　　㈤本品牌已面臨乳酸飲料市場規模的成熟飽和度。

　　㈥小結。

二、明年度擬推出新產品線營運方向說明

　　㈠現有飲料市場規模、競爭分析及空間分析

　　　1.優格（yogurt）飲料類。

　　　2.茶飲料類。

　　　3.咖啡飲料類。

　　　4.碳酸飲料類。

　　　5.果汁飲料類。

　　　6.礦泉水飲料類。

　　　7.運動飲料類。

　　　8.健康食品飲料類。

　　　9.其他飲料類。

　　　10.小結。

　　㈡明年度本公司為完整產品線擬推出下列產品

　　　1.優格飲料之開發與產品上市（第一季）。

　　　2.咖啡飲料之開發與產品上市（第二季）。

　　　3.運動飲料之開發與產品上市（第四季）。

　　　4.代理國外品牌飲料上市（接洽中）。

　　　5.小結。

三、為因應產品線擴充，本公司組織架構、人力的相關調整與擴增說明

　　㈠原「營業部」變革為「產品事業部」組織。

　　㈡業務人力擬增加○○人員。

四、優格飲料產品上市半年內的積極重點策略方向

　　㈠產品研發策略方向。

　　㈡廣告宣傳策略方向。

　　㈢通路布置策略方向。

　　㈣生產作業策略方向。

　　㈤定價策略方向。

　　㈥第一年營業量及營業額目標說明。

五、結論與討論

個案七　某大液晶電視製造廠舉辦「全系列產品發表會」企劃案

一、本公司○○年度全系列產品發表會專案工作小組組織架構及人力分工配置說明

二、預訂舉辦說明時間

　　○○年○○月○○日2：30 p.m.～3：30 p.m.

三、預訂舉辦地點

　　○○大飯店○○廳（200坪）

四、發表會進行流程

　　㈠主持人開場白（30秒）。

　　㈡播放本公司產品研發、製造、品管及銷售流程之公司簡介帶（10分鐘）。

　　㈢總經理致詞（5分鐘）。

　　㈣全國經銷商代表致詞（5分鐘）。

㈤接受媒體記者詢問（10分鐘）。

㈥參觀現場產品展示及說明（10分鐘）。

㈦結束。

五、本次發表會名稱

「○○公司○○年度全系列液晶電視產品發表會」

六、全系列尺寸液晶電視

包括：46吋、37吋、32吋、30吋、26吋、20吋及15吋等七種。

七、擬邀請各界來賓名單

㈠電視媒體記者（計十家，30人）。

㈡報紙媒體記者（計十二家，25人）。

㈢雜誌媒體記者（計二十家，35人）。

㈣廣播媒體記者（計五家，7人）。

㈤網站媒體（計五家，8人）。

㈥全省縣市經銷商（計二十六家，30人）。

㈦投信、投顧、證券公司自營商及其他投資部門（計二十家，40人）。

合計：○○家，○○人。

八、本次發表會預算概估：○○○萬元

㈠現場場地租金費、餐點及設備。

㈡來賓贈品費：每份○○元，總計○○○元。

九、本公司各部門現場參加主管名單

十、本次發表會效益預計說明

十一、結語與恭請指示

Chapter 8

如何撰寫「業務（銷售）企劃案」

用途說明

業務（銷售）企劃是行銷業務部門經常要做的事。尤其面對激烈競爭環境中，業務企劃必須不斷檢討改進、掌握競爭者情報，並且激勵營業作戰全員與提升他們的知識素質。

本案之用途，主要有幾個方面：

- 隨時因應競爭者的大動作，策訂對策並反擊，以確保市場占有率。
- 定期推出業績檢討與強化計畫案。以不斷操兵模式，推進業績預算目標的達成。
- 業務人員的教育與訓練，必須持續進行，透過知識與技能傳輸，提升作戰人力素質。

資料來源

業務企劃案的撰寫，主要以業務部門或是事業總部為主軸，行銷企劃部為輔助，其資料來源有如下幾個：

- 過去以來在業務行銷部門或事業總部已有的資料存檔。
- 協請經銷商、代理商、批發商、大賣場、超市、便利商店等老闆、店長、採購人員或幹部等提供市場、競爭對手與消費者之第一手資訊情報。
- 同業幹部彼此之間，也許也會有一些往來與聚會，也可以電話聯繫，取得必要資訊。
- 媒體記者也許會有較機密的情報。

第三節

重要理論名詞

- 降價因應對策。
- 販促因應對策。
- 激勵獎金辦法。
- 業務人力訓練。
- 行銷4P改善。
- 在地行銷。
- 市場情報。
- 業務策略。

第四節

個案參考

個案一 某競爭品牌「降價行動」之分析評估與對策建議企劃案

本企劃案係某日用品公司因應主要競爭對手在主力產品上，採取大降價措施，企圖爭奪市場占有率之分析企劃案。

一、首要競爭對手降價行動之分析與評估

(一)競爭品牌降價之情況

1. 降價產品系列別。
2. 降價幅度金額。
3. 降價時間長度。
4. 降價的地區別。

(二)競爭品牌降價之目的分析。

(三)競爭品牌降價是否對本公司造成影響程度分析

1.對市占率之影響評估。

2.對通路商之影響評估。

3.對長遠價格之影響評估。

4.對其他次要品牌競爭者之影響評估。

5.對本公司營收及獲利之影響評估。

6.綜合影響評估。

二、面對降價行動，本公司的因應對策建議

(一)價格因應對策建議方案評估

1.跟隨降價方案及優缺點分析。

2.不跟隨降價方案及優缺點分析。

(二)中長期因應策略之建議。

(三)結論。

個案二　某食品飲料公司「業績檢討強化」計畫案

一、去年度業績檢討

(一)去年度實際業績與預算目標比較分析及達成度分析。

(二)去年度實際業績未能達成預算目標之原因檢討

1.整體市場環境原因。

2.競爭品牌強力競爭原因。

3.本公司自身原因。

二、今年度業績強化改善具體對策

(一)業務組織架構與編制調整內容說明

1.組織單位的調整。

2.人力編制的調整。

(二)業務人力加強教育訓練說明

1.產品專業知識教育訓練。

2.銷售技能知識教育訓練。

　　　3.領導才能知識教育訓練。

㈢業績獎金調整修正說明

　　　1.團體獎金調整修正。

　　　2.個人獎金調整修正。

　　　3.年度獎金調整修正。

㈣通路商強化改善說明

　　　1.新增通路商目標數量。

　　　2.既有通路商進貨獎金調整修正。

　　　3.通路商業績檢討、每月分業績會議召開。

　　　4.支援通路商銷售之各項措施。

㈤產品力強化改善內容說明

　　　1.年度新產品項目推出目標數。

　　　2.既有產品包裝、口味、容量之調整改善建議。

　　　3.對品牌經營之建議。

㈥價格力強化改善內容說明：

　　　1.機動配合主要競爭者市場價格之變化而因應。

　　　2.不同包裝容量的不同價位。

　　　3.配合大型零售通路商促銷活動之促銷定價策略。

㈦廣告力（advertising）強化改善內容說明

　　　1.廣告預算依新業績目標而酌予增加。

　　　2.廣告公司重新比稿決定新廣告代理公司。

　　　3.加強廣告效果之評估。

㈧公共關係（PR）強化改善內容說明

　　　舉辦年度公益活動，塑造公益形象。

㈨市場調整與市場研究強化改善內容說明

　　　1.加強蒐集各大零售賣場銷售情況。

　　　2.強化蒐集競爭品牌行銷最新動態。

　　　3.加強國外相關新產品與新功能之資訊情報，以供新產品研發參考。

三、今年度業績目標預算

㈠各事業部別業績目標。

㈡各品牌別業績目標。

㈢各地區別業績目標。

㈣各通路別業績目標。

㈤全公司總業績目標。

四、結論

個案三　某大內衣廠商拓展內衣「專賣連鎖店」業務企劃案

一、目前本公司Easy Shop內衣概念拓展順利情況檢討

目前全國○○家分店，締造○○億元業績檢討分析：

㈠北、中、南區營業與損益檢討。

㈡店內特色與氣氛檢討。

㈢店內產品檢討。

㈣店內人力狀況檢討。

㈤50萬貴賓卡（ES卡）卡友檢討。

二、未來一年Easy Shop內衣概念店「成長」營運計畫

㈠店數目標：擴大至○○家店。

㈡產品計畫：從內衣延伸擴大到泳裝、洋裝、休閒服、縫紉機、包包、高跟鞋等更多元化與多品牌發展。

㈢貴賓卡（ES卡）卡友突破100萬人目標計畫與卡友經營計畫。

㈣人力資源配合計畫。

㈤促銷活動配合計畫。

㈥明年度Easy Shop營收額及獲利目標。

㈦明年度Easy Shop營收額占全公司營收額之比率升高到○○%目標。

三、結論

目前本公司營收額之市占率，占全部100億元內衣市場約20%，預計三年內，提升到30%之目標要求。

四、討論與裁示

個案四 全球第一大彩妝集團○○○○在臺灣「行銷策略」檢討案

一、臺灣地區四大彩妝公司主要品牌與未來市場策略分析

國內彩妝競爭市場				
業者	㈠L'ORÉAL	㈡資生堂（SHISEIDO）	㈢寶僑（P&G）	㈣雅詩蘭黛（ESTÉE LAUDER）
1.國籍	法國	日本	美國	美國
2.主要品牌	Lancôme shu uemura Kiehl's BIOTHERM HR L'ORÉAL Paris Fashion MAYBELLINE VICHY	SHISEIDO CARITA IPSA ZOTOS ZA ettusais AYURA BENEFIQUE FITIT	MAX FACTOR SK-II 歐蕾	ESTÉE LAUDER CLINIQUE ORIGINS BOBBI BROWN MAC TOMMY aramis LAMAR stila
3.未來市場策略	引進新品牌、增加廣告預算。	耕耘主力顧客，將會員提升至60萬人。	耕耘現有品牌。	擴增護膚沙龍據點，提升顧客服務品質。

資料來源：《工商時報》。

二、○○○○集團在臺灣四大通路成長概況（年度1～7月）

　　㈠百貨公司通路：成長10%。

　　㈡開架通路：成長85%。

　　㈢專業美容沙龍：成長25%。

　　㈣醫藥通路：成長20%。

　　㈤整體成長30%。

三、未來重點行銷策略方向

㈠加碼投資廣告：從第十五大廣告主，提升到第三大廣告主（僅次於 P&G寶僑及荷商聯合利華）。

㈡多通路行銷：持續四大通路深耕策略，開架式通路成長尤為迅速。

㈢多品牌產品策略的加速推動

　　1.目前已有十四種自有品牌。

　　2.未來將引進美容營養補給品。

㈣員工人數擴充策略：從目前800人，擴增到1,000人。

四、終極行銷目標

拿下臺灣專櫃彩妝品牌市場第一名。

個案五 國內第一品牌「三合一即溶咖啡」市場競爭分析研究案

一、市場規模分析：前景看好

今年已達20億元，近三年均呈現二位數成長。

二、成長原因分析

㈠受到星巴克、西雅圖、丹堤等咖啡連鎖店普及影響。

㈡喝咖啡已成為一種流行顯學，喝咖啡人口成長快速。

㈢上班族追求便利趨勢。

三、主要競爭者分析

㈠雀巢：第一品牌，市占率達50%。

㈡麥斯威爾品牌。

㈢年節選禮：內裝四盒不同口味以及一個幾米馬克杯組合（定價350元）。

四、結論與建議事項

個案六 國內某大零售流通集團與日本無印良品公司合資公司，發展生活雜貨事業營運計畫案

一、新公司基本架構

(一)登記資本額：3億元

(二)實收資本額：1億元

(三)我方持股

  1.統一超商：41%。

  2.統一企業：10%。

  3.日本無印良品公司：39%。

  4.三菱商社：10%。

(四)總經理人選：由我方選任。

(五)經營團隊：由我方派任，日方公司提供顧問諮詢意見與支援。

(六)公司名稱：臺灣○○○○公司。

(七)正式登記成立日：○○年○○月○○日。

二、新公司營運方向概述

(一)第一家店成立：預計○○○第一季。

(二)目標消費族群：年輕女性為主（20～35歲）。

(三)商品定位：本地與進口比率為○○%vs.○○%，並與現有同業商品結構有新區隔。

(四)與關係企業○○○藥妝連鎖公司具有資源整合效益

  1.商品開發方面。

  2.採購方面。

  3.產品線。

(五)與關係企業○○超商複合購物中心具有資源整合效益。

(六)日方公司未來派人支援服務事項

  1.開店據點選擇。

  2.商品引進與開發。

  3.門市陳列。

4.店頭行銷。

㈦成為本流通集團旗下子公司第三十三家。

三、損益預估表

㈠預計第三年可達損益平衡點。

㈡第四年開始獲利。

㈢未來五年損益表概估。

四、未來現金流量預估表

五、結語與指示

個案七　某大食品廠下年度營運行銷工作重點企劃案

一、引言

本報告緣起與目的。

二、下年度本公司營運行銷兩大主軸領域

㈠正式成立「鮮食部門」擴大營運

1.鮮食產品：積極開發A、B及C等三大類鮮食產品系列，追逐市場商機。

2.鮮食產品供應對象：本公司在臺灣及中國大陸零售據點的需求，以及他公司零售據點。

3.品牌：將以○○自有品牌（private brand）推出。

4.技術：引進日本友好公司技術合作。

5.營收目標：預估前三年營收目標將達○○億、○○億以及○○億元。

㈡加速擴大「生技產品部門」營運

1.目前已開發及上市的生技保健食品項目分析。

2.今年度生技保健產品的營收額及損益額檢討分析。

3.目前及未來生技保健產品的銷售通路狀況檢討分析，及未來強化方

向與計畫。

4.明年度生技保健產品的研發重點、投資額及產品項目。

5.生技保健食品研發人才與組織擴編計畫說明。

6.明年度生技保健產品的廣告宣傳策略。

7.明年度生技事業部的損益預估。

8.明年度本部門與外界學術研發單位的建教合作方向說明。

三、結語與裁示

個案八　某大飲料廠「包裝水」年度營業檢討企劃案

一、去年度包裝水營業總檢討報告

㈠國內包裝水市場營業規模金額變化。

㈡國內包裝水市場主力競爭品牌業績比較分析。

㈢國內包裝水市場低價與高價品牌比較分析。

㈣本部包裝水業務檢討

1.業績實績與預算目標產量之分析。

2.本部四種包裝水品牌銷售分析

⑴麥飯石礦泉水。

⑵H_2O純水。

⑶海洋深層水。

⑷evian（依雲）（國外品牌）。

3.全省地區別與通路別銷售分析。

4.包裝水廣宣年度費用支出與預算比較。

二、今年度高價包裝水（如evian）之行銷策略主軸

㈠主打「健康保健、健康食品」之概念。

㈡提升品牌操作力

1.提出日本藝術大師設計的紅藍限量運動用瓶，可達時尚流行的概念，以及推出水滴紀念瓶，在7-ELEVEN上架，以供evian愛好者

收藏。

2. 與異業結盟合作：evian將與知名化妝品牌、大飯店及LV等精品業者合作。

㈢加強宅配新興通路之推展。

㈣預計花費行銷廣宣費用：○○○○萬元。

三、今年度四種包裝水品牌之業績目標與獲利目標

四、結論與指示

個案九 **國內某新速食麵廠挑戰第一大速食麵廠之「策略行銷企劃願景案」**

一、目前上市一年在臺績效總檢討

㈠第一年營收額及市占率：15億營收及15%～18%市場占有率，已坐三望二。

㈡損益狀況：已達損益平衡，未見虧損。

㈢速食麵市場總體雖成長15%，但這可能是短期虛胖現象，明年起，可能回復正常，市場淘汰賽即將開打。

㈣通路受限狀況：○○便利超商及○○○大賣場仍受競爭對手抵制，未來仍待突破，難度高，須有開關其他新通路之對策。

㈤廣宣面狀況：○○○品牌知名度已確立打響。

㈥產品面狀態：已導入四類產品線。

二、第二年業績挑戰目標

爭奪30%市占率，營收額挑戰30億，坐二望一。

三、第二年策略經營重點

㈠設廠策略

1. 12.5億雲林斗六總廠全新速食麵工廠，已在○○○○年○○月○○日正式完工啓用。

2.此套設備引進日本最新自動化作業，用人量僅600人。

㈡產品線策略：第二年全部產品線即將全面到位，包括各種口味、各種吃法及高、低價位速食麵全部到齊。

㈢通路策略：正評估入股○○便利連鎖商店之洽談。

四、第三年市占率目標

㈠市占率將挑戰40%。

㈡做到臺灣速食麵廠第一大品牌。

五、產品創新改善

㈠以年輕女性為主的杯麵為例：傳統湯頭太油膩，改為鮮湯概念出發，調製出爽口而不油膩的口味。

㈡以臺灣牛肉麵碗麵為例

1.加附酸菜包。

2.道地臺灣牛肉。

3.以最道地的臺北桃源街牛肉麵湯頭為準。

個案十　國內第三大內衣品牌拓展「直營店通路」之營運企劃案

一、本公司目前全臺○○○多家「Easy Shop」內衣專賣店通路狀況檢討

㈠北、中、南、東四地區店數、占比，及營收比較。

㈡目前有獲利與虧損店數的比較分析。

㈢各分店組織人力的檢討。

㈣各分店店址合適性的檢討。

㈤歷年來專賣店數、營收額及損益狀況的變化。

二、複合式概念店的檢討與改進計畫

㈠外觀設計檢討與改進計畫。

㈡內裝設計檢討與改進計畫。

㈢產品線系列檢討與改進計畫

1. 內衣褲。
2. 服飾。
3. 縫紉機。
4. 泳裝。
5. 褲襪。
6. 寢具。
7. 美容保養品。
8. 童裝。
9. 配件。
10. 健康食品。

三、未來店數拓展目標

(一) 今年底：150家。
(二) 明年底：250家。

四、營收額目標

(一)今年：○○億元。
(二)明年：○○億元（成長20％）。

五、四種不同品牌定位與系列檢討

(一)奧黛莉（Audrey）：定位都會女性流行內衣品牌。
(二)芭芭拉（Barbara）：定位法國進口精品內衣品牌。
(三)easybody：定位哈日風的少女流行內衣品牌。
(四)Sincerity：定位走平價路線的大眾化內化品牌。

六、會員卡經營規劃

(一)目前聯名卡：與○○銀行推出Beauty-card聯名卡。
(二)「ES」貴賓卡：發行一年，已達66萬人，會員辦卡、活卡率高，平均有三成卡友，每月會固定在店消費一至二次。

七、事件活動

(一)今年贊助王力宏偶像歌手的個人演唱會，使「Easy Shop」品牌成功貼近年輕女性消費族。

(二)今年電視及平面廣告主角，已改由三個「看起來就像隔壁鄰居」的女孩擔任，不再找影歌星。

八、結語

個案十一　某大藥妝連鎖店未來三年「突破400家門市」營運企劃案

一、過去創立七年營運總檢討

(一)第七年，正式轉虧為盈。

(二)第八年，店數量正式突破200店。

(三)第七年，營收額約○○億元，獲利○○○萬元；第八年，營收額成長至○○億元，獲利至少○○○萬元以上。

(四)店數仍集中在大臺北地區，占80%，中南部據點較競爭對手少。

(五)店面設計檢討。

(六)產品開發面檢討。

(七)現場服務面檢討。

(八)藥劑師專櫃成立市場調查結果分析。

(九)物流配送面檢討。

(十)POS系統與情報分析檢討。

(十一)組織架構與人力素質檢討。

(十二)廣宣與公益活動檢討。

(十三)品牌形象檢討。

二、本公司與首要競爭對手○○○競爭分析、優劣勢比較

(一)營收與獲利績效比較。

(二)成立年間比較。

㈢店數總量及地區別結構。
㈣商品競爭力比較。
㈤地區競爭力比較。
㈥服務競爭力比較。
㈦價位競爭力比較。
㈧店面設計及店面坪數比較。
㈨現場服務比較。
㈩品牌形象與定位比較。
(十一)人力素質比較。
(十二)物流配送效率比較。
(十三)小結。

三、本公司未來三年發展策略目標與計畫重點

㈠店數擴充策略：二年內（○○○年底）總店數，預計加速突破200店。
㈡地區策略：加速拓展中南部店面。
㈢店面改裝設計策略：去除「藥妝便利店」舊形象，從今年起，正式導入「All New○○」（全新的○○○）效率計畫：
1. 店內裝潢改成新形象店、新概念店流行設計，提高消費者視覺享受，預估每店耗費350萬元。
2. 加強及充實服務機制。

㈣提升客單價目標：8%～10%。
㈤總挑戰目標：超越○○○，躍升為國內藥妝連鎖店的「第一品牌」。
㈥三年後損益目標
1. 營收額：○○○○○○萬元。
2. 獲利額：○○○○○萬元。
3. EPS：每股至少2元以上。

㈦未來三年上市目標確定：希望成為母公司繼○○○○之後的金雞母。

四、結語與指示

Chapter 9

如何撰寫「顧客滿意企劃案」

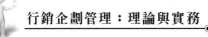
第一節

用途說明

顧客滿意（customer satisfaction, CS）是服務業經營致勝非常重要的經營指標。每個企業應定期檢視顧客或會員對本公司所提供各項產品與服務的滿意程度。

本企劃案的用途或目的，主要有二點：

- 公司目前所提供的各項產品或服務，顧客或會員是否滿意？滿意度是多少？是否不斷在進步中？或是退步中？
- 顧客或會員還需要及希望我們提供哪些產品及服務？他們還有哪些需求與期盼尚未被我們所滿足？發現出來，然後提供出去。

第二節

資料來源

本案的撰寫資料來源，包括：

- 客服部門（call center）的統計數據資料。
- 委外民調公司定期的民調滿意度數據資料。
- 信用卡企劃部門日常所擁有的資料。
- 在第一線的門市店長、加盟店東、區域督導員、基層服務員等日常從消費端所蒐集的資料。
- 定期舉辦顧客或焦點團體座談會（FGI），聽取顧客所表達及反映的意見、抱怨或建議。

第三節

重要理論名詞

- 顧客滿意（customer satisfaction）。
- 焦點團體座談會（FGI）。
- 電話訪問（telephone interview）。
- 電話行銷（T/M）。
- 電腦電話整合系統（computer telecom integration, CTI）。
- 電話語音自動回覆系統（interactive voice response, IVR）。
- 會員經營（member club）。
- 客服中心（call center）。
- 服務品質（service quality）。
- 7P（product、place、pricing、promotion、personal selling、public relation、physical environment）。
- 顧客關係管理（customer relations management, CRM）。
- 感動行銷（emotional marketing）。

第四節

個案參考

個案一 某大型錄購物公司會員「顧客滿意度」及各項「營運狀況了解」之民調企劃內容

一、○○購物型錄閱讀及購買現況

(一)請問您最近二個月有沒有收到○○購物型錄？

(二)請問您最近收到○○購物型錄的日期是該月分幾號？

(三)請問您常不常瀏覽最近兩個月您所收到的○○購物型錄？平均每次花多少時間閱讀？

㈣最近兩個月，請問您有沒有買過○○購物型錄的商品？買過幾次？買的原因？買過哪些商品？

㈤你為何不買○○購物型錄商品？

㈥請問您每次只購買一種商品，還是多種商品？請問為何每次只買一種商品，不買多種商品呢？

㈦請問您收到○○購物型錄後，大約隔了幾天才開始訂購商品？採用哪一種訂購方式？

㈧請問您會不會將○○購物型錄拿給親友或是同事傳閱？

二、○○購物型錄各項評價

㈠您對○○購物型錄「商品種類」滿不滿意？

㈡您覺得○○購物型錄中，對於「商品介紹」滿不滿意？

㈢您對○○購物型錄內容的「商品價格」滿不滿意？

㈣您對這本郵購刊物的「編排設計」滿不滿意？

㈤請問您希望○○購物型錄改進哪些編排設計？

㈥○○購物型錄中，有分為七個館，您最喜歡閱讀哪一館的商品？

㈦您對○○購物型錄「商品訂購方式」滿不滿意？

㈧請問您滿不滿意○○購物型錄有訂購專線？請問最近兩個月內，您有打過下列哪些訂購專線？

㈨請問您滿不滿意專線服務人員的「接話速度」？「服務態度」？「產品解說能力」？

㈩請問，您對最近一期型錄中的「促銷活動」，包括贈品、購物金優惠、滿次送贈品、滿額送贈品、加價購買低價優質商品、抽獎及折價券等活動滿不滿意？哪一項最吸引您購買商品？

(十一)在○○購物型錄後面幾頁「會員專區」，有提供一些優惠券（如一些住宿、商品購買優惠或是電腦學習等），請問您有沒有看過？有沒有使用過？使用過哪些？

三、有關商品、封面人物

㈠您希望○○購物型錄多為您提供哪些商品？

㈡請問您希望由哪一位名人來擔任○○購物型錄的封面人物？

四、外在競爭

(一)除了○○購物型錄外,請問您每月還會收到哪些型錄或郵購刊物?

(二)除了○○購物型錄以外,請問您還買過哪些型錄或是郵購刊物的商品?

(三)請問您買過哪些商品?

(四)請問下列各類型的型錄,您看過哪一些?

「○○購物型錄」、「DHC」、「便利商店型錄」、「銀行信用卡型錄」、「其他型錄」等,在「商品種類」、「商品編排」、「版面編排」及「商品價格」滿意度比較如何?

五、內在競爭問題

(一)請問您有沒有到便利商店拿過購物型錄或是郵購刊物?

(二)請問您拿過哪些購物型錄或是郵購刊物?

(三)請問您知不知道目前○○購物型錄與全家便利商店合作,可以在全家便利商店拿到○○購物DM?

(四)目前○○購物提供五種通路,消費者分別可透過電視一臺、電視二臺、型錄、購物報、網站及廣播買到○○購物商品,請問您曾透過哪幾個通路購買○○購物商品?

(五)請問您透過○○購物臺,而不透過○○購物型錄購買商品的原因是什麼?

(六)請問您透過○○購物報,而不透過○○購物型錄購買商品的原因是什麼?

(七)請問您透過網站,而不透過○○購物型錄購買商品的原因是什麼?

(八)目前○○購物提供的五種通路,請問您比較喜歡透過哪一種方式購買?透過各通路購買的原因是什麼?

(九)請問您覺得哪一個通路的促銷活動比較有吸引力?

(十)請問您對於○○購物型錄還有什麼建議,可以提供給我們做參考?

六、基本資料

(一)請問您今年幾歲?

㈡請問您的婚姻狀況？有沒有12歲以下小孩？

㈢請問您的教育程度？

㈣請問您目前的職業？

㈤全家平均月收入為多少？

㈥有沒有申辦得易卡？

㈦請問您住在哪一個縣市？

個案二 某大健身休閒俱樂部今年度提升「會員顧客滿意度」調查企劃案

一、本案緣起與目的

二、歷次會員顧客民調所反應意見總彙整說明

三、今年度提升會員顧客滿意度具體改善措施計畫

㈠現場服務措施改善計畫

　1.餐飲改善計畫。

　2.設備改善計畫。

　3.空間改善計畫。

　4.訓練老師改善計畫。

　5.音響改善計畫。

　6.動線改善計畫。

　7.燈光改善計畫。

　8.服務人員改善計畫。

㈡總公司客服中心改善計畫

　1.客服人員素質汰換提升計畫。

　2.客服人員專業教育訓練計畫。

　3.客服設備引進CTI計畫。

　4.客服電話線擴增計畫。

　5.客服人員考核計畫。

四、今年度上述改善計畫之支出預算概估

    ㈠硬體設備類支出預算明細。

    ㈡軟體服務類支出預算明細。

    ㈢合計支出預算。

五、改善後預計可產生的效益分析

    ㈠有形效益分析。

    ㈡無形效益分析。

六、恭請裁示

個案三　某大便利連鎖商店今年度提升顧客滿意度之企劃案

一、去年度透過各區督導、顧客、各加盟店東、本公司網路及委外民調結果，所彙整之顧客滿意度狀況分析及顧客曾表達意見分析

二、今年度提升顧客滿意度之方針說明

    ㈠產品面

      1.開發新產品與新服務產品的量與質之提升方針說明。

      2.全新產品結構調整占比之方針說明。

    ㈡現場人員服務面

      1.工讀生人力素質提升方針說明。

      2.工讀生服務態度加強方針說明。

      3.工讀生解決顧客問題能力提升方針說明。

    ㈢設備面：現場置物櫃、照明、影印機、傳真機及其他硬體設備更新方針說明。

    ㈣現場整齊、清潔面：工讀生對商品擺置、商品補貨、地面清潔、店外清潔提升方針說明。

    ㈤主題行銷與促銷活動面

      1.主題行銷強化方針說明。

      2.SP促銷活動回饋方針說明。

(六)公益活動面：年度公益活動方針說明。

三、成立今年「顧客滿意提升10%」專案推動小組組織架構、分工職掌、人力配置與小組預算

四、本案推動預計可產生之效益分析

五、恭請裁示

個案四 國內第一大信用卡銀行中國信託商業銀行，每年度對「道路救援服務」所做的滿意度問卷調查表

一、請問您本次使用道路救援服務是由何處得知申告服務之080專線電話？（可複選）

　　□(1)道路救援服務手冊　　　　□(5)帳單訊息
　　□(2)道路救援服務貼紙　　　　□(6)Home Page
　　□(3)卡園心橋網站　　　　　　□(7)電視或報紙廣告
　　□(4)本行同仁告知　　　　　　□(8)其他

二、請問您對於可享有中國信託提供之「道路救援服務」的每一項服務是否清楚？（請回答每一小題）

	是	否
(1)使用道路救援服務須核對本人、卡號、車號。	□	□
(2)白金卡／金卡，可享50/30公里內免費拖吊（同一縣市則不限里數）。	□	□
(3)白金卡／金卡，可享免費接電啓動、開車門鎖服務。	□	□
(4)白金卡／金卡，可享免費送油加水服務。	□	□
(5)白金卡／金卡，可享免費更換備胎、充氣服務。	□	□
(6)白金卡／金卡，卡友無需負擔免費拖吊里程內之過路費與過橋費。	□	□

(7)卡片有效期限內，不限次數免費服務，但同一天同一
　　案件除外。　　　　　　　　　　　　　　　　　　　　□　□

(8)拖吊超過免費里程，每公里加收40元。　　　　　　　　□　□

(9)如需支付救援費用，可刷卡付費。　　　　　　　　　　□　□

三、請問您最近使用「道路救援服務」的哪些項目？

□(1)拖吊（公里數）　　　　　□(2)送燃料油
□(3)加水　　　　　　　　　　□(4)開車門鎖
□(5)更換備胎、充氣　　　　　□(6)接電啓動
□(7)特殊狀況處理

四、請您就本次使用道路救援的經驗，對道路救援「管制中心」的服務
　　內容做一綜合評價。

㈠管制中心0800-×××-×××專線電話的撥通難易度
　□(1)非常滿意　　　□(2)滿意　　　　□(3)沒意見
　□(4)不滿意　　　　□(5)非常不滿意

㈡管制中心人員的權益說明
　□(1)非常滿意　　　□(2)滿意　　　　□(3)沒意見
　□(4)不滿意　　　　□(5)非常不滿意

㈢管制中心人員的服務態度
　□(1)非常滿意　　　□(2)滿意　　　　□(3)沒意見
　□(4)不滿意　　　　□(5)非常不滿意

㈣管制中心派員到達的速度
　□(1)非常滿意　　　□(2)滿意　　　　□(3)沒意見
　□(4)不滿意　　　　□(5)非常不滿意

㈤若對上述問題有不滿意的地方，請告訴我們原因。

五、請問您本次使用道路救援服務的時間，拖吊車約過多久到達現場？

□(1)30分鐘內　　　　　　　　□(2)30至60分鐘
□(3)1至2小時　　　　　　　　□(4)2小時以上
□(5)自行處理取消服務　　　　□(6)未抵達現場

六、請問您對於本行所提供之免費飲料是否覺得貼心？

　　　□(1)是　　　　　　□(2)否　　　　　　□(3)未收到

七、請您就本次使用道路救援的經驗，對「現場服務人員」的服務品質做一綜合評價。

　　㈠處理問題的方式
　　　　□(1)非常滿意　　　□(2)滿意　　　　　□(3)沒意見
　　　　□(4)不滿意　　　　□(5)非常不滿意
　　㈡處理問題的服務態度
　　　　□(1)非常滿意　　　□(2)滿意　　　　　□(3)沒意見
　　　　□(4)不滿意　　　　□(5)非常不滿意
　　㈢若對上述問題有不滿意的地方，請告訴我們原因。

八、整體而言，您對於本次使用中國信託提供之「道路救援」服務過程，是否感到滿意？

　　　　□(1)非常滿意　　　□(2)滿意　　　　　□(3)沒意見
　　　　□(4)不滿意　　　　□(5)非常不滿意

九、請問，以下何者為影響您對「道路救援服務」整體滿意度的最重要項目？（單選）

　　　　□(1)0800-×××-×××專線電話撥通難易度
　　　　□(2)管制中心人員的權益說明
　　　　□(3)管制中心人員的服務態度
　　　　□(4)管制中心人員的派員到達速度
　　　　□(5)現場服務人員處理問題的方式
　　　　□(6)現場服務人員處理問題的服務態度
　　　　□(7)其他，請簡述。

十、您的心聲我們不願忽略，請針對此次使用道路救援的服務過程，說出您的問題或建議，讓我們能為您提供更貼心的服務！

十一、您的基本資料

　　姓名：

　　車號：

　　身分證字號：

　　電話：（日）　　　　　　　　　　　　　（夜）

㈠如果您滿意我們的服務，請將我們推薦給您的親朋好友，歡迎來電0800-×××-×××，我們需要您的推薦，謝謝！

㈡謝謝您在百忙之中提供我們寶貴的意見，請於填妥問卷後直接釘好寄回即可。

㈢提醒您，如換購新車，歡迎利用語音登錄車籍資料0800-×××-×××，按1再按*9變更您的車籍資料，以確保您的權益。

Chapter 10

如何撰寫

「市場（行銷）研究企劃案」

第一節

用途說明

1. 市場（行銷）研究（marketing research）是行銷營運活動精緻化與探索本質因素的一種重要過程。尤其在競爭很激烈的此刻，誰能做好行銷研究情報，誰就較能夠事半功倍地達成行銷目標。
2. 行銷情報研究的構面，應該有十個方面：
   (1)消費者（或會員）行為面的研究。
   (2)通路面的研究。
   (3)產品面的研究。
   (4)價格面的研究。
   (5)促銷面的研究。
   (6)服務面的研究。
   (7)實體店面的研究。
   (8)面對服務人員面的研究。
   (9)網站行銷面的研究。
   (10)廣告效益面的研究。

第二節

資料來源

本案的資料來源，大致有以下幾個：
1. 消費者（或會員）所反映出來的意見、看法、抱怨或讚美。
2. 通路業者（包括批發、經銷與零售型態業者）的意見與需求。
3. 實體店面第一線從業人員的意見。
4. 網站上顧客或會員e-mail過來的意見。
5. 電話訪問所得到的意見。
6. 本公司各部門（業務部、產品開發部、客服部、資訊部等）的日常

資料。

企劃單位彙整上述六種資料來源，即可形成好的行銷研究企劃報告。

第三節

重要理論名詞

1.行銷研究（marketing research）。

2.行銷（市場）情報系統（marketing information system）。

3.FGI。

4.競爭因應對策。

5.質化調查（qualitative survey）。

6.量化調查（quantitative survey）。

7.原始資料（primary data）。

8.次級資料（secondary data）。

9.現場主義（localization）。

10.顧客資料探勘（data mining）。

第四節

個案參考

個案一 某大日用品公司舉行消費者「焦點團體座談」（FGI）企劃案

一、舉行焦點團體座談（focus group interview, FGI）之目的說明

了解消費者對本公司新推出洗髮精品牌之各種質化建議、意見。

二、舉行FGI內容規劃

　㈠舉行日期。

　㈡舉行地點（本公司大會議室）。

　㈢舉行場次（二場）。

　㈣舉行出席人數（每場10人）。

　㈤出席人員對象

　　1.女性。

　　2.年齡層（30歲～50歲）。

　　3.職業別（上班族、家庭主婦各半）。

　　4.學歷（大專以上學歷）。

　㈥會議時間預估：3小時內。

　㈦會議主持人（本公司行銷企劃協理）。

　㈧會議記錄（行銷企劃部）。

三、FGI所想獲得的消費者意見內容

　　消費者對本公司新推出洗髮精品牌之各項看法：

　㈠對品牌命名的挑選（10個選3個）。

　㈡對產品定價的挑選（5個選1個）。

　㈢對廣告代言明星的挑選（10個選3個）。

　㈣對包裝型式的挑選（5個選2個）。

　㈤對功能特色強調重點的挑選（5個選2個）。

　㈥對促銷上市贈品的選擇（10個選2個）。

　㈦對促銷方式內容吸引力的選擇（5種選1種）。

　㈧對通路據點的建議。

　㈨對宣傳活動的建議。

　㈩其他相關新產品上市之建議。

四、本次經費預算概估

　㈠20人次出席費用。

　㈡餐飲費用。

㈢贈品費用。

五、結論與建議

個案二　某大型日用品公司實施「訪談各通路商」，對本公司整體行銷活動之建言企劃報告案

一、引言——本案背景與目的

二、面對主力競爭對手強力推出「○○」洗髮精品牌之影響評估

㈠○○洗髮精躍居第一品牌之威脅。

㈡○○洗髮精行銷5P分析（產品、定價、通路、推廣、公共關係）。

㈢○○洗髮精業績分析。

三、本公司品牌經理訪談全省通路商之結論報告

㈠全省北、中、南區主要經銷商，對本公司洗髮精品牌的5P革新建議。

㈡全省四大賣場採購人員，對本公司行銷5P革新建議，包括：

　1. 家樂福。

　2. 大潤發。

　3. Costco。

　4. TESCO。

㈢全省五大超市採購人員，對本公司行銷5P革新建議。

四、總結與建議

㈠產品革新面。

㈡通路革新面。

㈢定價革新面。

㈣推廣革新面。

㈤公共關係革新面。

㈥後勤配套作業革新面。

個案三 開架式保養品第四季市場調查結果簡報企劃案

一、本案調查方法及時間說明

二、本案調查結果說明

　　㈠保養品四種通路

　　　1.專櫃。

　　　2.開架。

　　　3.直銷。

　　　4.沙龍。

　　㈡第四季整體保養品營業額達70億，其中開架式占35億，市占率達50%，不斷成長。

　　㈢四大品牌市占率排名

　　　1.旁氏（POND'S）：占11%。

　　　2.歐蕾（OLAY）：占6%。

　　　3.露得清（Neutrogena）：占7%。

　　　4.萊雅（L'ORÉAL）：占4%。

　　㈣ 產品市占率排名。

　　㈤女性消費者認為最有效的美白產品依序為：

　　　1.精華液。

　　　2.美白面膜。

　　　3.美白乳液。

　　㈥女性消費者花在保養品的金額

　　　1.滋潤用品：一年約3,500元。

　　　2.面膜：一年約1,460元。

　　　3.化妝品：一年約1,350元。

三、結論

個案四 某公司化妝品「廣告效果」電訪調查企劃案

一、廣告接觸率分析

(一)最近一個月內有沒有在電視上看過臉部美白方面商品的廣告？看過哪些品牌臉部美白方面商品的廣告？

(二)最近有沒有在電視上看過鍾楚紅代言的保養品廣告？鍾楚紅是代言什麼品牌的保養品？

(三)最近有沒有在電視上看過「○○○水漾嫩白系列」保養品的廣告？

(四)請簡單敘述一下所記得「○○○水漾嫩白系列」的廣告內容？

(五)提示後，請問您有沒有印象看過這支廣告？

(六)覺得這支廣告想要表達怎樣的訊息？

二、○○○廣告效果分析

(一)喜不喜歡這支電視廣告？喜歡這支電視廣告的哪些地方？不喜歡這支電視廣告的哪些地方？

(二)會不會再看一次這支廣告？會想再看一次這支廣告的原因？不會想再看一次這支廣告的原因？

(三)會不會想去購買「○○○水漾嫩白系列」商品？會購買的原因？不會購買的原因？

(四)有沒有聽過○○○這個品牌的保養品？

(五)知不知道○○○這個品牌產品在哪裡購買？追問句：在哪裡？

三、代言人調查分析

(一)喜不喜歡鍾楚紅？喜歡的原因？不喜歡的原因？

(二)鍾楚紅適不適合代言美白系列的相關商品？適合的原因？不適合的原因？

(三)還有誰也適合代言美白方面保養品的廣告？

(四)誰適合代言彩妝方面的商品？

(五)職場上，女性漸漸嶄露頭角，現代女性兼顧工作與家庭，誰是現代媽媽的代表？

個案五 某化妝品客戶「使用滿意度」調查企劃案

一、研究計畫與方法

二、問卷內容規劃

三、樣本結構分析

四、問卷內容

(一)客戶化妝品購買行為分析。

(二)購買○○○化妝品原因分析。

(三)○○○化妝品使用效果分析。

(四)對包裝與贈品滿意度分析。

(五)○○○品牌形象分析。

(六)整體滿意度分析。

(七)再購意願分析。

(八)希望○○○化妝品提供哪些服務。

(九)不再購買○○○原因分析。

五、結論與建議

(一)廣告建議。

(二)商品建議。

(三)通路建議。

(四)其他建議。

個案六 某大化妝保養品公司「開架式化妝品」之市場變化企劃案

一、開架式化妝保養品市場環境之有利變化分析

(一)開架式產品市場總值已占總化妝保養品市場規模的四分之一，年產值達150億元，比率不斷提高。

(二)今年第一季整體化妝保養品市場（含開架、專櫃、沙龍、直銷），比去年同期營業額成長僅8%，但開架營業額成長達42%。

㈢開架式化妝保養品成長，而專櫃化妝保養品卻萎縮。

㈣開架式化妝保養產品的三大品類：

    1.肌膚保養類。

    2.彩妝類。

    3.染髮類。

㈤開架式化妝保養品成長原因

    1.經濟不景氣，消費者荷包緊縮。

    2.不必到百貨公司專櫃，也可以享受到同樣品質，但價格較便宜之產品。

    3.開架式的品牌也算是有名的品牌。

    4.女性消費者水準提升，自主選購意願提高。

    5.廣大學生族群也提早使用化妝保養品，愛美年齡層不斷下降。

二、目前開架式化妝保養品競爭者分析

㈠A級競爭者分析（品牌、價位、產品系列、產品特色等）。

㈡B級競爭者分析。

㈢C級競爭者分析。

三、本公司未來發展及營運策略

㈠產品線策略。

㈡通路更普及策略。

㈢廣告宣傳策略。

㈣價位策略。

㈤促銷策略。

㈥現場POP策略。

㈦品牌策略。

㈧網站美容顧問策略。

㈨目標族群區隔策略。

四、結論與討論

個案七 國內某大電視購物委外市場調查公司，進行「購物會員與一般消費者購物習慣與生活型態」調查企劃案

本市場調查區分為四大類內容，如下：

一、生活作息調查（未來分析方向）

㈠目標消費群的生活作息特徵描述。

㈡平日與假日的生活作息差異比較。

㈢本公司客戶群與一般民眾的生活作息差異比較。

㈣不同基本構面與群別之生活作息描述與比較。

二、電視／報紙／雜誌媒體收視行為（未來分析方向）

㈠目標消費群的媒體收視特徵描述。

㈡平日與假日的媒體收視差異比較。

㈢本公司客戶群與一般民眾的收視行為差異比較。

㈣不同基本構面與群別之收視行為描述與比較。

三、電視／網購／郵購行為（未來分析方向）

㈠目標消費群之電視／網購／郵購的購買滲透率比較。

㈡目標消費群之電視／網購／郵購的購買行為描述。

㈢電視／網購／郵購消費群的輪廓描述。

㈣對本公司購物臺的接觸率與收視情形分析。

㈤對本公司購物臺期望的銷售品項與未滿足需求。

㈥不同基本構面與群別對電視／網購／郵購之消費行為差異比較

四、生活型態

㈠目標消費群之生活型態群別描述。

㈡本公司客戶群與一般民眾的生活型態群比較。

㈢不同生活型態消費群對媒體收視情形比較。

㈣不同生活型態消費群對電視／網購／郵購的行為比較。

㈤不同生活型態消費群描述及人口統計變項的描述。

Chapter *11*

如何撰寫「SP促銷活動企劃案」

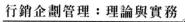

用途說明

- 促銷活動（SP）是在行銷實戰中，最常被廣泛運用到的。主要是當產品與價格日趨同質性，而大環境又面臨不景氣時，要刺激消費者從口袋中掏出鈔票，就只有透過各式各樣的促銷活動了。
- 本案首重「促進銷售」，而且是成功地、大大地促進銷售為首要目的。
- 當然除了促進銷售以外，有時候還能帶動「公司知名度」的上升，擴大「非會員顧客」的增加，以及加強「既有會員的忠誠度」等多元目的達成。另外，有時候也會有「出清存貨」或「現金流入」的考量目的。

資料來源

- 企劃案主要由行銷企劃部門或販促部門撰寫。
- 但是一個大型的SP活動，也必然要有其他部門的搭配才行，包括商品部、客服部、現場據點店面、財務部、物流部門以及業務部門等，各部門均有他們必要性的功能支援。
- 此外，協力廠商、贈品廠商、信用卡銀行、廣告代理公司、公關公司、電視媒體、平面媒體等支援亦屬必要。

重要理論名詞

- 販促、促銷（sales promotion）。

- 成本效益分析（cost effect analysis）。
- 主題行銷（topic marketing）。
- 會員行銷（member marketing）。
- 促銷活動成本（SP cost）。
- 促銷吸引力（SP attractive）。

第四節

個案參考

個案一 某百貨公司「週年慶促銷活動」企劃案

一、去年度週年慶促銷活動案績效檢討與回顧

㈠去年度週年慶SP活動內容。
㈡去年度週年慶投入成本與效益分析。
㈢去年度週年慶SP活動之優點與待改善之處。

二、今年度週年慶各競爭對手可能的活動內容分析比較

㈠主要競爭對手的SP活動內容。
㈡次要競爭對手的SP活動內容。

三、當前消費者對行銷活動的認知與需求分析

四、本公司今年度週年慶SP活動的計畫內容

㈠活動時間。
㈡全省連鎖分店同步活動。
㈢促銷優惠價格訂定
　1.各館別。
　2.各樓層。
　3.各線商品。
　4.特價區。

㈣抽贈獎活動方式、贈品內容及贈品成本概估。

㈤宣傳預算概估與宣傳重點。

㈥預估效益

    1.來客數預估。

    2.營收額預估。

㈦各部門分工組織及應辦作業表。

五、週年慶SP活動後一週內提出各部門工作總檢討

㈠活動績效總檢討。

㈡各部門工作總檢討。

個案二 某廣告公司為○○銀行信用卡公司「SP活動」提案

一、市場概況與○○銀行信用卡分析

㈠臺灣地區信用卡市場流通概況。

㈡面臨市場變化。

㈢一般信用卡品牌經營戰略分析。

㈣信用卡卡友消費觀。

㈤各族群（年齡別）信用卡品牌的選擇特色。

㈥信用卡品牌使用情形。

㈦面臨消費意識變化。

㈧呆卡者的期望落差原因討論。

㈨我們的目標。

㈩施策方向。

㈡過去○○銀行信用卡SP活動執行檢討。

二、SP活動策略

㈠進攻主要目標（campaign main target）。

㈡SP競爭策略分析——常用活動方式及內容。

㈢今年1～6月主要競爭品牌SP活動概要彙整分析。

㈣銀行刺激用卡策略。

㈤銀行信用卡SP活動策略。

㈥信用卡SP活動策略。

三、SP活動建議

㈠○○銀行SP活動行銷規劃。

㈡○○銀行SP活動贈品預算分配

　　1.回饋部分。

　　2.媒體預算分配。

㈢SP活動建議A案（第一重、第二重、第三重）。

㈣SP活動建議B案（第一喜、第二喜、第三喜）。

四、SP傳播策略

㈠傳播策略。

㈡大眾傳媒。

㈢直效行銷建議

　　1.目的。

　　2.活動對象。

　　3.活動內容。

五、SP活動備案

㈠備案一。

㈡備案二。

六、競爭品牌分析及媒體建議

㈠信用卡類廣告量分析。

㈡主要競爭品牌分析。

㈢媒體建議。

㈣媒體排期。

㈤預算分配。

個案三　某大電視購物公司某月分「促銷企劃案」一覽表

一、專案名稱：○○○○○○

二、全月活動業績目標：○○○○○萬元

三、新客戶開發全月促銷計畫案

　　個案：歡樂迎新百元送（活動時間、活動目的、活動目標、活動內容、活動預算、節目呈現）。

四、短天期活動

　　案一：媽媽時時樂。
　　案二：來電500，服務加倍。
　　案三：寵愛媽媽。
　　案四：100萬的感謝。
　　案五：520年中慶特賣會。
　　案六：涼夏購物節。

五、總預算編列（媒體費、宣傳物、贈品、折價金）

個案四　某大便利超商推出「第二件五折大促銷」活動企劃案

一、本月主題促銷活動內容設計

　　㈠計畫名稱：第二件五折大促銷。
　　㈡第二件商品的類別範圍（限低溫飲料）。
　　㈢執行期間：○月○日～○月○日。
　　㈣執行地區：全省各店面。

二、預計業績的帶動效益

　　㈠單店業績帶動目標。
　　㈡執行期間總業績增加目標。

三、廣告宣傳費用預計：○○○萬元

四、供應廠商供貨與物流中心出貨配合要求重點

五、店頭宣傳品製作物設計

六、其他幕僚單位配合措施

七、結語與裁示

個案五　某大量販店推出年度「促銷活動月」企劃案

一、本年度「促銷活動月」內容要點描述

㈠主題名稱：○○○瘋了。

㈡活動時間：○○年○○月○○日起，到○○年○○月○○日止，計
三十五天強打。

㈢促銷品項總數：達3,000項。

㈣促銷波段：每隔七天為一波段，計有五個波段。

㈤每一天：有一項超低價限量促銷商品。

㈥促銷價格吸引力

1.民生日用品平均低於市價40%～50%。

2.生鮮食品祭出五折促銷。

㈦賣場特區規劃五區

1.3C產品。

2.汽車配件。

3.肉品。

4.白米。

5.服飾。

二、本年度促銷活動月廣告宣傳摘述

㈠印製超過400萬份報紙型DM宣傳單。

㈡總行銷費用投入1億元。

㈢電視廣告集中在五家電視公司頻道。

㈣邀集全省二十九家分店店長舉行誓師大會。

㈤組織三十五輛宣傳小卡車，在各分店商圈遊行。

三、預計達成三十五天的總營業額目標：○○億元

四、本活動相關單位及店面的配合事項與注意要點說明

五、結語

個案六　國內第二大量販店促銷月活動企劃

一、促銷期間：○○年○○月○○日～○○月○○日，計二十八天

二、促銷月slogan「天天超低價，打破最低價」

三、促銷活動內容：6,000萬豪禮「六重」驚爆連環送

第一重：千萬抽獎，全民大票選。

第二重：聯名卡友當日刷卡達2,000元以上，即送100元購物抵用券乙張，最多可送600元。

第三重：聯名卡友獨享多款商品三期0%利率。

第四重：全國加油站汽油九折。

第五重：紅利點數大分紅，滿20點送20點。

第六重：商店街全面八折起。

四、促銷月活動投入行銷費用：○○○○萬元

㈠贈品費用：○○○○萬元。

㈡抽獎品費用：○○○○萬元。

㈢廣告宣傳費用：○○○○萬元。

㈣抵用券費用：○○○○萬元。

㈤免息費用：○○○○萬元。

五、促銷月預計達成總業績目標：○○○○○○萬元

六、全省二十五家大型店同步執行

七、結語

個案七 **國內某大百貨公司週年慶SP促銷活動案**

一、週年慶時間：○○月○○日～○○月○○日

二、優惠活動說明

　　㈠全館同慶八折起，超市九折起。

　　㈡化妝保養品「超值回饋」

　　　1.兌換地點：B1香水之泉。

　　　2.活動地點：忠孝本館一樓化妝品區及B1香水之泉。

　　　3.注意事項

　　　　⑴贈品以現場實物為準，贈品不含拍照道具。

　　　　⑵已兌換贈品之金額恕無法再累計兌換。

　　　　⑶若贈品已送完，將以等值商品代替。

　　　　　單日單櫃購物消費累積滿8,800元，或單日全區購物消費累積滿12,000元，即贈送「摩登精巧三件組」壹組（購物車+購物袋+購物包）。

　　　　　單日單櫃購物消費累積滿30,000元，或單日全區購物消費累積滿50,000元，即贈送「全功能圓形蒸鍋」壹只。

百貨公司	週年慶日期	促銷重點
1.新光三越信義店	即日起至11/16日	全館八折起，化妝品買2,000送200元，特惠二折起。
2.紐約紐約購物中心	即日起至11/17	全館名品七折起，內衣滿2,000送300、10萬元禮券抽獎。
3.ATT綜合百貨	即日起至11/30	國際品牌八折起，全館消費滿3,000送1,200美食餐廳抵用券，再送「娃娃機夾名品」。
4.新竹風城購物中心	即日起至11/12	百貨服務八折起，化妝品九折再加滿額送，內睡衣全面八折起。

（續前表）

百貨公司	週年慶日期	促銷重點
5.臺中中友百貨	即日起至11/05	流行女裝七五折起，化妝品九折，內睡衣八折起，時尚轎車抽獎。
6.全臺SOGO百貨	11/06至11/23（忠孝店至11/17）	服飾八折起，特惠組三九折起，16.4克拉的百萬鑽石抽獎贈品。
7.中興百貨復興店	11/10至12/02	服飾七折起，不限金額零利率分期。
8.高雄漢神百貨	2004/01/04～01/18	服飾六折起，精品七折起，規劃買千送百，四波卡友來店禮。

資料來源：《蘋果日報》財經版。

㈢限日限量化妝品暢銷商品

　　1.GUERLAIN（巴黎；嬌蘭品牌）。

　　　眼部護膚精華組

　　　眼部護膚精華15ml（正貨）＋（藍色袋子壹只）

　　　原價2,300元，限量1,000瓶

　　2.CLINIQUE（倩碧品牌）。

　　　發燒超值組

　　　皙顏淨白隔離霜SPF25 30ml（正貨）＋水磁場保濕膠30ml＋銀采夜間活化修護霜7ml＋特效潤膚露15ml＋眼唇卸妝液30ml＋倩碧唇膏4g＋化妝包壹只

　　　價值3,500元，限量1,000組，發燒價1,200元。

㈣歡樂滿載，雙重大贈送

　　1.活動地點：12樓活動會館。

　　2.第1重

　　　• 購物滿額選好禮：凡活動期間於臺北店忠孝本館，憑同一日購物滿額發票核算金額滿5,000元（含）以上，即可兌換各等級贈品（3選1），還可參加第二重摸彩活動。

　　　• 閃亮贈獎活動：活動期間於忠孝本館，同一日購物滿10萬、30萬、50萬元，閃亮好禮（2選1），還可填寫摸彩券，參加第二重摸彩活動（閃亮等級恕不能再重複兌換前五等級之贈品，購物滿10萬元可兌換閃亮摸彩券1張，滿30萬元可兌換3張，滿50萬元可

兌換5張）。

※注意事項：

　⑴忠孝本館和敦化新館消費發票恕無法合併計算。

　⑵購買禮券之金額恕不列入計算。

　⑶各項贈品數量有限，若其中一項贈品已兌換完畢，則以其他等值贈品替代。

　⑷發票金額恕無法跨店累積計算及兌換滿額贈品。

　⑸各等級贈品之外型、尺寸及顏色以現場實物爲準，不含拍攝道具。

3. 第二重驚喜大摸彩

請詳細填寫摸彩券上個人資料，依第一重贈獎等級投入同色摸彩箱，即可參加該等級抽獎。有機會獲得驚喜特別獎 —— 頂級百萬美鑽及多項豐富大獎！

4. 抽獎時間：○○月○○日（六）3:00p.m.。

5. 抽獎地點：1樓圓形廣場。

6. 查詢網站：http://www.×××.×××.×××。

7. 注意事項：

　⑴各等級贈品及摸彩獎項之外型、顏色以實品爲主。

　⑵獎品價值超過13,333元（含）以上者，依法代扣15%機會中獎所得稅（外籍人士不限，中獎金額一律代扣20%）。

　⑶敦化新館消費發票，恕無法與忠孝本館合併計算兌換贈品及參加抽獎。

　⑷購買禮券金額，恕不列入計算，獎品不得兌換現金或其他贈品。

8. 贈品恕不得轉換現金或其他商品。

㈤刷卡有禮，歡樂滿載

1. 國泰銀行

　⑴○○○○聯名卡歡欣雙週年，滿額好禮雙重送。

　⑵兌換期間：○○月○○日～○○月○○日共六天。

　⑶兌換地點：忠孝本館12樓、敦化新館5樓贈獎處。

　⑷刷卡滿額雙重送（可跨等級兌換）。

　　• 活動期間持國泰銀行信用卡於全館刷卡當日累積滿3,000元，即

可憑信用卡及同卡號簽單兌換「花彩雅致餐盤組」壹組。

- 活動期間持國泰銀行信用卡於全館刷卡當日累積滿10,000元，即可憑信用卡及同卡號簽單兌換「Hush Puppies英倫典藏收納盒」壹組。

狂飆X-Trail滿額抽○○月○○日～○○月○○日。

活動期間持國泰銀行信用卡刷卡單筆滿500元，即可參加「NISSAN X-Trail 2.0高級休旅車」抽獎。

※國泰銀行將於2003/12/10以電腦隨機抽出，並以專函通知得獎者，車子樣式及顏色以實物為準。

2.花旗銀行

⑴兌換期間：○○月○○日～○○月○○日共五天。

⑵兌換地點：忠孝本館12樓、敦化新館5樓贈獎處。

⑶刷卡滿額送：活動期間持花旗銀行信用卡於全館刷卡消費，即可憑信用卡及同卡號簽單兌換各等級贈品。

㈥早安來店禮

1.時間：當天11:00a.m.～11:15a.m.（15分鐘限時贈送，每人限領一份，贈品以現場實物為準）。

2.地點：1樓東大門。

贈禮品：Miffy化妝包或Miffy萬用束口袋。

㈦六期免息分期付款

1.週年慶期間凡持國泰世華銀行信用卡（含○○○○聯名卡）、遠東銀行信用卡、中國信託信用卡，單筆刷卡金額超過6,000元（含）以上，即可辦理六期免息分期付款。

2.忠孝本館B1F小吃街、B2F超市、11F美食公園除外。

3.敦化新館B2F精緻美食、超市除外。

三、本次週年慶廣告宣傳預算及說明

㈠廣告宣傳預算明細說明。

㈡電視及平面媒體公關報導搭配說明。

四、本次週年慶十一天活動期間預計營收額目標分析

    ㈠達○○○○○○萬元。

    ㈡較去年週年慶成長20%。

五、相關部門配合要求說明

六、結語

Chapter 12

如何撰寫「公共事務宣傳企劃案」

用途說明

公共關係（public relations, PR）已受到大家的重視。尤其是集團企業、大公司、跨國企業等，均設有公共事務部（室），或對外關係部門等。期以專責專人方式，做好對媒體、消費者、政府部門之良好公共關係。本案之用途在：

- 提供一個完整的年度公共關係企劃，以合理的預算投入，建立各種領域人員對本公司或本集團之良好印象與口碑。避免被消費大眾誤認為為富不仁，或造成財大氣粗的不好財團形象。
- 良好的公共事務，就間接功能而言，還可以對公司長遠營運發展，帶來良性效果。

資料來源

- 本案主辦部門大致以公司的公共關係部門、行銷企劃部門及會員經營處為主要撰寫單位。
- 若有委外公關公司辦理，則該公司也會提出整個年度的PR計畫案。
- 另外在公司的管理部門等，也要提供支援。

重要理論名詞

- 公共關係（PR）。

- 新聞稿（news letter）。
- 記者專訪答覆稿。
- 公益活動（welfare activity）。
- 企業公民形象（corporate citizen）。
- 電視媒體（TV media）。
- 報紙媒體（NP media）。
- 廣播媒體（RD media）。
- 雜誌媒體（MG media）。
- 網站媒體（web site media）。
- 手機行動媒體（mobile media）。
- 國際媒體（international media）。

第四節

個案參考

個案一　公共關係（PR）企劃案

本案係某大型銀行信用卡部門年度「公共關係（PR）企劃案」報告。

一、去年度公共關係活動檢討報告

(一)去年度投入的公共關係活動項目檢討。
(二)去年度投入成本與效益分析。

二、今年度公共關係活動計畫報告

(一)與平面媒體記者公共關係之計畫內容。
(二)與電子媒體記者公共關係之計畫內容。
(三)與政府相關部門公共關係之計畫內容。
(四)與消費者團體公共關係之計畫內容。
(五)與社會大眾公共關係之計畫內容。

（六）與公益團體公共關係之計畫內容。

（七）與內部員工公共關係之計畫內容。

（八）與卡友公共關係之計畫內容。

（九）與委外業務行銷公司之公共關係計畫內容。

三、今年度公共關係總預算分項預算與分季預算

四、今年度公共關係活動之預計達成總目標與成本效益說明

 國內某大電視購物公司在專業「財經平面雜誌」廣宣作業系列主題規劃案

月分	主題	內容規劃
2003/3	1.總篇：虛擬通路旋風席捲全臺四合一無店鋪新事業時代。	• 新通路風潮興起。 • 蓋洛普滿意度調查各通路比較資料。
2003/4	2.○○電視購物會員經營──以客為尊。	• 簡介會員成長情形、○○購物如何經營會員關係。
2003/5	3.○○媒體集團資源整合效益展現──帶動得易購飛躍成長。	• ○○資源整合（系統臺支援、節目平臺整合、韓國技術引進、銀行資源）。
2003/6	4.○○購物──傾聽消費者聲音。	• CRM技術、建置與運用。
2003/7	5.先進資訊科技運用（IT）──800萬會員啟示錄。	• CTI、CRM技術建置，門檻與其突破做法。
2003/8	6.創新潮流與創新經營──媒體與商品結合新事業成功模式探索。	• 以廠商角度切入，看廠商如何運用電視購物通路進行傳播、教育訓練與產品測試。
2003/9	7.開創國內金融消費新契機──分期免息付款效益實踐。	• 金流與分期免息付款效益、金流業者保密機制。
2003/10	8.○○購物──宅配到家，物流技術先進。	• 探討物流作業面、如何執行、瓶頸與突破。
2003/11	9.○○購物「嚴選」探祕。	• 商品挑選作業、節目製播程序。
2003/12	10.○○購物──自營品牌成功模式。	• 討論De Mon成功經驗。
2004/1	11.臺灣型錄市場逆勢上揚──○○型錄奪第一。	• 由國外型錄市場作切入點，討論國內型錄市場發展。

（續前表）

月分	主題	內容規劃
2004/2	12.ET MALL網路市場春天曙光露出。	• B2C網路平臺建置與維繫／ETMall.com。
2004/3	13.○○媒體集團營收750億成長（20億美元營收）遠景。	• ○○媒體集團成長經營、營收成長與未來遠景。

個案三　會員活動（會員珠寶銷售展示會）企劃案

一、活動名稱

二、活動時間

三、活動地點（○○大飯店宴會廳）

四、活動目標（目的）

五、活動目標對象

　㈠對象1。
　㈡對象2。
　㈢對象3。

六、活動進行企劃重點

　㈠商品規劃。
　㈡展場規劃。
　㈢活動規劃。
　㈣宣傳策略。

七、活動流程（時間表）

　㈠展場（展售／珠寶秀）。
　㈡拍賣會場。

八、活動主軸

㈠珠寶精品銷售。

㈡珠寶秀。

㈢拍賣會。

㈣娛樂表演。

㈤雞尾酒招待會。

㈥迎賓好禮促銷。

九、主題及氣氛陳列

十、宣傳

㈠電子媒體。

㈡平面媒體。

㈢手機簡訊。

十一、本活動預算支出合計（包括平面製作物、場地租金、贈品、活動、陳列、燈光音響工程及其他）

十二、本公司內部各部門工作分配表

十三、預定工作時程進度表

個案四　某大公司邀宴「各大平面及電子媒體總編輯及高級主管聯誼」企劃案

一、本案目的說明

二、聯誼時間：○○年○○月○○日～○○月○○日

三、聯誼地點：桃園○○別館

四、主題：休閒旅遊二天一夜活動

五、聯誼對象：各大媒體總編輯暨其家人

六、名單

(一)○○電視臺：計3人（略）。

(二)○○電視臺：計2人（略）。

(三)○○電視臺：計3人（略）。

(四)○○大報：計3人（略）。

(五)○○大報：計3人（略）。

(六)○○財經雜誌：計2人（略）。

(七)○○財經商業雜誌：計3人（略）。

(八)○○廣播電臺：計2人（略）。

　　合計：21人

七、本公司出席人員：各部門主管計15人

八、聯誼預算概估：○○○萬元

(一)住宿費（夜）：○○萬元。

(二)餐費（晚餐）：○○萬元。

(三)禮品費：○○萬元。

(四)交通費：○○萬元。

(五)高爾夫球費：○○萬元。

　　合計：○○○萬元

九、結語與請示

個案五 某大公司邀請媒體記者「出國參訪」日本合作對象公司之隨同參訪行程企劃案

一、本案緣起與目的

二、參訪日期：○○年○○月○○日至○○月○○日，計四天三夜行程

三、隨同參訪邀請記者對象名單

　　㈠電子媒體記者（含文字記者及攝影記者）：計二家電視臺，4名人員。

　　㈡報紙財經產業版記者：計六家報紙，12名人員。

　　㈢財經雜誌記者：計三家雜誌，6名人員。

　　合計十一家媒體公司及22名人員，隨本公司參訪團出訪。

四、在日本東京及橫濱四天三夜詳細行程表（略）

五、本公司出訪人員：計10人（略）

六、本案預算概況：○○○萬元

　　㈠機票來回（臺北◀━▶日本）：○○○萬元

　　㈡住宿：○○萬元

　　㈢餐費：○○萬元

　　㈣交通費：○○萬元

　　㈤禮品費：○○萬元

　　㈥其他雜費：○○萬元

七、相關參訪日本公司基本背景資料準備

八、專案預計達成的公關與宣傳效益分析說明

九、結語與裁示

第四篇

行銷企劃報告實例參考篇

Chapter 13

實例參考

第一節

動畫遊戲產品之行銷企劃與行銷傳播

《魔獸世界》遊戲簡介

- 《魔獸世界》（World of Warcraft，簡稱WoW或魔獸），是著名的遊戲公司暴風雪公司（Blizzard Entertainment）所製作的一款大型多人線上角色扮演遊戲（MMORPG）。

- 本遊戲是除《魔獸爭霸》資料片以及被取消的《魔族王子：魔獸爭霸》（Warcraft Adventures: Lord of the Clans）之外，魔獸爭霸系列的第四款遊戲。從暴風雪公司於1994年出品的即時戰略遊戲《魔獸爭霸》（Warcraft）開始，魔獸爭霸系列的故事劇情皆設定在此一世界背景之下。《魔獸世界》的時間是設定在該公司前一個產品《魔獸爭霸III —— 寒冰霸權》之四年後，地點則是在艾澤拉斯大陸。《魔獸世界》的產品是為慶祝魔獸爭霸系列的十週年紀念。

- 在2003年《魔獸爭霸III —— 寒冰霸權》之後，暴風雪公司正式宣布了《魔獸世界》的開發計畫（之前已經祕密開發了數年之久）。《魔獸世界》於2004年年中在北美公開測試，2004年11月開始在美國、紐西蘭、加拿大、澳洲與墨西哥發行；發行的第一天就受到廣大玩家熱烈支持，幾乎擠爆伺服器。2005年初韓國和歐洲伺服器相繼進行公測並發行，反應同樣熱烈。中國大陸伺服器於2005年6月正式收費營運。新加坡伺服器於2005年7月正式營運。臺灣、香港和澳門的繁體中文伺服器於2005年11月正式收費營運。南非伺服器則於2006年8月正式營運。

- 遊戲中分成聯盟與部落兩個陣營，這兩個陣營在《魔獸世界》中處於不斷衝突的狀態。

- 《魔獸世界》有十個可以選擇的種族：矮人、地精、人類、夜精靈、德萊尼、血精靈、獸人、牛頭人、食人妖和不死族。每個種族都有各自的種族特性以及可以選擇的職業，這些種族特性和職業幫助他們來完成遊戲世界中的任務及目標。

- 每個角色可以從九個不同的職業中選擇，包含德魯伊、獵人、法師、聖騎士、牧師、戰士、術士、薩滿以及盜賊。在每個角色的一生中，都將可以學到一千種以上的法術和技能。角色的職業決定他們所能學習的法術或技能。

- 這兩個種族是在2007年4月改版時增加的。

- 想要鍛造一把鋒利致命的長劍嗎？如何調配一瓶具有魔力的藥劑呢？或者想要親手裁剪出合身的衣物嗎？在《魔獸世界》中，這些能力都是專業技能的一部分，以學徒的身分不斷學習並完善某些專業技能，可以讓你的人物在這個世界的動態經濟系統中，扮演一個非常重要的角色。

第二節

《魔獸世界》360度市場行銷策略企劃

一、《魔獸世界》市場行銷策略

表13-1

	封閉測試時期	開放測試時期	開站+3個月	開站+6個月	開站+12個月
行銷項目	在電視線上遊戲節目中預告 在報紙上宣布 網站活動 遊戲網站活動 雜誌廣告 戶外廣告	記者會 電視廣告 名人代言促銷 報紙宣告 網站活動 遊戲網站活動 雜誌廣告 特別活動 共同促銷	電視廣告 戶外活動 報紙宣告 網站活動 遊戲網站活動 雜誌廣告 特別活動 共同促銷	報紙宣告 網站活動 遊戲網站活動 雜誌廣告 特別活動 共同促銷	報紙宣告 網站活動 遊戲網站活動 雜誌廣告 特別活動 共同促銷
（預計普及族群比率）					

（續前表）

	封閉測試時期	開放測試時期	開站+3個月	開站+6個月	開站+12個月
80%	90%	94%	97%	99%	暴風雪其他遊戲的玩家
80%	90%	94%	97%	99%	其他線上遊戲玩家
70%	90%	94%	97%	99%	其他未接觸線上遊戲族群
0%	25%	35%	55%	65%	

二、《魔獸世界》上市行銷預算表

表13-2

	封閉測試時期		開放測試時期		開始收費	
	花費（NTD）	百分比	花費（NTD）	百分比	花費（NTD）	百分比
文宣	○○○	0.22%	○○○	2.37%	○○○	5.38%
網路行銷	○○○	0.16%	○○○	0.16%	○○○	3.23%
電視廣告	○○○	1.61%	○○○	5.38%	○○○	10.75%
廣播電臺	○○○	0.16%	○○○	0.38%	○○○	4.30%
戶外看板	○○○	1.08%	○○○	5.38%	○○○	8.60%
促銷活動	○○○	0.16%	○○○	1.24%	○○○	5.38%
異業合作	○○○	2.15%	○○○	6.45%	○○○	8.60%
媒體見面會	○○○	1.08%	○○○	1.08%	○○○	5.38%
商品展覽會	○○○	1.61%	○○○	3.76%	○○○	6.45%
其他行銷活動	○○○	1.08%	○○○	1.08%	○○○	5.38%
預計總額	8,650,000	9.31%	25,350,000	27.28%	59,000,000	63.45%

*資料時間為：○○○年7月～○○○年12月。

三、《魔獸世界》電視廣告影片

㈠魔獸廣告——開戰篇

在《魔獸世界》上市前先以廣告炒熱，提高玩家期待度。

(二)魔獸廣告──紀錄篇

以《魔獸世界》紀錄打廣告，吸引還在觀望的遊戲玩家加入。

(三)魔獸廣告──燃燒的遠征

以《魔獸世界》知名角色──伊利丹，吸引更多的遊戲玩家加入。

*影片爲美方製作、臺灣剪接，製作費一支約爲○○○萬美元，剪接則每支約須耗費○○○萬臺幣。

四、360度行銷策略

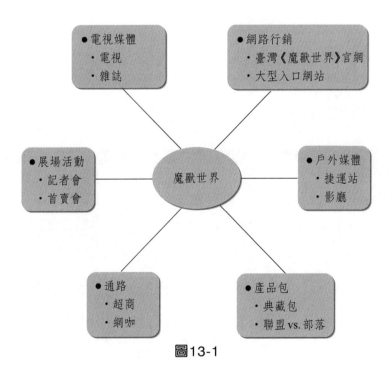

圖13-1

雜誌　　　電視廣告

公車

戶外　　　廣告行銷

報紙

圖13-2

五、《魔獸世界》上市網咖布置廣宣

圖13-3

六、戶外廣宣

公車站牌廣告

圖13-4

七、大型異業合作

與宏碁、華碩及英特爾品牌結盟,推出魔獸專用機,打品牌廣告。

7-ELEVEN 一同推出魔獸icash 卡,互相增加品牌及遊戲知名度。

品牌行銷

異業結盟

《魔獸世界》
上市行銷
活動

玩家忠誠度

製造話題

多力多滋的異業合作,包裝使用《魔獸世界》的圖案,內含《魔獸世界》的試玩帳號以及贈品。

魔獸專車活動行銷
將大客車改裝成為魔獸試玩公車,開進校園針對學生主要族群做試玩行銷。

圖13-5

八、《魔獸世界》與異業合作之行銷大事紀

表13-3

合作夥伴	合作項目
2005	
1.出版社（EZplay、壹週刊、遠見、天下、商周、遠流等）	WoW社群、WoW線上活動、造勢活動報導
2.運動新聞報紙（全國主要媒體）	WoW報導
3.麥當勞、漢堡王、多力多滋	記者會、WoW套餐、WoW包裝
2006	
1.可口可樂	記者會、WoW特別包裝瓶、罐（銷售量上升50%）
2.7-ELEVEN	記者會、WoW icash卡
3.行動電話製造商——摩托羅拉	WoW電話
4.電腦製造商——宏碁、華碩	記者會、WoW紀念機種
5.英特爾，顯示卡製造商	記者會、WoW試玩巴士；WoW組隊比賽（於京華城決賽），WoW全面行銷。
6.全國各網咖連鎖店	WoW專區、試玩區、WoW小天使
2007	
1.統一企業	純喫茶包裝、滿漢大餐速食麵系列、電視、平面廣告
2.今日影城	全面WoW曝光（影片、立牌、紀念品等），置入性行銷
3.信用卡發卡銀行	WoW聯名卡
4.歌手&電視節目	置入性行銷

《魔獸世界》營運資料分析

一、遊戲資料分析

表13-4

項目	數目	項目	數目
1.魔獸會員人數（累計） （註冊成為魔獸會員）	○○○	玩家每日平均上線時數	○○○
2.有效會員數（累計） （會員中實際儲值的人數）	○○○	平均每日儲值人數	○○○
3.體驗帳號數量 （參與過7天／30小時體驗活動的人數）	○○○	每日單一帳號登入總人數	○○○
4.最高上線人數（同時上線）	○○○	主要玩家性別 （男女百分比分別為85%＆15%）	○○○
5.伺服器數量 （每個伺服器可承受5,000人同時上線）	○○○	主要玩家年齡族群	○○○

*根據2005/10/18至2007/2/19統計的資料。

二、異業合作：與可口可樂合作案

1.使可樂品牌年輕化
2.增加可樂銷售量
3.使可樂銷售量達到當季最高

目標顧客群：
13～19 歲青少年族群（主要）
20～29 歲年輕族群（次要）

| 與 Blizzard 研發的世界頂尖線上遊戲《魔獸世界》合作，使品牌形象年輕化。 | 透過主要訊息傳達，加強與青少年族群的連結。 | 透過促銷活動刺激銷售量。 | 獨特設計的通路文宣，以吸引各通路消費者的目光焦點。 |

—品牌形象結合的電視廣告。
—可口可樂官網。
—魔獸世界官網。
—瓶身外包裝設計使用魔獸肖像。

—創新媒體混合使用（電視／網路／活動／平面）。
—獨家獎項。
—筆記型電腦（虛擬寵物）。
—瓶身包裝。
—其他促銷。

—開蓋得獎。
—魔獸肖像系列包裝設計。

—通路文宣點：網咖、主題樂園、量販店、超市、軍公教、零售店、超商通路。
—WoW周邊。

圖13-6

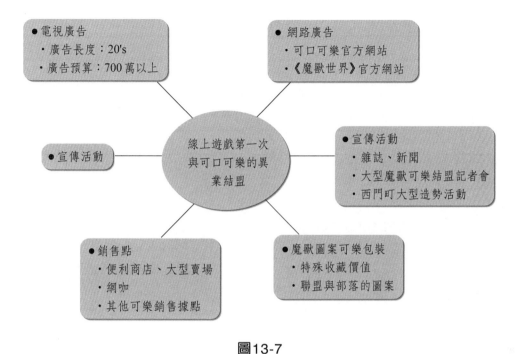

圖13-7

三、合作大綱

1. 活動方式

- 開蓋得獎：獎項（筆記型電腦、虛擬寵物、14天60小時體驗啟動帳號及再來一罐）獎項直接印在瓶蓋內。
- 通路：所有販售可樂的通路，包含超商、超市、量販店、軍公教、網咖等通路點，搭配WoW贈品做通路促銷。

2. 品項

- 參與品牌&產品

表13-5

	可樂	健怡	雪碧	芬達橘子口味	芬達蘋果口味
600ml	V	V	V	V	V
2L	V	V	V	V	V
1.25L	V				
10 oz.	V				

說明：瓶身有不同魔獸的人物圖案

❑活動商品數量
❑總數量：魔獸肖像及活動訊息，獎項瓶身數量27,353,986瓶
❑獎項

100臺聯想筆記型電腦	8,888個魔獸虛擬寵物──魚人寶寶	1,000,000份 60小時魔獸體驗啟動帳號	1,000,000瓶 再來一罐

圖13-8

四、活動計畫

● 重要訊息
· 開金蓋，得大獎
· 免費《魔獸世界》點數
· 獨家虛擬寵物
· 聯想筆記型電腦
· 可樂、雪碧再來一罐

圖13-9

● 瓶身訊息
· 大獎
· 開蓋得獎
· 獎項訊息
· 促銷截止時間
· 活動客服專線
· 活動網頁

● 瓶蓋獎項訊息
· 聯想N100筆記型電腦一臺
· 《魔獸世界》魚人寶寶虛擬寵物一隻
· 《魔獸世界》60小時體驗啟動帳號
· 免費雪碧600ml寶特瓶一瓶
· 免費可口可樂355ml易開罐一罐
· 謝謝再試試好手氣

圖13-10

五、活動計畫分析

●重點元素
- 《魔獸世界》與可口可樂本身的品牌形象──《魔獸世界》特色及可口可樂商標的呈現。
- 可口可樂金瓶蓋──開金蓋，獎獎好！
- 豐富大獎──以精確的文字及高解析度的圖像呈現。
- 加強品牌印象，並且加入更多可以讓人覺得 WoW 的元素以及備案的細節。
- 設計重點（開放性的議題）：魔獸特色的使用。

圖13-11

●設計策略
- 創造《魔獸世界》的情節，進一步加強非玩家對魔獸的了解。
- 與《魔獸世界》的劇情連結，完成可樂罐上付予你的任務以贏得幸運籤。

●誘因
- 2 臺聯想筆記型電腦
- 100 本《魔獸世界》地圖集
- 3,000 份《魔獸世界》體驗帳號
- 300 箱 355ml 可口可樂

●網路廣宣
- 雅虎奇摩首頁 banner
- 與年輕族群的部落格網站結合
- 智冠科技首頁廣宣
- 會員電子報／BBS

圖13-12

六、異業合作：魔獸晶像獎活動

　　《魔獸世界》與NVIDIA、ASUS舉辦晶像獎活動。

　　活動內容：參加者於活動期間以《魔獸世界》為主題，分別進行影片、圖片、Flash、Cosplay作品投稿，希望促進玩家與玩家或公會間的交

流，並使用活動投稿作品吸引潛在玩家。

推廣方式：活動官網、軟硬體雜誌、網站banner、戶外看板等。

◎活動至結束前10天投稿件數為個位數。

失敗原因：

- 活動宣傳不夠廣泛讓所有魔獸遊戲玩家知道。
- 報名門檻太高，影片製作難度太高。
- 報名時間太短，許多想參加的玩家來不及報名。
- 報名e-mail常有傳不上檔案的問題。

七、晶像獎活動執行檢討修正

經過多次緊急召開會議，修正活動內容。

網頁部分：

- 加強主功能banner不夠明顯部分。
- 更換mail server，以改善網路頻寬過小以至於部分玩家無法上傳影片。

活動規劃部分：

- 取消影片格式限制，製作範例影片給玩家發想。
- 以電話人工方式幫忙報名，解決玩家抱怨作品繳交方式繁雜。
- 活動時間拉長，增加團體獎部分。
- 遊戲內公告以及跟各公會會長宣導此活動。
- 主動詢問玩家參加此活動之意願。

修正活動內容後：

- 影片收件數：58件。
- 平面收件數：182件。
- Flash收件數：8件。
- Cosplay收件數：9件。

八、異業合作：萬獸派對

㈠theLOOP公司簡介

　　theLOOP團隊是一支推動全臺灣電子音樂、嘻哈音樂、派對文化，並將臺灣推至國際舞臺的策劃及執行製作組織。

　　舉凡2001年傳奇舞場2nd Floor的營運、2003年墾丁春天吶喊Spring Love音樂季、臺北頂級派對LUXY的籌劃經營、2004年與Heineken合作舉辦的「海尼根Thirst電音派對」、世貿二館的Winter Love 2004、2005冬季戀曲聖誕派對，以及近年來爲Corona、Coors Light、JTI、Jack Daniel、Bacardi等廠商策劃舉辦的全省活動，都由theLOOP團隊全程獨立策劃完成。有了這些成功經驗的加持，theLOOP團隊已經儼然成爲國內最獨一無二的活動籌劃組織。

㈡活動說明

　　活動時間：2007年10月27日（六）8：00 p.m.～3：00 a.m.。
　　活動地點：世貿二館（臺北市松廉路3號）。
　　演出內容：萬人變裝主題派對。
　　　　　　　全球十大DJ德國藝人ATB與舞臺藝術團體。
　　演出票價：預售票1,000元（9月底前）。
　　　　　　　活動前1,200元。
　　　　　　　活動當天1,500元。
　　預計人數：10,000人。
　　於活動區塊處發送《魔獸世界》新手光碟片和DM
　　【DM文案】

　　●──一起著魔──●

　　現在加入就能免費玩《魔獸世界》，還有機會獲得星光幫代言的機車，以及LUXY VIP 10名（半年免費）、LUXY入場券兩千張喔！心動就快點加入全球900萬會員的線上遊戲吧！

　　　　　　　　　　　　　　輸入關鍵字　魔獸世界　搜尋b

㈢活動特色

2006年萬獸派對，是國內首度的萬人主題變裝派對；2007年除了規模更浩大外，勢必將吸引更多來賓與媒體的青睞。這是為了喜愛派對與音樂，積極吸收資訊和成長的年輕消費族群所設計的音樂活動。

2006年萬獸派對，theLOOP Production首創大型萬聖節舞聚，近萬人精心變身裝扮，DJ Sasha與Plump DJ's擔綱演出，狂野放蕩震撼了世貿二館。

2007年萬獸派對二度降臨，再度帶來從未看過的群魔妖姬與精彩節目，邀請世界百大DJ排行第九名ATB、電音國歌「As The Rush Comes」女主唱JES首度登臺。

㈣活動目標

回饋老玩家與拉新手至官網申請體驗帳號為本活動目標，透過「開學好禮大方送」的誘因進而儲值。另外提供50張入場票券（市價1,500元）、3,000張LUXY門票（市價600元）等，作為回饋老玩家、拉新手，一起同樂萬聖節。

《魔獸世界》遊戲內同樣有「萬鬼節」變裝活動，搭配本活動以萬聖節變裝為主軸十分吻合。適逢《魔獸世界》二週年慶，藉此作為嘉年華暖身派對，讓尚未加入《魔獸世界》的新朋友透過「萬獸派對」感受《魔獸世界》擁有全球900萬會員的魅力。

由於萬聖節變裝活動於亞洲地區日漸風行，各界媒體在此節日皆以專題作為報導，透過活動增加媒體曝光率，提前為《魔獸世界》嘉年華活動宣傳，讓更多新朋友們一起著魔。同時以「開學好禮大方送」加碼送機車為誘因，吸引更多新朋友加入。

本活動採收費入場，預計一萬人次。而主辦單位網羅各地喜好音樂視覺效果的朋友們參加活動，且這個族群願意在娛樂方面消費，而《魔獸世界》為目前少數付費制度的線上遊戲。透過活動攤位的設置，讓新朋友爭相目睹壯觀的《魔獸世界》聲光效果。

九、動畫遊戲產品之行銷企劃與行銷傳播

活動資源

theLOOP 總支出〇〇〇元。

1. 網路方面

(1) 萬獸派對入場券50張，市價75,000元。

　　LUXY VIP（半年免費）10名，市價500,000元；LUXY一日免費入場券3,000張，市價1,800,000元。

(2) LUXY、萬獸派對官網、《NEWSLETTER》提供《魔獸世界》活動LOGO露出、訊息曝光、連結等。

(3) 簡訊系統發布活動消息。

2. 實體方面

(1) 活動攤位（10×20公尺），180,000元。

(2) 於入場處同步發送《魔獸世界》新手產品包、序號等周邊商品。

(3) 製作物或輸出可於會場擺放。

　　智凡迪總支出〇〇〇〇元（不含硬體），待確定。

3. 網路方面

贈票活動頁面製作、banner、公告訊息。

4. 實體方面

(1) Showgirl穿著Cosplay服飾。

(2) 活動攤位布置，輸出、製作物等實體展示。

(3)《魔獸世界》周邊商品、開卡99點或是新手產品包＋點數。

(4) 刺青螢光貼紙、Buff印章。

十、現場活動內容

10/27萬獸派對場地布置說明

1. 售票大廳

置放充氣獸人，工作人員發送《魔獸世界》螢光刺青紋身貼紙、Buff印章（以部落／聯盟圖騰作為設計，可置放《魔獸世界》logo）。

2. 舞池

Cosplay以最誇張勁爆的服飾／飾品，讓《魔獸世界》成為焦點。透過與現場民眾一起尬舞同歡的方式，吸引媒體報導。

3. 活動攤位──10×20公尺

4. 舞臺──Dancer熱力跳動魔獸舞

正中央為電視牆，影片開頭以登入時的畫面，再以煙霧加上綠光輔助，增添視覺效果，接著播放《魔獸世界》舞蹈歌曲。

5. 舞臺前方──吧檯

以《魔獸世界》旅館的吧檯作為設計，讓民眾進入之後可以一邊觀賞魔獸、一邊享用飲品，休息就能享受經驗值加倍，讓現場民眾流連忘返，同時置放數臺液晶電視播放動畫影片，使其感受《魔獸世界》視覺效果的魅力。

6. 場地中央──遊戲區

Showgirl與現場民眾同歡──骰子比大小遊戲，優勝者可獲得《魔獸世界》周邊商品、LUXY票券。

7. 場地左右──貼心休息區

左右增設椅子、液晶電視提供民眾觀賞《魔獸世界》場景、舞蹈表演、動畫、活動等。

8. 正門口── 黑暗之門

　　搶在民眾從隧道出來的第一時間，就能被眼露綠光的兩大門神和口吐乾冰的龍頭吸引，進而走入《魔獸世界》，讓民眾感覺置身於遊戲中。

十一、網路活動內容

網路贈票活動

1. 活動名稱

　　⑴萬獸派對──萬人變裝舞會。

　　⑵給糖就搗蛋彩研會。

2. 活動時間

　　○○○年10月19日至10月23日。

3. 活動說明

　　⑴活動期間，《魔獸世界》會員可經由官方網站，進入會員專屬之活動頁面。

　　　（須登入會員帳號，可確保《魔獸世界》會員獨享）。

　　⑵儲值月季卡會員即有機會獲得LUXY VIP（1人1張）共計10名；LUXY一日免費入場券（1人2張）共計1,500名。

　　⑶活動結束後公布得獎者，並統一郵寄。

4. 活動文案標示「當日變裝為魔獸世界主題者可獲得贈品」，請玩家至魔獸世界專區由專人拍攝照片並上傳至官網。

十二、萬獸派對——《魔獸世界》場地布置圖

魔獸世界專區入口

全場示意圖

（正門）乾冰沿著門從上往下，以瀑布的型態流動。同時以投影燈打在門中，以漩渦的方式呈現，像遊戲登入頁面。

（舞臺）中間投影布幕與兩側液晶螢幕播放《魔獸世界》各個種族舞蹈，舞臺上有dancer表演魔獸舞和遊戲活動。

（吧檯）參與遊戲活動勝利者，可免費暢飲一瓶飲品。

十三、行銷企劃部組織圖

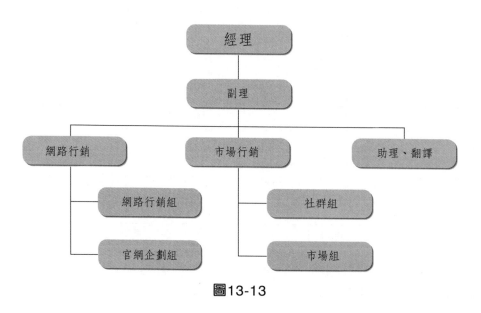

圖13-13

十四、行銷企劃工作內容

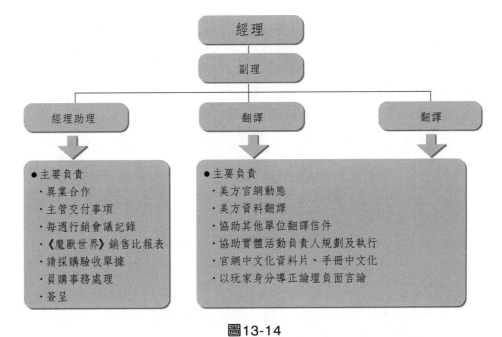

圖13-14

十五、網路行銷——工作內容分布表

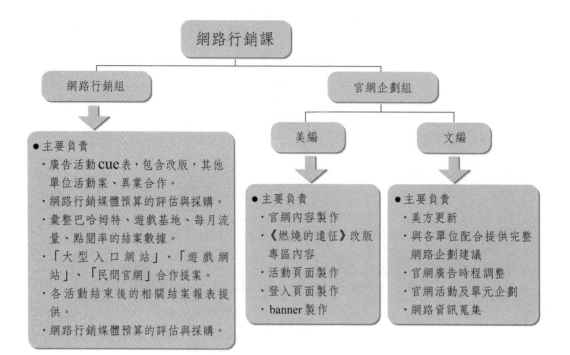

圖13-15

十六、市場行銷 —— 工作內容分布表

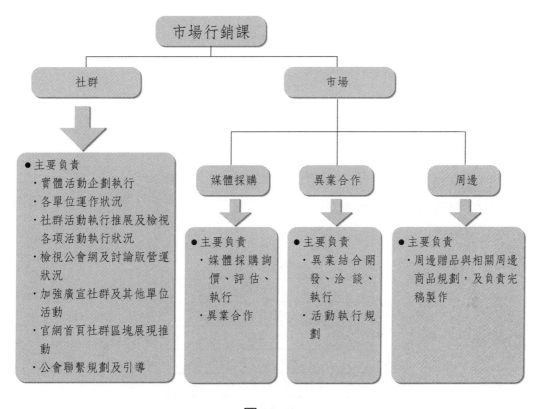

圖13-16

十七、媒體規劃 —— 電視廣告

目標族群：15～34歲男性，25～44歲男性，15～34歲女性。

目標：大眾收視

看到一次廣告的主目標族群達成率70%。

看到二次廣告的主目標族群達成率60%。

表13-6

主題	排程	素材內容
產品包上市	(7天)	(3天)
25秒	免費暢玩訊息	5秒
2.0免費體驗	(10天)	20秒
2.0開戰	(7天)	20秒

十八、雜誌文宣規劃

刊登日期：

1.醞釀期廣告：上市前。

2.產品廣告：上市後。

表13-7

自家雜誌
e-PLAY
外家雜誌
密技吱吱叫
電腦玩家+祕笈總動員
網路玩家
GQ
密技大補帖

十九、雜誌文宣排程

表13-8

出刊日	雜誌名稱	刊登頁數	單價	備註
2月15日	密技吱吱叫	2	1	跨
2月15日	GAME Q	2	1.1	跨
3月1日	e-PLAY	2	1.2	跨
3月1日	網路玩家	2	1	跨　封面邊條
3月1日	電腦玩家	2	1	跨

（續前表）

出刊日	雜誌名稱	刊登頁數	單價	備註
3月1日	密技大補帖	2	1	跨
3月15日	密技吱吱叫	2	1	跨
3月15日	GAME Q	2	1.1	跨
3月30日	密技吱吱叫特刊	2	1	跨頁產品1　封面（暫）
4月1日	e-PLAY	2	1.2	跨頁產品1　封面
4月1日	網路玩家	2	1	跨頁產品1
4月1日	電腦玩家	2	1	跨頁產品1　封面
4月1日	密技大補帖	2	1	跨頁產品1　封面
4月15日	密技吱吱叫	2	1	跨頁產品1　封面（暫）
4月15日	GAME Q	2	1.1	跨頁產品1　副封面

二十、媒體規劃──公車

目標：北中南主要商圈、商辦上班族及學生等主目標族群宣傳《魔獸世界》。

表13-9

媒體	內容／商圈	版面
大臺北公車車側	民生商辦、南京商辦、敦化商辦、忠孝商辦、信義商辦、中山北商辦、松江新生商辦、承德商辦、民權商辦、基隆路商辦、信義世貿商辦、瑞光路辦公大樓、南港軟體工業園區、東方科學園區、臺北車站商辦、三重湯城科技園區、林口工業區、華亞科技園區、土城工業區。	滿版77面車背20版
大臺北公車內電視廣告	每天18小時，每小時2檔，每週252檔次。	3,589輛大型公車
臺中公車車側	一廣商圈、新光商圈、一中商圈、逢甲商圈、德安商圈、美術館、SOGO商圈、博館商圈、中興商圈、北新商圈、新民商圈、東海商圈、朝馬商圈、精明一街示範商圈　師範商圈、東海商圈。	滿版22版
高雄公車車側	遠東百貨、六合夜市、新光三越百貨、漢神百貨、三多圓環、高雄火車站商圈、大立伊勢丹百貨、城市光廊、大統百貨、火車站站前、六合夜市、屏東太平洋。	滿版26版

二十一、媒體規劃 —— 捷運

目標：主要捷運轉運站壁貼宣傳，再配合動畫播放，加深大眾印象。

表13-10

地點	媒體	排程
捷運全站 （2006年平均人潮：○○○○萬／月）	播放動畫 （1小時6檔，6:00～24:00）	約兩個月

捷運月臺電視。
臺北捷運，62站月臺。
每月臺裝設2～12個不等的電漿電視。
42吋→212片／50吋→58片。
總計裝設270片電漿電視。

圖13-17

表13-11

媒體	秒數	播出週數	檔次
捷運月臺電視	30	25天	1,008檔／週，1小時6檔，6:00～24:00

二十二、媒體規劃 —— 商業大樓廣告

目標：北中南年輕上班族，集中玩家目光，宣傳《魔獸世界》。

表13-12

項目	內容	播出時間	每日檔次	一週總計
1.高級商務大樓電梯電視聯播網（共471棟大樓）	免費暢玩30秒	15檔／時 每天 8:00～20:00共12小時／天	180次	1,260次
2.高級商務大樓電梯電視聯播網（共226棟大樓）	免費暢玩30秒	5檔／時 每天 8:00～20:00共12小時／天	60次	420次
3.高級商務大樓電梯電視聯播網（共471棟大樓）	正式開戰30秒	15檔／時 每天 8:00～20:00共12小時／天	180次	1,260次
4.高級商務大樓電梯電視聯播網（共226棟大樓）	正式開戰30秒	5檔／時 每天 8:00～20:00共12小時／天	60次	420次
檔次總計			3,360次（30秒廣告）	

二十三、臺北地下街文宣規劃

一、目的：因應四月《魔獸世界：燃燒的遠征》上市，而宣傳檔期均由四月開始造勢，故希望於臺北地下街及市民大道上的13幅輸出圖露出。同時由於客運於臺北地下街六號出口處，加上捷運和火車的人潮，可達到極好的宣傳效果。

二、地點：臺北地下街。

表13-13

臺北地下街文宣			
品名	北區	中區	南區
菊全海報	500張		
海報施工	1		
出入口輸出圖	13		

（續前表）

臺北地下街文宣			
天花板吊飾	140張		
廣告贊助費	1		

二十四、地下街文宣示意圖

市民大道帆布 輸出圖　13張	天花板吊飾 140張	菊全海報 500張

圖13-18

二十五、光華商場文宣規劃

一、目的：光華商場為臺北的電子資訊重鎮，由於業務單位的長久經營，因此爭取到天花板吊飾文宣，希望於四月開始做《魔獸世界：燃燒的遠征》宣傳，以為遊戲爭取到最大成效。

二、地點：光華商場。

圖13-19

二十六、大型入口網站廣宣計畫總表

表13-14

網站	對象	執行方式
Yahoo	泛網路族群	以故事架構塑造出新聞話題,全球850萬人共同的期待,只為了歐美耗時一年最強「動畫」巨作!四月分,《魔獸世界》的鐵騎即將侵略來臺,只為了《燃燒的遠征》。 ※前四天以新聞方式導入行銷,紅衫軍退去,隨之而來的是800萬的大軍,為了《燃燒的遠征》。歐美耗時一年媲美迪士尼最強巨作,讓您動畫搶先看! ※後三天以《燃燒的遠征》動畫為主軸,再搭配改版專區作為行銷。
遊戲基地	網路遊戲族群	在網路遊戲族群方面,針對許多已封頂,導致許多玩家漫長的等待,造成玩家的流失,此次將會加強網路遊戲族群、改版遊戲畫面與相關資訊的廣宣,以提高舊有玩家的回流及新遊戲玩家的加入,要在網路遊戲族群方面,營造出唯有《魔獸世界》無法超越的氣勢。 ※蓋臺以前三天及後一天為主,告訴所有的遊戲玩家,世界第一《魔獸世界》即將改版,而且有免費十天試玩。
巴哈姆特	網路遊戲族群	
（備註:透過統一數網採購比直接跟Yahoo購買廣告還要便宜）		

二十七、網路行銷時程表

表13-15

網站	對象	廣宣時段
1.Yahoo	泛網路族群	改版前一個禮拜進行廣宣，共兩星期。
2.遊戲基地	網路遊戲族群	改版前一個禮拜進行廣宣，共兩個星期。
3.巴哈姆特	網路遊戲族群	改版前一個禮拜進行廣宣，共兩星期。
4.線上影音平臺	泛網路族群	拿到改版動畫後，與其他平臺同步廣宣。

《燃燒的遠征》——網路行銷廣宣時程

	2007年三月																				2007年四月															
	12	13	14	15	16	17	18	19	20	21	22	23	24	25	26	27	28	29	30	31	1	2	3	4	5	6	7	8	9	10	11	12	13	14	15	16	17

行銷與廣宣方式定案　　產品包上市　合併伺服器　　　　　　　　燃燒的遠征上線
Yahoo簽約/敲定版位　　開放下載點　開機/暴風前夕上線　　　　免費OB體驗開始
　　提供母片給下載點廠商
　　　　　　　美編設計完成/VUG審稿

遊戲遊戲　　暴風前夕改）產品包+改版　　暴風前夕 純喫茶 燃燒的遠征 燃燒燃燒的遠征1燃燒的遠征+免費體驗　　　免費燃燒年約不定期宣傳
巴哈姆特　　　　　　　　　　　　　　　純喫茶
預算規劃　　　　　年約　　　　　　　　　　　　年約　　　　　　　　　　　專案　　　　　　　　　　　　　　　年約
連結位置　　連到暴風前夕改版專區　　　連到暴風前夕改版專 連到免費試 連到燃燒的 連到燃燒的遠征+免費試玩　　　連到燃燒的遠征改版
　　　　　　　　連到簡易首頁　　　　　純喫茶　　　　　連到燃燒的遠征改版專區　　　　連到免費試玩

YAHOO　　　　　　　　產品包+改版　　　　　　燃燒的遠征 燃燒的遠征倒數 燃燒的遠征+免費體驗
預算規劃　　　　06年專案　　　　　　　　　　　　　　　　　　專案
連結位置　　　　連到簡易首頁　　　　　　　　　　　　連到免費試玩　　　連到免費試玩
　　　　　　　　　　　　　　　　　　　　　　連到燃燒的遠征改版專區

圖13-20

二十八、Yahoo! 廣宣版位規劃

表13-16

版位	規格	廣宣期間
首頁 / 影音雙星特效廣告	350*200/30秒	1（天）
首頁 / 影音雙星特效廣告	「首頁 / 420*200　flash 30K（閃動10秒靜止）420*80 10K (flash and gif)」	1（天）
首頁 / 黃金鏈結	12字	1（週）
新聞首頁大畫面互動版位	300*250, gif20k/flash30k	1（週）
新聞全站互動版位	300*250, gif20k/flash30k	1（週）

（續前表）

版位	規格	廣宣期間
遊戲首頁banner刊頭	950*315　10秒／950*90 5秒	2（天）
遊戲首頁直立大看板	240*400, gif20k/flash	7（天）
遊戲內頁（廠商首頁）直立大看板	240*400, gif20k/flash	7（天）
目前所有版位都為暫定，將會視實際洽談狀況，活動日期搭配相關版位做適當調整。		

二十九、遊戲基地廣宣版位規劃

表13-17

版位	規格	廣宣期間
首頁　全站蓋臺	800*600/30秒	4（天）
首頁	150*60	4（週）
討論版內頁摩天樓	160*600	1（週）
以上版位，不包含預計2.0活動版位。2.0活動目前還在與對方洽談中。		

三十、巴哈姆特廣宣版位規劃

表13-18

版位	規格	廣宣期間
首頁　全站蓋臺	800*600/20秒	4（天）
討論區內頁看板	468*60	1（週）
首頁　焦點宣傳	760*120→760*50	6（天）
首頁黃金看板廣告	145*110	1（週）
以上版位，不包含預計2.0活動版位。2.0活動目前還在與對方洽談中。		

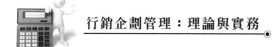

三十一、《魔獸世界》在7-ELEVEN通路活動規劃

㈠活動名稱：魔獸世界好康多多，還送你免費暢遊！

㈡活動時間：三個月。

㈢活動方式：凡於7-ELEVEN購買《魔獸世界：燃燒的遠征》產品包＋《魔獸世界》點數卡，憑發票即可上魔獸官網登錄發票號碼（同一張發票），參加好禮抽獎喔！有機會獲得《魔獸世界》華碩專屬筆記型電腦、虛擬寶物及免費暢遊《魔獸世界》喔！

㈣智凡迪活動宣傳

　　1.《魔獸世界》官網公告。

　　2.《魔獸世界》官網看板。

　　3.《魔獸世界》官網活動網頁製作。

　　4.雜誌活動訊息露出。

　　5.活動魔獸限量精美贈品提供。

　　6.圖像授權提供。

　　7.文宣設計及製作。

㈤7-ELEVEN文宣檔期：一個月。

　　1.後櫃檯看板。

　　2.壓克力資訊架背板。

　　3.壓克力陳列位置。

　　4.壓克力陳列位置插卡。

　　5.資訊架看板。

㈥獎項設定（表13-19）。

表13-19

獎項	數量
《魔獸世界》華碩筆記型電腦	2名
《燃燒的遠征》典藏版月卡+虛擬寶物	175名
《魔獸世界》免費暢遊三個月	10名
《魔獸世界》免費暢遊一個月	20名

三十二、《魔獸世界》在OK通路活動規劃

㈠ 活動時間：兩週

㈡ 合作品項：指定18℃鮮食冰櫃（包含飯糰、三明治）vs.《魔獸世界》on-line新改版產品包。

㈢ 鮮食活動方式

　　1. 活動㈠

　　　凡消費者至OK便利商店購買「指定系列鮮食商品」（飯糰或三明治）任二樣之商品，即可獲得一張「燃燒吧！魔獸世界卡」（送為完止），人人有機會獲得液晶電視、手機及WoW周邊贈品唷！

　　2. 活動㈡

　　　活動時間：三個月（《魔獸世界：燃燒的遠征》產品包）。

　　　活動方法：在《魔獸世界》首批產品包內，皆放置「燃燒吧！魔獸世界卡」。

㈣ 活動獎項

　　1. 液晶電視。

　　2. Sony Ericsson手機。

　　3. 《魔獸世界》周邊贈品。

　　4. 活動㈠、活動㈡的獎項共用。

㈤ 文宣：兩週

　　1. 18℃鮮食冰櫃看板飾條×1。

　　2. 18℃鮮食冰櫃側邊插卡×2。

　　3. 門口小海報。

　　4. 資訊架看板飾條。

三十三、《魔獸世界》在萊爾富超商通路活動規劃

㈠ 活動名稱：萊爾富 —— 實現你的魔獸世界版圖！

㈡ 活動時間：兩週。

(三) 活動內容

1. 活動期間到萊爾富購買《魔獸世界》點／月／季卡，馬上有機會獲得萊爾富獨家贈送的「WoW世界版圖」磁鐵板。

2. 活動期間至萊爾富的Life-ET購買WoW點／月／季卡，付款時所得的熱感紙上會有活動序號一組，登入官網就有機會獲得萊爾富獨家實體贈品。

(四) 雙方配合

◆智凡迪

1. 《魔獸世界》官網公告：產品包上市前公告。

2. 雜誌訊息露出：e-PLAY、密技吱吱叫、GAME Q、網路玩家、密技大補帖、電腦玩家之三、四、五月號。

3. 活動贈品提供：獨家贈品→Wii兩臺、螢幕五臺。

◆萊爾富超商（兩週）

1. 資訊架飾條。

2. 資訊架吊飾。

3. 立牌。

三十四、《魔獸世界》在全家超商通路活動規劃

(一) 活動名稱：魔獸世界——嶄新的世界正在等待著你！

(二) 活動時間：一個月

(三) 活動內容：凡於活動期間到全家購買VDC（虛擬點數）之《魔獸世界》點數、月費卡，消費者付款時，可得一張熱感紙，上面印有活動序號一組，玩家憑此序號自《魔獸世界》官網活動頁面登入，馬上有機會得到獨家實體贈品和虛擬寶物喔！

(四) 雙方配合

◆智凡迪

1. 《魔獸世界》官網公告：產品包上市前公告。

2. 雜誌訊息露出：e-PLAY、密技吱吱叫、GAME Q、網路玩家、密技大補帖、電腦玩家之三、四、五月號。

3. 活動贈品提供：全家獨家贈品→筆記型電腦2臺、Apple iPod

Shuffle 1GB。

◆全家超商（文宣檔期：兩週）

1. 資訊架飾條。

2. 資訊架上方吊飾。

3. 桌貼。

4. TM輪播：15秒3M。

三十五、《魔獸世界：燃燒的遠征》三區通路文宣執行規劃

表13-20

三區《網咖》門市通路文宣配量				
品名	北區	中區	南區	系統商
菊全開海報	139	220	323	
菊對開海報	292	77	149	
人形立牌	64	64	116	
店頭橫布旗	28	44	26	
造型吊牌	34	28	8	
大掛報	67	80	23	
螢幕上方看板	1,510	1,320	405	
造型地貼	30	27	3	
資料安裝DVD光碟	48	35	23	50
輸出圖	31	58	43	
智冠業務車 （右側車體廣告）	6	10	5	

實例二◀ 國產鮮乳整合行銷推廣企劃與執行報告案

第一節

國產鮮乳整合企劃

　　經貴會及各家廠商給予寶貴意見指導後，本公司已將本案加以修正，俾能提出更完整的建議方案，以助國產鮮乳達成預期的銷售佳績。

一、修正項目

　　1.代言人運用。
　　2.廣告影片創意。
　　3.強化媒體規劃效益。

二、傳播挑戰

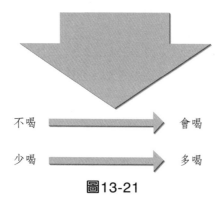

如何擴大市場銷售面，
使更多人養成習慣喝國產鮮乳？

不喝　　　　　　　會喝

少喝　　　　　　　多喝

圖13-21

三、傳播對象

15 歲以上男女

全民教育　向下扎根　向上鞏固

加強傳播對象

青少年族群
鮮乳的使用者
對鮮乳認知不足
取代性飲品多

婦女族群
鮮乳的購買／使用者
關心自我及家人健康
對於飲食衛生敏感度高

圖13-22

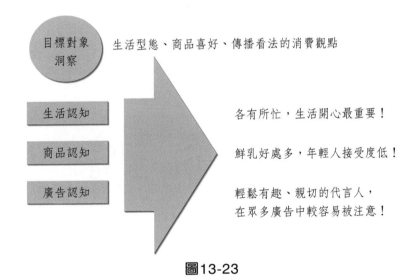

目標對象
洞察

生活型態、商品喜好、傳播看法的消費觀點

生活認知

商品認知

廣告認知

各有所忙，生活開心最重要！

鮮乳好處多，年輕人接受度低！

輕鬆有趣、親切的代言人，
在眾多廣告中較容易被注意！

圖13-23

整體傳播訴求軸心

一般訴求營養加健康 婦女會願意購買
但青少年不買單

宣導全民化，訴求年輕化

圖13-24

key
Words

鼓勵全民增加飲用頻率

天天喝鮮乳

Happy Everyday

對目標對象心理之利益訴求

圖13-25

本案宣導期僅兩個月
必須迅速抓住國人對國產鮮乳的注意力

認知
（attention）

關切
（intention）

行動
（action）

本案建議使用代言人

圖13-26

代言人

少女團體
S.H.E

圖13-27

Why S.H.E?

國產鮮乳最適合的代言人！

超高知名度
（在有限的預算下，較難於短期內重新塑造「新偶像」或「新吉祥物」）
高親和力
（必須具有最廣度的號召力和話題性）
最優化條件
（用最不可能的行情，鎖定最強度的對象）

創意策略

前所未見的代言人表演形式
＋
一以貫之的商品鏈結

flash rap MTV
動感的
音樂的
健康的
讓鮮乳更有新鮮感

圖13-28

S. H. E歡樂篇（公車）

圖13-29

天天篇（公車）

圖13-30

四、國產鮮乳行銷推廣規劃

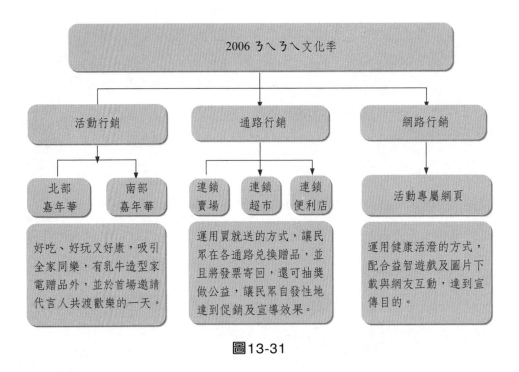

圖13-31

各式活動行銷例舉

一、活動行銷

國產ㄋㄟㄋㄟ親子嘉年華

天天喝鮮乳，Happy Everyday！

●北部首場大型宣導活動 捷運淡水站前廣場或國父紀念館	●南部大型宣導活動 國立科學工藝博物館或高雄市立美術館

圖13-32

活動場地及流程規劃

● 地點選擇

以交通便利性為重點,搭配觀光景點的知名度,以及親子同樂的民眾屬性,並以熱鬧的嘉年華會來聚集人潮,達到宣傳寓教於樂的效果。

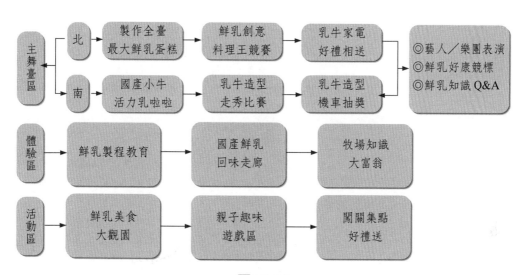

圖13-33

北部首場大型宣導活動

- 活動期間:95年10月25日星期六(暫定)
- 活動地點:捷運淡水站前廣場(暫定)
- 活動對象:全民
- 活動方式:舉辦親子嘉年華,以好吃、好玩又好康的方式,吸引全家親子同樂。現場除了有豐富的乳牛家電贈品外,更邀請國產鮮乳代言人蒞臨現場,一起動手製作全臺最大的鮮乳蛋糕,並將成品與現場觀眾分享,共度歡樂的一天。

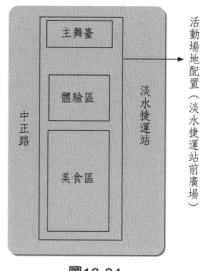

圖13-34

活動內容介紹

主舞臺區

製作全國最大鮮乳乳牛蛋糕→鮮乳177精神堡壘

特別安排本次國產鮮乳代言人S. H. E或東森幼幼家族親臨現場，與民眾近距離宣導國產鮮乳，並在現場與國內知名的造型蛋糕師父，一起動手製作全臺最大的鮮乳乳牛蛋糕，預計將使用177,000c.c的鮮乳製作全國最大的鮮乳乳牛造型蛋糕，並在現場將蛋糕成品與現場觀眾分享，共度國產ㄋㄟㄋㄟ親子嘉年華歡樂的一天。現場並用177瓶的新鮮屋堆疊出精神堡壘，別具177一週7天喝7瓶鮮乳的宣導意義與象徵性。

鮮乳創意料理王競賽

鮮乳除了用喝的，還有什麼美味的吃法呢？現場舉辦鮮乳創意料理王的料理競賽，安排主婦組及青少年組，分組進行料理比賽，募集有好手藝的主婦們參加，除了現場跟民眾分享私房鮮乳料理外，還可以賺到加菜金哦！另外也邀請餐飲學校，進行青少年組的鮮乳創意料理，將鮮乳創造另類吃法，吸引青少年的飲用或食用習慣。

乳牛家電好禮相送

活動中特別規劃抽獎活動，在活動接近尾聲時，由長官公開抽出幸運得主。現場民眾只要憑活動護照闖關成功，就有機會憑券抽中乳牛家電等大獎，以豐富的贈品吸引民眾熱情參與嘉年華會，爭取抽獎的機會，增加現場民眾的參與度！

藝人／樂團表演

會中特別邀請國內歌手輪番演唱，集結一般民眾及追星族的現場人潮，兼顧現場年輕族群，豐富整個聯歡園遊會內容。

鮮乳好康競標

活動中安排主婦最關心的撿便宜活動。廠商們搬出各家私房好產品，讓現場朋友競標、拿好康，也可以藉此宣傳一下各家的優質鮮乳產品哦！

鮮乳知識Q&A

為加強主辦單位與現場民眾之互動，進而加強宣導鮮乳主題，於整點由主持人與現場民眾進行Q&A趣味問答，答對者即可獲得一瓶國產鮮乳，現場就能品嘗鮮乳的濃純香。

體驗區

鮮乳製程教育區

想知道平常我們喝的鮮乳是從哪裡來的嗎？想知道鮮乳是怎麼做出來的嗎？現場運用教育背板，搭配鮮乳採集的工具或道具，讓民眾對於乳品有更深的認識。

國產鮮乳回味走廊

鮮乳是不管老少、從小到大共同的味道，現場以專區展示歷年來鮮乳的發展演進史，從古早的牛奶瓶到現在的塑膠瓶、新鮮屋等各式造型尺寸，讓大朋友們回味重溫兒時的回憶！

牧場知識大富翁

現場安排大型的牧場大富翁遊戲，用骰子擲點數決定前進格數，依停留格提出的問題來發問，問題的設計都是關於乳牛的飼養、鮮乳的製程和鮮乳的營養等，以活潑有趣的互動遊戲，吸引大小朋友踴躍參與互動，達到寓教於樂的效果。

活動區

鮮乳美食大觀園

現場邀請各乳品製造及酪農業者一同參與本次嘉年華會，每個廠商提供一至二個攤位，於攤位內可展示自家鮮乳產品，讓民眾了解鮮乳產品的多元化，也可以準備食材提供民眾試吃，讓民眾品嘗國產鮮乳的美味，也歡迎各家廠商設計簡單的趣味活動跟民眾互動哦！

親子趣味遊戲區

闖關集點好禮送

凡於當天嘉年華活動中，參與的民眾只要手持活動闖關護照，至鮮乳體驗區或美食區參與闖關遊戲或試吃，就可以得到一枚活動專用章，集滿七個活動專用章即可兌換贈品，還能參加乳牛家電的抽獎活動！歡迎民眾攜家帶眷參與2006國產ㄋㄟㄋㄟ親子嘉年華唷！

活動贈品規劃

現場準備數種乳牛家電作為闖關抽獎之贈品，吸引民眾踴躍參與外，贈品選擇也以主婦愛用之實用家電為主，並加上巧思，特別設計可愛乳牛造型，除了與本次活動主題相呼應外，也兼顧年輕族群的喜好與接受度。

乳牛廚房家電抽獎

首獎一名：乳牛行動冰箱一臺。
貳獎二名：乳牛微波爐一臺。
參獎二名：乳牛烤箱一臺。
肆獎二名：乳牛燜燒鍋一臺。
伍獎二十名：乳牛圍裙一件。

南部宣傳活動

- 活動期間：95年12月02日星期六（暫定）。
- 活動地點：高雄科學工藝博物館（暫定）。
- 活動對象：全民。
- 活動方式：於年底盛大舉辦親子嘉年華，以好吃、好玩又好康的方式，吸引全家親子同樂，更在活動尾聲時，抽出乳牛機車等大獎幸運得主，為今年鮮乳文化季畫上一個完美的句點。

活動內容

主舞臺區

國產小牛活力乳啦啦

身著乳牛裝的可愛小朋友，開場表演健康童趣的乳牛舞，展現小朋友天真無邪的一面，與國產鮮乳的純白潔淨形象不謀而合，除了為活動開場增添了活潑歡愉的氣氛，更象徵只要多喝國產鮮乳，就能跟小朋友一樣擁有活力、健康、朝氣與希望。

乳牛造型走秀比賽

安排趣味的乳牛造型走秀比賽，民眾可以發揮創意，將自己及搭檔設計成別出心裁的乳牛造型。乳牛造型走秀比賽以二人為一組，可以是親子檔、情侶檔、祖孫檔、好友死黨，甚至是主人寵物檔，只要是生活中和你最速配的搭檔都可以參加哦！快發揮你的創意與巧思，扮乳牛來拿大獎吧！

乳牛造型機車抽獎

為感謝民眾熱情參與2006ㄋㄟㄋㄟ文化季，在嘉年華活動接近尾聲時，由長官公開抽出「乳你所願溫馨做公益」的幸運得主，現場民眾也可以憑購買鮮乳的發票參加，以做公益就有機會抽中乳牛機車等，超過350個獎項製造話題性，吸引民眾一同參與！

藝人／樂團表演

會中特別邀請國內歌手輪番演唱，集結一般民眾及追星族的現場人潮，兼顧現場年輕族群，豐富整個園遊會內容。

國產鮮乳好康競標

活動中安排主婦最關心的撿便宜活動。廠商們搬出各家私房好產品，讓現場朋友競標、拿好康，也可以藉此宣傳一下各家的優質鮮乳產品哦！

鮮乳知識Q&A

為加強主辦單位與現場民眾之互動，進而加強宣導鮮乳主題，於整點由主持人與現場民眾進行Q&A趣味問答，答對者即可獲得一瓶國產鮮乳，現場就能品嘗鮮乳的濃純香。

鮮乳製程教育區

活動區

想知道平常我們喝的鮮乳是從哪裡來的嗎？想知道鮮乳是怎麼做出來的嗎？現場運用教育背板，搭配鮮乳採集的工具或道具，讓民眾對於乳品有更深的認識。

國產鮮乳回味走廊

鮮乳是不管老少、從小到大共同的味道，現場以專區展示歷年來鮮乳的發展演進史，從古早的牛奶瓶到現在的塑膠瓶、新鮮屋等各式造型尺寸，讓大朋友們重溫兒時的回憶！

牧場知識大富翁

現場安排大型的牧場大富翁遊戲，用骰子擲點數決定前進格數，依停留格提出的問題來發問，問題的設計都是關於乳牛的飼養、鮮乳的製程和鮮乳的營養等，以活潑有趣的互動遊戲，吸引大小朋友踴躍參與互動，達到寓教於樂的效果。

活動區

鮮乳美食大觀園

現場邀請各乳品製造及酪農業者一同參與本次嘉年華會，每個廠商提供一至二個攤位，於攤位內可展示自家鮮乳產品，讓民眾了解鮮乳產品的多元化，也可以準備食材提供民眾試吃，讓民眾親身品嘗體驗國產鮮乳的美味，也歡迎各家廠商設計簡單的趣味活動跟民眾互動哦！

親子趣味遊戲區

闖關集點好禮送

凡於當天嘉年華活動中，參與的民眾只要手持活動闖關護照，至鮮乳體驗區或美食區參與闖關遊戲或試吃品嘗，就可以得到一枚活動專用章，集滿七個活動專用章，即可兌換贈品，還能參加乳牛家電的抽獎活動！歡迎民眾攜家帶眷，參與2006國產ㄋㄟ ㄋㄟ 親子嘉年華唷！

二、活動宣傳媒體

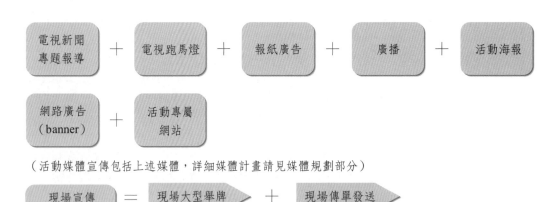

電視新聞專題報導 ＋ 電視跑馬燈 ＋ 報紙廣告 ＋ 廣播 ＋ 活動海報

網路廣告（banner） ＋ 活動專屬網站

（活動媒體宣傳包括上述媒體，詳細媒體計畫請見媒體規劃部分）

現場宣傳 ＝ 現場大型舉牌 ＋ 現場傳單發送

圖13-35

(一)通路行銷-1（超市）

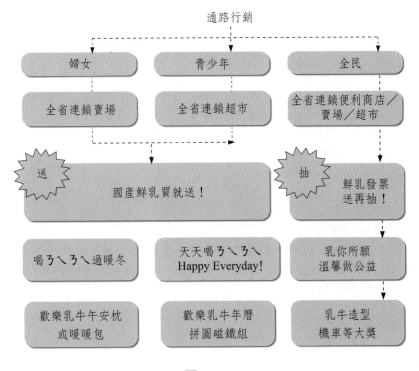

圖13-36

活動方式

國產鮮乳買就送！
天天喝ㄋㄟㄋㄟ，Happy Everyday！
2007歡樂乳牛年曆拼圖磁鐵
結合實用性及收藏價值贈品→購買鮮乳品項免費送！
創造目標對象的偏好及蒐集心態，進而引發話題！

圖13-37

- 活動期間：95年11月1日～95年11月30日（暫定）。
- 目標對象：青少年→全國民眾。
- 消費通路：全省頂好、全聯、丸久超市（暫定）。
- 活動創意：以「7」為主軸，提醒大眾「一週7天喝7瓶鮮乳」，並利用買國產鮮乳就送「2007歡樂乳牛年曆拼圖磁鐵」的方式促使民眾購買，七個一組的拼圖磁鐵組成的2007年曆，除了造型吸引民眾蒐集外，更因年曆的功能性進而產生延續之宣導效益。
- 兌換辦法：活動期間於全省各大指定超市購買960ml國產鮮乳一瓶（不限廠牌），即可獲得限量「2007歡樂乳牛年曆拼圖磁鐵」一個。
- 兌換獎品：2007歡樂乳牛年曆拼圖磁鐵。
- 兌獎地點：同消費通路。

圖13-38

2007歡樂乳牛年曆拼圖磁鐵

限量乳牛年曆拼圖磁鐵組，以七種不同形狀、不同造型之乳牛，配合2007年一月至六月年曆組成，除了收藏價值高，並時時提醒民眾天天喝鮮乳，就會Happy Everyday！

- 規格：不規則拼圖造型平面磁鐵。
- 尺寸：約5×5公分。
- 顏色：全彩。
- 數量：70,000個。

圖13-39

㈡ 通路行銷-2（賣場）

活動方式

國產鮮乳買就送！
喝ㄋㄟㄋㄟ過暖冬
歡樂乳牛午安枕或暖暖包
利用冬季溫暖的實用贈品→購買鮮乳品項免費送！
以溫暖建立產品偏好度，創造目標對象間的話題性！

圖13-40

- 活動期間：95年11月1日～95年11月30日（暫定）。
- 目標對象：婦女→全國民眾。
- 消費通路：全省大潤發、家樂福、愛買大賣場（暫定）。
- 活動創意：在寒冷的冬季，利用買國產鮮乳即贈「歡樂乳牛午安枕」或「歡樂乳牛暖暖包」的方式促銷，讓民眾感受到溫暖的同時，對國產鮮乳建立偏好度，同時利用有別於一般暖暖包可愛大方的獨特造型，引發目標對象之間的話題，而延續活動宣傳目的。
- 兌換辦法：活動期間於全省各大指定賣場購買960ml國產鮮乳一瓶（不限廠牌），即可獲得限量「歡樂乳牛午安枕」或「歡樂乳牛暖暖包」一個。
- 兌換獎品：歡樂乳牛暖暖包或歡樂乳牛午安枕。
- 兌獎地點：同消費通路。

圖13-41

歡樂乳牛暖暖包或午安枕

「限量歡樂乳牛暖暖包」及「限量歡樂乳牛午安枕」，以簡單大方的乳牛紋配合鮮乳標章，讓民眾在擁有溫暖的同時，主動將活動宣導效益傳達給身邊的每一個人！

買就送

乳牛暖暖包

- 規格：不織布。
- 尺寸：12.5⋅8.9公分。
- 顏色：黑白。
- 數量：50,000個。

乳牛午安枕

- 規格：填充布料。
- 尺寸：約20×20公分。
- 顏色：黑白。
- 數量：20,000個。

圖13-42

㈢通路行銷-3（全國民眾）

活動方式

鮮乳發票送再抽！
乳你所願，溫馨做公益
乳牛造型機車等大獎
利用冬季溫暖的實用贈品→購買鮮乳品項免費送！
創造目標對象間的話題性、蒐集心態！

圖13-43

- 活動期間：95年11月1日～95年11月30日。
- 目標對象：全國民眾。
- 消費通路：全省連鎖便利商店、超商、賣場。
- 活動創意：將購買國產鮮乳之發票（不限廠牌及容量）寄回，就有機會抽中可愛大方的乳牛造型機車等大獎，並在活動結束後，將發票全數捐贈公益單位，吸引民眾購買國產鮮乳。除了兌換贈品外，還可以做公益抽大獎，以公益之方式創造議題，加強活動宣導及形象。
- 兌獎辦法：於活動期間購買國產鮮乳（不限廠牌及容量），將發票置於信封內，並填妥資料寄回，就有機會在年底嘉年華抽中乳牛造型機車等，超過350項大獎！
- 兌換獎項（暫定）：頭獎——VINO 50限量乳牛造型機車（1名）
  貳獎——Nikon S1乳牛數位相機（7名）
  參獎——iPod nano 1G乳牛造型MP3（7名）
  營養獎——2007歡樂乳牛年曆拼圖磁鐵組（177名）
  歡樂獎——歡樂乳牛暖暖包一組7個（177名）

圖13-44

乳牛造型機車等大獎

心儀已久的限量乳牛造型機車、iPod或數位相機，把它show給身邊的人，用行動分享你的歡樂給身邊的每一個人，實現天天喝鮮乳，Happy Everyday！

圖13-45

三、通路宣傳媒體

（活動媒體宣傳包括上述媒體，詳細媒體計畫請見媒體規劃部分）

圖13-46

網路行銷 ♀

網站架構：

網站首頁

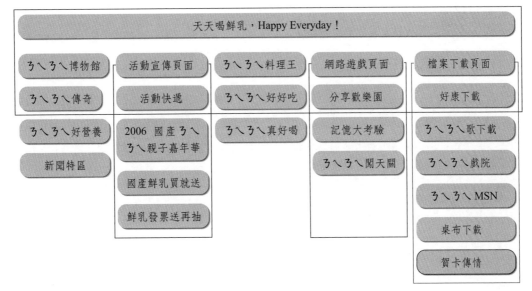

圖13-47

活動名稱：天天喝鮮乳，Happy Everyday！

活動目的：青少年與上班族為鮮乳飲用最大的族群之一，而電腦又是他們生活中不可缺少的一部分，「2006ㄋㄟㄋㄟ文化季」活動網頁運用健康活潑的方式，配合有趣的益智遊戲及圖片下載，讓民眾在歡樂中養成天天喝鮮乳的好習慣，並分享給周遭的親朋好友，達到宣傳及教育並重之目的。

網頁說明：

ㄋㄟㄋㄟ博物館

包含「ㄋㄟㄋㄟ傳奇」、「ㄋㄟㄋㄟ好營養」及「新聞特區」三區塊。

ㄋㄟㄋㄟ傳奇：介紹國產鮮乳產業、鮮乳製造過程等相關知識。

ㄋㄟㄋㄟ好營養：教育民眾鮮乳的營養與重要性。

新聞特區：不定期提供稅務資訊及各種最新活動消息。

活動快遞

分為「2006國產ㄋㄟㄋㄟ親子嘉年華」、「國產鮮乳買就送」、「鮮乳發票送再抽」三部分，主要目的為2006鮮乳文化季的活動訊息告知，以健康活潑的風格，達到吸引民眾踴躍參與的目的。

ㄋㄟㄋㄟ料理王

包括「ㄋㄟㄋㄟ好好吃」及「ㄋㄟㄋㄟ真好喝」兩區塊，介紹各種鮮乳料理及飲料，並有食譜供民眾下載，讓鮮乳與生活緊密結合，培養鮮乳對國人日常生活的重要性。

分享歡樂園

以大眾化簡單好玩的益智遊戲，讓民眾反覆參與，除了使民眾加深對鮮乳的印象外，在所有遊戲闖關成功後，均會有鮮乳的益處及2006ㄋㄟㄋㄟ文化季的訊息告知，落實寓教於樂的效果及目的。

記憶大考驗：以對對碰的翻圖記憶遊戲，讓民眾反覆記住鮮乳製品，達到潛移默化的效果。

ㄋㄟㄋㄟ闖天關：闖關遊戲中，小朋友喝到鮮乳開心的表情不斷出現，建立民眾產生「鮮乳好喝」的印象。

好康下載

提供檔案下載，讓鮮乳與使用電腦頻繁的青少年及上班族，產生曖昧的親密關係。

ㄋㄟㄋㄟ歌下載：提供S. H. E為活動特別主唱的廣告主題曲讓民眾下載，讓民眾朗朗上口，建立國產鮮乳的品牌印象。

ㄋㄟㄋㄟ戲院：提供國產鮮乳CF下載，活潑生動的廣告，供民眾反覆觀賞及轉寄，達到宣導訊息並加深印象。

ㄋㄟㄋㄟMSN：MSN是年輕的電腦族群使用率最高的軟體，活動中可愛的乳牛MSN小圖供民眾下載，讓鮮乳與日常生活緊密相扣。

桌布下載：提供可愛的桌布，在使用電腦時能無時無刻地想到鮮乳，進而產生飲用鮮乳的自發性。

賀卡傳情：溫馨的ㄋㄟㄋㄟ賀卡讓民眾在重要節慶下載轉寄，以人傳人的方式達到廣大的宣導效益。

四、網站宣傳媒體

媒體宣傳總表

（活動媒體宣傳包括上述媒體，詳細媒體計畫請見媒體規劃部分）

圖13-48

五、時程控管與預算規劃

表13-21

執行時程	9月		10月						11月						12月					
執行項目	21~25	26~30	1~5	6~10	11~15	16~20	21~25	26~31	1~5	6~10	11~15	16~20	21~25	26~31	1~5	6~10	11~15	16~20	21~25	26~31
企劃提出簡報																				
企劃修正簽約																				
全媒體形象推廣																				
電視宣導短片製拍																				
電視廣告託播																				
電視置入方案																				
報紙媒體宣傳																				
雜誌媒體宣傳																				
廣播媒體宣傳																				
戶外通路宣傳																				
活動網站建置																				
婦女及青少年推廣																				
戶外宣導嘉年華																				
電視SP／活動宣傳																				
網路SP／活動宣傳																				
廣播SP／活動宣傳																				
網路媒體宣傳																				
報紙SP／活動宣傳																				
戶外SP／活動宣傳																				
文宣品設計規劃																				
乳牛磁鐵贈品印製																				
乳牛暖暖包贈品印製																				
乳牛造型公益贈品																				
結案資料／結案報告																				

六、全媒體預算比例

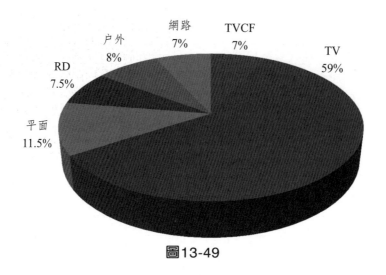

圖13-49

七、媒體規劃總表

表13-22

> 平均每天看到260次以上廣告露出

電視	十四大頻道，總播出廣告共1,521檔
置入	新聞報導共播出36次、節目置入播出8次、新聞跑馬燈6天
報紙	五大報廣告廣編共刊登37次
廣播	飛碟聯播網等廣告、單元播出共1,595次
雜誌	壹週刊、時報周刊、空英雜誌廣告共5則
網路	Yahoo奇摩、PChome網路廣告曝光4,500萬次
戶外	公車捷運共253面廣告
通路	賣場電視店頭海報共11,876次曝光

實例三◀ 某電視購物公司億路發○○週年慶行銷企劃活動提案

市場環境檢視

一、通路競爭情勢

表13-23

類別	○○○年經驗	○○○年趨勢
超商	1.便利商店持續以全店行銷活動操作滿額送、加價購等主題活動。以7-ELEVEN為例，在鮮食促銷滿件折扣部分，以「兩人經濟學，新生活運動」為主題，購買二件同類鮮食即享優惠分享價。 2.節令部分以聖誕節和薄酒萊節操作較為積極，主要以專案品陳列和商品預購為主。	1.超商公仔人神大戰：7-ELEVEN推出DISNEY星光大道，結合當紅星光幫成員肖像製成公仔；全家便利商店則以好神公仔吸引目光。 2.7-ELEVEN「OPEN將」今年賺5億。 3.超商抓住颱風商機，積極補貨創下銷售佳績。
賣場	1.屈臣氏週年慶期間，推出全新企業公仔「好運饅頭」，聖誕節主推小熊維尼周邊商品加價購。消費滿399元，即贈「好運饅頭公仔」一個；「熊熊愛臺灣，49元加購價」活動，以臺灣文化特色搭配臺灣地圖，推出相關主題的造型熊，例如：泡溫泉熊、達悟族熊等。 2.康是美強打醫學美容產品和保健食品，行銷氛圍較偏向理性訴求。 3.3C賣場因應電腦資訊展及年終家電汰換潮，推出各式資訊／家電產品特賣，活動方式以系列商品單一折扣、滿額送、買就送為主。	1.富邦集團擬挺進藥妝連鎖，受暑假旺季刺激，全國電子、燦坤兩大3C通路，7月營收雙雙創下歷史單月新高，分達18.54億元與34.5億元。 2.八月臺北電腦應用展，五天展期吸引逾60萬人次，打破世貿有史以來參觀展覽最多人數紀錄。
量販	1.量販店主打節令較多，包括中秋節、萬聖節、薄酒萊節、感恩節及聖誕節，多以商品特賣操作。 2.愛買和家樂福分別於11月和12月操作法國週專案。	1.各家量販店於中元檔期爆發折扣促銷戰，愛買民生必需品下殺3.8折起。 2.量販店主打農特產品，職棒明星代言衝買氣。

（續前表）

類別	○○○年經驗	○○○年趨勢
百貨	1.百貨業週年慶檔期以新光三越（10/5～10/25）和太平洋SOGO（11/9～11/20）檔期較短；北部各大購物中心的週年慶檔期則拉得很長，有些甚至長達兩個月之久。 2.美麗華（11/27～1/1）、京華城（11/23～12/25）、臺北101（12/8～12/31）、大葉高島屋（12/4～12/25）、微風廣場（12/15～12/25）、紐約紐約（11/24～1/1）。	1.父親節百貨業業績報喜，平均客單價較往年增溫，新光三越較去年增加近三成，天母大葉高島屋則成長一成五，美麗華較去年成長15%。 2.SOGO進駐天母，天母百貨戰即將開打。

二、市場趨勢檢視

表13-24

(一)節慶時令	(二)主題展覽	(三)消費及商品主流
10/10：雙十節	10/24～10/26：2007臺北紡織展	聖誕節禮品採購
10/31：萬聖節	11/8～11/12：第28屆臺北音響影視大展	冬裝主流
11/22：感恩節	12/1～12/9：96年資訊月	冬裝上市、秋裝折扣
12/22：冬至	12/14～12/17：2007年臺北國際旅展	冬季保溼滋養保養新品上架
12/25：聖誕節		
12/31：跨年		

三、內、外環境檢視

表13-25

內部環境	○○○年週年慶	行銷主題：好好吃vs.好好玩vs.好好康，○○週年慶行銷策略：(1)強化幸福通路形象，增加會員好感度；(2)運用感性行銷，創造全月話題；(3)給予不同波段誘因，吸引會員蒐集並消費。
外部環境	整體經濟	全球經濟繼續保持強勁增長，預測2007年世界經濟增長率將達3.5%。雖然臺灣上半年經濟成長整體表現較差，但第四季經濟成長率可達5%。經建會公布，國內房價漲幅超過薪資漲幅，今年第一季房價年所得比6.6倍，與上季持平，其中臺北市至8.1倍。

（續前表）

	民生消費	國際油價不斷飆高，帶動全球食品漲價風潮，從大宗物資、油脂、包材到濃縮果汁，幾乎看得到的原料價格全部都漲，影響所及，下游的消費性商品，從今年開始也陸續上漲，速食麵、冰品、糖果、餅乾、牛奶等，幾乎所有的成品都以不同的形式調漲價格，通路業者指出，整體來說，包裝食品平均的調漲幅度，約為10%～20%不等。
	政治情勢	因應○○○年總統大選，藍綠總統及副總統候選人大致底定，正全力衝刺搶選票，全國上下瀰漫激烈選情氣氛。總統、立委選舉二合一提議破局，藍綠雙方難得有高度共識，敲定明年的總統與立委選舉，不合併舉行，立委選舉訂在明年1月12日，而總統大選訂在3月22日。
	社會趨勢	臺灣之光王建民今年球賽可以拿下幾次勝投？美國職棒今年誰會封王？建仔的每場比賽都牽動著臺灣球迷的心，建仔話題將繼續延燒到球季結束為止。

第二節

行銷課題

○○○年第四季行銷課題

㈠日趨保守的消費行為

面對油價、民生物價高漲，唯有收入、薪水未漲的情勢，消費者漸漸感受荷包縮水，故消費行為趨於保守。

㈡M型社會逐步成形

M型社會成形，頂級客有其消費市場，但時尚名牌也走向開架平民路線，拉近與客戶間的距離。

(三)集團事件影響通路信心

新聞事件造成負面影響，以結合公益等行銷議題加以包裝，淡化處理，重拾會員好感度。

(四)來客數無法成長

從今年初至今，每月客戶數平均維持在○○○萬人之譜，在週年慶欲以會員特召方式拉高來客數，帶動業績成長。

表13-26為○○年1至7月全通路客戶數：

表13-26

月分	一月	二月	三月	四月	五月	六月	七月
客戶數	○○○○	○○○○	○○○○	○○○○	○○○○	○○○○	○○○○

(五)社會政治選舉議題

○○○年總統大選，面對重要選舉，勢必再度掀起政治口水戰，國人在此時若厭倦了政治紛擾，本公司在此時，正好提供了愉快歡樂的購物環境和氛圍，適時選擇購物，希望能化解國人內心焦慮，並紓解鬱悶的煩躁心情。

第三節

行銷策略

一、第四季預計達成之目標

1. 增加來客數。
2. 提升顧客貢獻度。
3. 持續增加好感度及通路信心。

4.營造週年慶歡樂、好康購物之通路氛圍，有別於政治現實議題。

二、○○○年週年慶行銷策略

1. 為避免通路遭受市場保守消費趨勢及實體通路陸續發酵，週年慶搶攻買氣影響，將以「不計成本」、「超大方回饋」、「每月送六億元」、「千萬獎金」……意念，搶攻消費者的感官刺激、影響消費行為、修正購買通路，因此2007年第四季，將以放送「億元」好康作為行銷議題。

2. 鑑於2006年週年慶議題炒作期間太長，造成後期消費疲乏，因此2007年分為10月及11～12月兩波段炒作。
   • 10月→以週年慶前氛圍為主，配合「重量級」前戲，吸引會員注目及消費。
   • 11～12月→正式進入週年慶，以消費者最愛「億路發」（「一路發」諧音）到年底的感受，將○○週年慶議題帶出，並輔以多項即時搶購及多樣化異業會員福利，吸引會員11、12月分一定要回○○○購物消費的強烈欲望。

三、第四季行銷目的與策略圖

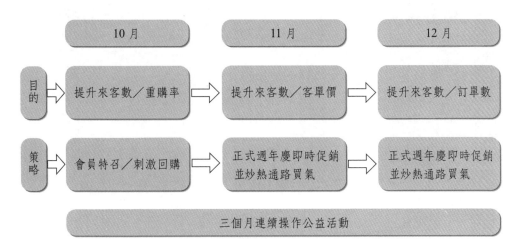

圖13-50

第四節

行銷活動架構及說明

一、10月分活動架構

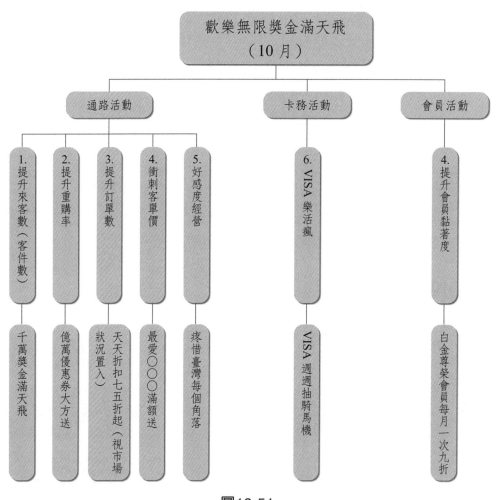

圖13-51

二、10月分活動說明——歡樂無限獎金滿天飛

全月氛圍強調支持與承諾，將○○○購物開臺至今深得人心之服務機制，剪輯成30秒形象CF，強化通路之優質印象。

表13-27

活動目的	活動名稱	活動方式
1.提升客件數	千萬獎金滿天飛	凡於10月消費，即可隨貨獲得樂透卡及貼紙各一張，貼紙分為獎金金額之上半部、下半部，只要數字吻合即可獲得該金額之購物金。
2.提升重購率	億萬優惠券大方送	買就送1,000元優惠券，分為200元共五張。（共計6億元） 10月送，使用期限至11月底。 11月送，使用期限至12月底。 12月送，使用期限至2/15止，分波段拉抬週年慶至農曆過年期間之業績。
3.提升客單價	最愛○○○滿額送	10月滿額10萬送鍋寶多功能料理鍋。 10～12月三個月累積滿60萬送「三天兩夜香港自由行」。（暫定）
4.提升訂單數	天天七五折起	挑選折扣商品，讓消費者隨時都能撿到好康買到優惠商品。
5.提升好感度——傾心專案	疼惜臺灣每個角落	方案一： 尋求育幼院合作，將卡通樂谷庫存之商品以加價購方式售出，目的為關懷育幼院院童，本公司將加價購所得全數捐出。 方案二： 以我方或基金會自製商品進行加購價，惟商品須具蒐集性之商品，串聯10至12月活動。 方案三： 延續基金會自製之商品加價購，依每月主題式選定商品操作。 目前已與第一基金會洽談○○○代言公益活動。

三、11月分活動架構

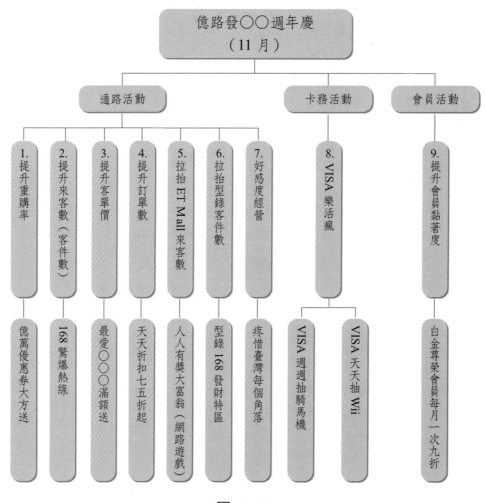

圖13-52

四、11月分活動說明——億路發○○週年慶

表13-28

活動目的	活動名稱	活動方式
1.提升重購率	億萬優惠券大方送	買就送1,000元優惠券，分為200元共五張。（共計6億元） 11月送，使用期限至12月底。
2.提升來客數	168驚爆熱線（機車）	11月消費，每週即可以168元參加機車搶購會。
3.提升客單價	最愛○○○滿額送	11月滿額10萬送鍋寶高級果汁機。 三個月累積滿60萬送「三天兩夜香港自由行」。（暫定）
4.提升訂單數	天天七五折起	挑選折扣商品，讓消費者隨時都能撿到好康。
5.拉抬ET Mall來客數	人人有獎大富翁	(1)以網路大富翁的遊戲模式進行，購物網站為全通路的贈獎平臺，單筆消費滿1,000元即可參加遊戲，經擲骰子後，依骰子的點數行進，前進到的位置中所標示的商品，即為該次消費所得之贈品。 (2)贈品內容以貼近民生需求的票券類商品為主（例如：中油油票、電影票、大賣場禮券、湯屋券……），以及小額購物金及購物電子禮券等。
6.拉抬型錄客件數	型錄168發財特區	於任一通路消費達千元以上，即可用168元加價購買「發財商品」。 ★商品開發方向：手機吊飾、隨身小錦囊、開運小物、開運御守、開運寶石……。 ★型錄呈現方式：以跨頁報導式編排操作2008發財專區，提供168元加購商品。
7.提升好感度——傾心專案	疼惜臺灣每個角落	方案一： 尋求育幼院合作，將卡通樂谷庫存之商品以加價購方式售出，目的為關懷育幼院院童，本公司將加價購所得全數捐出。 方案二： 以我方或基金會自製商品進行加購價，惟商品須具蒐集性之商品，串聯10至12月活動。 方案三： 延續基金會自製之商品加價購，依每月主題選定商品操作。 目前已與第一基金會洽談○○○代言公益活動。

五、12月分活動架構

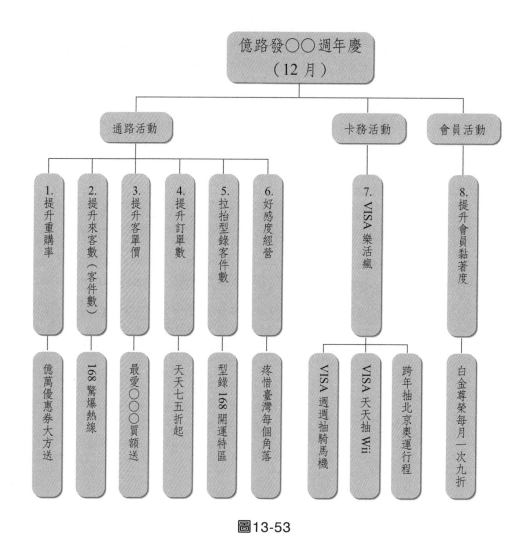

圖13-53

億路發○○週年慶
（12月）

通路活動　　　卡務活動　　會員活動

1. 提升重購率
2. 提升來客數（客件數）
3. 提升客單價
4. 提升訂單數
5. 拉抬型錄客件數
6. 好感度經營
7. VISA 樂活瘋
8. 提升會員黏著度

億萬優惠券大方送
168驚爆熱線
最愛○○買額送
天天七五折起
型錄168開運特區
疼惜臺灣每個角落
VISA週週抽騎馬機
VISA天天抽Wii
跨年抽北京奧運行程
白金尊榮每月一次九折

六、12月活動說明──億路發○○週年慶

　　週年慶進入最後衝刺業績階段，結合星座開運等話題，搭配天天七五折起活動，再搶攻一波促銷強力攻勢。

表13-29

活動目的	活動名稱	活動方式
1.提升重購率	億萬優惠券大方送	買就送1,000元優惠券，分為200元共五張。（共計6億元） 12月送，使用期限至2/15止，分波段拉抬週年慶至農曆過年期間之業績。
2.提升來客數	168驚爆熱線（汽車）	12月消費，每週即可以168元參加汽車搶購會。
3.衝刺業績	最愛○○○滿額送	12月滿額10萬送聲寶微波爐。 10～12月三個月累積滿60萬，送「三天兩夜香港自由行」。（暫定）
4.提升訂單數	天天七五折起	挑選折扣商品，讓消費者隨時都能撿到好康。
5.拉抬型錄客件數	型錄168開運特區	於任一通路消費達千元以上，即可用168元加價購買「開運商品」。 ★商品開發方向：手機吊飾、隨身小錦囊、開運小物、開運御守、開運寶石……，配合名人提供2008生肖或星座運勢，置入不同生肖星座所適合的開運商品。 ★型錄呈現方式：以跨頁報導式編排操作2008開運專區，提供2008運勢分析，並穿插生肖或星座的168元加購商品。
6.提升好感度——傾心專案	疼惜臺灣每個角落	方案一： 尋求育幼院合作，將卡通樂谷庫存之商品以加價購方式售出，目的為關懷育幼院院童，本公司將加價購所得全數捐出。 方案二： 以我方或基金會自製商品進行加購價，惟商品須具蒐集性之商品，串聯10至12月活動。 方案三： 延續基金會自製之商品加價購，依每月主題選定商品操作。 目前已與第一基金會洽談○○○代言公益活動。

七、第四季卡友活動規劃架構

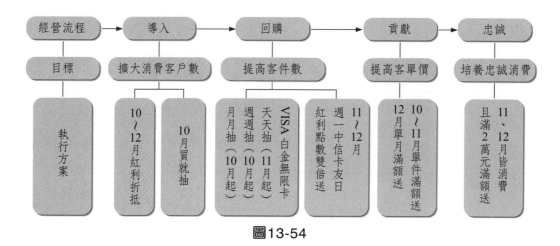

圖13-54

- 各項活動輔以「電話行銷推廣」線上同仁激勵方案，及特定銀行卡友簡訊宣傳等促購誘因，以提升活動之回應績效。
- 各項卡友活動一覽表，見表13-30。

表13-30

活動類別	目的	活動名稱（暫定）	執行方式		
			10月（週年慶加溫）	11月（週年慶爆發）	12月（週年慶爆發）
1.買就抽	提升來客數	VISA樂活瘋買就抽大獎	VISA白金——週週抽、月月抽	VISA白金——無限天天抽、週週抽、月月抽	VISA白金——無限天天抽、週週抽、月月抽
2.滿額送	提高客單價	月月滿額好禮送	單件滿額送	單件滿額送	單月累積高門檻滿額送（依各家銀行客單價設定門檻）
3.跨月滿額送	縮短回購週期	刷滿20,000元紅利倍數送	—	連續二個月皆消費，累積滿20,000元，紅利倍數送。	
4.中信獨家活動	提升滿意度	中信卡友日	—	週一中信卡友日，紅利點數雙倍送。	
5.紅利折抵	提升來客數	紅利最高折抵100%	紅利折抵20～80%（9家）	紅利折抵10～100%（加入花旗、第一，共11家）。	
6.TM推廣	提高參與率	—	結合VISA及各月銀行卡友活動，規劃線上人員獎勵活動（獎金由VISA及銀行負擔）。		

實例四◀　某大食品飲料公司健康茶行銷計畫書

報告大綱

1. 健康茶行銷環境分析

- 市場分析。
- 競爭者分析。
- 消費者分析。

2. 行銷策略規劃

- 品牌策略。
- 產品策略。
- 廣告策略。
- 價格／成本策略。
- 推廣策略。

3. 損益分析

- 銷售預估。
- 行銷費用規劃。
- 損益分析。

第一節

健康茶行銷環境分析

1. 市場分析。
2. 消費者分析。

3.競爭者分析。

一、整體市場發展趨勢

1.即飲茶市場受到健康茶帶動不斷成長（2008年 vs. 2009年成長 5%），2009年市場規模達219億元。
2.市場發展朝向「品質」及「健康」
　　── 茶種：調味茶→本質茶，由解渴好喝到口感的注重。
　　── 包材：鋁箔包／紙盒／鐵罐→寶特瓶，價值感及便利性提升。
　　── 利益：解渴好喝→提供健康功效（例如：瘦身、降膽固醇、降血脂⋯⋯）。

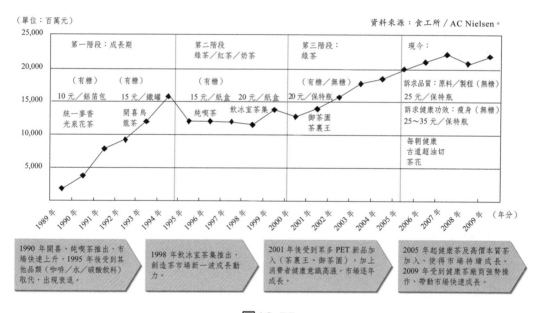

圖13-55

二、市場區隔

1. 隨著健康需求成長及競品的強勢操作下，健康茶區隔大幅成長
   97%，2009年市值已達40億元（占比7%→18%）
2. 從市場區隔來看，健康茶成長幅度最大，在廠商積極投入下，預估
   未來仍會持續成長

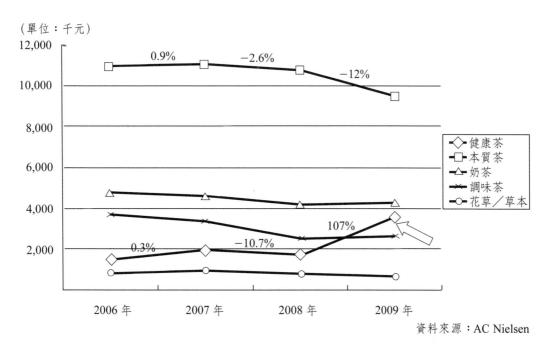

（單位：千元）

圖13-56

資料來源：AC Nielsen

三、日本健康茶市場發展

以訴求「瘦身／輕體」、「提供身體多元營養價值」的產品占比較大，口味多以綠茶或融合「天然草本素材」的混合茶為主。

表13-31

訴求／功能別	利益點	素材	口味	代表品牌	
瘦身／輕體	降低體脂肪／膽固醇	高濃度兒茶素（特保認證）	綠茶／烏龍茶	花王Healthya	
提供多元營養價值	補充身體流失的養分	穀類：富含膳食纖維	混合穀物茶	巡茶／潤茶	
		草本：富含礦物質、維他命			
改善代謝症候群問題	·抑制飲食後血糖上升 ·吃甜食也不易胖	添加膳食纖維（特保認證）	綠茶	健茶王	
			混合穀物茶	十六茶	
	降低／控制血壓	素材含有特殊成分能有效降低血壓（特保認證）	混合穀物茶（麥、麻）	胡麻麥茶	

資料來源：富士經濟。

四、飲用者輪廓

健康茶消費群為15～34歲消費者，以上班族群為主，男女比例趨近，約為44%：56%。

表13-32

（單位：%）

健康茶度 n=	Total 250	重度飲用者 110	中度飲用者 91	輕度飲用者 49
性別				
男性	43.9	46.9	37.7	49
女性	56.1	53.1	62.3	51
年齡				
15～19歲	13.9	18.2	10.7	10

表13-33

健康茶度 n=	Total 250	重度飲用者 110	中度飲用者 91	輕度飲用者 49
20～24歲	12.8	10.6	16.1	11.6
25～29歲	16.4	12.8	21.2	15.7
30～34歲	20.3	22.9	18	19
35～39歲	11.2	13.4	8.1	12.2
40～44歲	10.9	10.6	9.2	15.1
45～49歲	8.1	4.6	12.3	8
50～54歲	6.3	6.9	4.4	8.3
平均年齡	31.71	31.27	31.49	33.11
職業				
有工作	64.7	63.3	64.9	67.6
學生	22	23.7	21.4	19.1
家庭主婦	12	11.9	13.7	8.8
其他	1.4	1.1	0	4.5

資料來源：2009品類基礎調查——健康茶。

五、品類消費者認知

1. 消費者認爲健康茶是「具有健康或特殊功效成分」的茶飲，能帶來健康、代謝脂肪／變瘦、幫助排便等生理利益。

2. 健康茶與本質茶不同之處：本質茶訴求爲口感（回甘），具有飲用樂趣（提振精神，口氣清爽），健康茶類則增加了健康或特殊情況（減肥，最近吃太油）的利益期待。

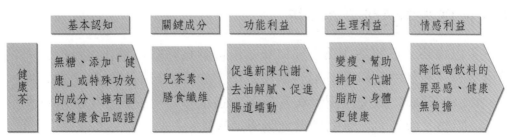

資料來源：2005～2007FGD/2010小型訪談。

圖13-57

六、購買考慮因素

　　健康茶最重要的考量因素為產品本身是否「有益身體健康」，主要偏向功效面為「去油解膩」、「減肥／保持身材」等考量。

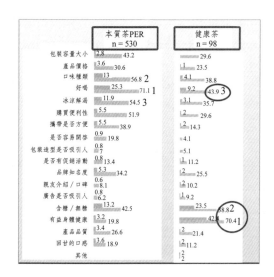

＊功效	85.2
解除油膩／分解油脂	39.2
可減肥／保持身材／不發胖	27.2
解渴／補充水分	20.9
可降低體脂肪	12.9
排便順暢／防便祕	7.2
幫助消化／幫助腸胃蠕動	7
健康的／有益健康	6.4
能提神／精神會變好	5.8
維持生理機能／做體內環保	1.7
不會傷害身體／對身體沒負擔	1.4
降低膽固醇	1.1
幫助身體新陳代謝／有助於血液循環	1.1
降低血糖／控制血糖	1.1
降血脂	0.5
除口臭	0.5
利尿	0.4
不脹氣	0.4
平衡身體的酸鹼值／調整體內酸性環境	0.3
養生	0.3

資料來源：2007H&P/2009品類消費者基礎調查。

圖13-58

七、健康茶主要競爭者分析

　　多以綠茶／烏龍茶作為主要口味，添加膳食纖維、茶花、苦瓜種子等健康素材，新興的花草茶／混合健康茶仍處於成長初期，尚無主力品牌。

1. 每朝健康：以健康認證與實證廣告強化專業與說服性，訴求減少體脂肪（瘦身）、有助於促進腸胃道蠕動。
2. 黑松茶花／御茶園雙茶花：以流行性素材，訴求外在身形窈窕。

3. 古道油切：採低價策略（20元），搶占市場。

4. 茶裏王濃韻：2009年轉而切入健康茶區隔，訴求不易形成體脂肪，並以健康食品認證作為支撐。

5. 愛之味：以特殊健康素材（日本沖繩山苦瓜種子）進行炒作，訴求瘦身。

表13-34

品牌	每朝健康	雙茶花綠茶	茶花綠茶	超油切綠茶	茶裏王濃韻	分解茶
產品圖片						
2009銷售額（千元）	1,485,758	204,297		188,896	334,956	617,387
M/S（即飲茶）	6.9%	4.2%		0.8%	3.4%	4.9%
口味	綠茶／烏龍茶	綠茶／烏龍茶	綠茶／烏龍茶	綠茶／烏龍茶	綠茶／烏龍茶	綠茶
上市時間	2005/7	2009/10	2009/5	2005/7	2009/11	2009/5
價格／規格	35元／650ml	25元／600ml	25元／600ml	20元／600ml	25元／600ml	35元／600ml
素材	綠茶／烏龍茶、菊苣纖維、維生素C、香料	綠茶／烏龍茶、茶花抽出物、茶花子	綠茶／烏龍茶、茶花抽出物	綠茶／烏龍茶、金針菇萃取物、油切纖維	綠茶／烏龍茶、兒茶素	綠茶、苦瓜種子、唐辛子、菊苣及膳食纖維
訴求	瘦身、有助於抑制體脂肪形成	瘦身	瘦身	瘦身、阻斷油脂吸收	瘦身、減少體脂肪形成	促進新陳代謝、窈窕健康
支撐點	1.「天然兒茶素」和「天然菊苣纖維」組成的獨家複方，一天一瓶650cc就可以達到「有助於減少體脂肪之形成」的功效。 2.取得三項健康食品認證： (1)減少體脂肪形成 (2)增加腸胃道益生菌 (3)調節血脂，降低膽固醇	添加100mg日本茶花及茶花子，窈窕成分完整保留。	茶花抽出物，富含健康元素，能促進新陳代謝。	「新一代油切纖維」以及「金針菇萃取物」，促進新陳代謝。	健康食品認證：有效減少體脂肪形成。	1.苦瓜&苦瓜種子：快速分解油膩感 2.兒茶素&唐辛子：提升窈窕熱力 3.菊苣&膳食纖維：促進新陳代謝 4.茶胺酸：放鬆心情，輕鬆窈窕
消費者溝通語言	咕嚕一下，體脂肪stop	好喝不意外	豈只好喝而已	隨時隨地想切就切	天然茶多酚，不會咕嚕和噗噗	消夜的剋星

八、行銷環境分析小結

市場趨勢	・隨著健康需求成長及競品的強勢操作下，健康茶區隔大幅成長97%（2009年市值40億元） →市場潛力大 ・日本健康茶市場中，融合「天然草本素材」的混合茶具足量性（註：2008年日本混合茶市場量約565億臺幣，占日本整體即飲茶15.4%）
消費者	・消費者認為健康茶是「具有健康或特殊功效成分」的茶飲，健康認知主要來自茶葉本質或添加的健康成分 ・重要考量因素為偏向功效面：「去油解膩」、「減肥／保持身材」等
競爭者	健康茶競品多以綠茶／烏龍茶作為主要口味，新興的花草茶／混合健康茶區隔成為切入機會點

策略思考 → ・進入具市場潛力的健康茶市場
・以草本混合素材作為產品發展方向，創造差異化的競爭力

圖13-59

第二節

行銷策略分析

1. 品牌策略。
2. 產品策略。
3. 廣告策略。
4. 價格／成本策略。
5. 推廣策略。

品牌願景	1. 三年內成為健康茶市占率前三大品牌 2. 2012 年目標 　(1)銷貨淨額 3 億元 　(2)健康茶區隔市占率 5%
品牌定位	1. 市場定位 　• 目標市場：健康茶 　• 目標消費群：20 ～ 34 歲男女，學生及上班族群 2. 產品定位：天然草本、健康輕盈
品牌策略	1. 品牌個性：健康的、有活力的 2. 品牌利益：天然草本植物的健康成分，有助於讓體態更健康、更完美 3. 支撐點：含有天然草本／花草植物的多元健康價值

圖13-60

一、產品策略（Ⅰ）

以不同素材（中式草本素材／西式花草素材）切入，推出兩支健康茶新品。

混合茶（草本）

1. 產品概念
   • 綠茶＋草本素材＋膳食纖維
   • 利益點：擁有綠茶的清爽、甘香，搭配天然草本植物及穀類的健康利益，有助於促進新陳代謝，讓身體更健康
2. 包裝規格：500ml PET 塑瓶
3. 上市時間：2010 年 8 月

花茶

1. 產品概念
   • 花草素材＋膳食纖維
   • 利益點：擁有天然花草植物的健康利益，有助於瘦身，讓體態更輕盈、更完美
2. 包裝規格：500ml PET 塑瓶
3. 上市時間：2010 年 9 月

命名策略

1. 品牌名：健康輕茶
2. 溝通重點：連結產品定位，讓消費者將的認知與身體健康、瘦身的利益自然連結

包裝策略

1. 創意主軸
   • 凸顯健康茶品牌名稱
   • 符合健康茶的品牌定位
   • 凸顯瘦身的利益點
   • 符合品牌個性「健康的、有活力的」
2. 材質／規格：500ml PET

| 廣告策略 | ・於上市初期快速提升知名度，傳遞品牌定位
・引起目標族群興趣與認同，進而刺激購買 |

| 溝通內容 | ・品牌名稱：健康輕茶
・溝通定位：天然草本、健康輕盈
・支撐點：內含二十種天然草本素材及膳食纖維
・產品利益：有助於瘦身，讓體態更健康
・品牌個性：健康的、有活力的 |

二、價格／成本

㈠原料成本

表13-35

混合本	原料成本（元／公斤）	%	單價（元／L）
	訴求成分		
	綠茶		
	穀物萃取液		
	穀物香料		
	異抗（保色）		
	菊苣纖維		
	Total		

花茶	原料成本（元／公斤）	%	單價（元／L）
	訴求成分		
	綠茶		
	穀物萃取液		
	穀物香料		
	異抗（保色）		
	菊苣纖維		
	Total		

■毛率預估

斗六廠配置	7萬箱 10天2班
原料	
PET原料	
PET回收費	
瓶蓋	
套標	
紙箱	
製管費	
每瓶成本（未稅）	
平均單價	
毛利率	

(二)價格計畫

表13-36

	直營牌價	經銷牌價	建議售價
定價			
毛利率			

三、通路策略

鋪貨原則

1. 以現代化零售通路為主,包含 CVS、一般市面、封閉之開拓
2. 目標戶數:4,000 戶

陳列原則

1. 置於主競品爽健美茶旁
2. 超市爭取冷藏貨架陳列
3. 各口味至少三排面

- 各大對象別客戶數

表13-37

通路別	總客戶數	目標戶數	鋪貨率
量販	67		
超市	165		
CVS	31		
特殊	789		
一般	3,501		
封閉	1,368		
合計	5,921		

四、推廣策略

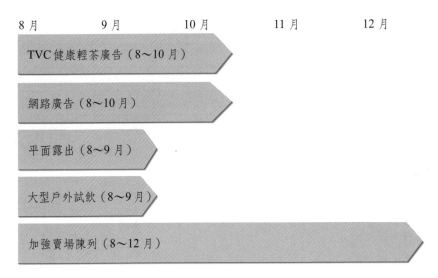

圖13-61

- 上市主題性助陳物，增加消費者注目度，促進試購率。

表13-38

製作物	使用通路
新品上市海報	全通路
瓶身貼紙	全通路
冰貼、插卡	CVS
圍裙、主題背板、跳跳卡	超市／量販

第三節

損益分析

1. 銷售預估。
2. 行銷費用規劃。
3. 損益分析。

一、三年銷售預估

表13-39

	2010年	2011年	2012年
銷售量（千瓶）			
銷售淨額（千元）			
銷售額成長率			

二、行銷費用規劃

表13-40

	2010年		2011年		2012年	
	健康茶	A&P占比	健康茶	A&P占比	健康茶	A&P占比
銷售量預估（千瓶）						
平均單價（元）						
銷售淨額預估（千元）						
廣告費用小計		60.9%		56.60%		53.00%
製作		9.6%		1.45%		7.21%
媒體		50.3%		54.25%		45.05%
市調		1.0%		0.90%		0.75%
促銷費用小計		39.1%		43.40%		47.00%
消費者		3.5%		3.62%		3.75%
店頭		32.8%		36.17%		39.04%
搭贈		0.0%		0.00%		0.00%
價格		2.8%		3.62%		4.20%
A&P合計						

三、損益分析（略）

附　錄

附件 —— 健康素材

- 草本混合茶：

  綠茶、荷葉、山楂、大麥、玄米、決明子、黑豆、薏仁、陳皮、柿子葉、芝麻、琵琶葉、七葉膽、杜仲葉、桑葉、昆布、紫蘇、靈芝、竹葉、膳食纖維

- 花茶：

  玫瑰果、法國粉玫瑰、錫蘭紅茶、膳食纖維

國內競品比較

表13-41

國內競品		
訴求	素材	品牌
1.擁有兩項國家認證 ——有助減少體脂肪形成 ——調節血脂 2.無外添加	綠茶（高兒茶素含量）	茶裏王濃韻
1.擁有三項國家認證 ——有助減少體脂肪形成 ——調節血脂 ——增加腸道益生菌	綠茶（高兒茶素含量）、菊苣纖維	每朝健康
1.好喝 2.纖體	綠茶+茶花 綠茶+茶花+油切纖維	茶花、雙茶花 古道山茶花
隔離油脂，抑制脂肪吸收	綠茶+金針菇萃取物+油切纖維	古道超油切
分解油膩，恢復窈窕身形	綠茶+苦瓜種子+唐辛子+膳食纖維	愛之味分解茶
補充營養，日日充滿活力	混合茶（五穀類）	五穀健康茶

實例五◀　跨媒體整合行銷傳播，台新銀行Story現金卡

Story現金卡簡介

- 前身為YOUBE現金卡。
- 「單一整合帳戶」——Story簽帳現金卡。
- Story現金卡的優點：短期資金融通管道，手續簡便、門檻低、放款快速且免擔保品，還有專業的理財顧問提供相關訊息。
- 台新銀行業界創舉：提高現金卡使用便利性、為客戶創造最大價值，並且為銀行帶來獲利。
- Story現金卡的使命：(1)社會責任；(2)品牌形象；(3)行銷推廣。

(一)2005年1月現金卡產品名稱及發卡機構

表13-42

項目	產品名稱	金融機構	項目	產品名稱	多事機構
1	G & M現金卡（George & Mary）	萬泰商業銀行	19	如意生活卡	遠東國際商業銀行
2	Story現金卡	台新國際商業銀行	20	白金級現金卡	香港上海匯豐銀行
3	MIKE麥克現金卡	中華商業銀行	21	金來轉現金卡	臺灣中小企業銀行
4	Wish現金卡	中國信託商業銀行	22	Dear現金卡	新竹國際商業銀行
5	Much現金卡	大眾商業銀行	23	財吉寶卡	臺中商業銀行
6	國民現金卡	聯邦商業銀行	24	Somebody增資卡 Lady First現金卡	第一商業銀行
7	U-Life現金卡	國泰世華商業銀行	25	圓夢現金卡	復華商業銀行
8	轉運Color現金卡	華南商業銀行	26	慶豐Holy現金卡	慶豐商業銀行
9	MONEY CARD現金卡	寶華商業銀行	27	Co Co Cash	臺東區中小企業銀行
10	春嬌志明現金卡	臺灣土地銀行	28	Smart卡	英商渣打銀行

（續前表）

項目	產品名稱	金融機構	項目	產品名稱	多事機構
11	Take It現金卡	玉山商業銀行	29	華僑銀行現金卡	華僑商業銀行
12	簡易信用貸款 高吉貸小額信用貸款 從業人員消費性貸款	高雄銀行	30	十萬火急卡	陽信商業銀行
13	金太郎現金卡	誠泰商業銀行	31	「低利貸O. K.」現金卡	中央信託局
14	ALL PASS現金卡	日盛國際商業銀行	32	華泰銀行現金卡	華泰商業銀行
15	循環現金卡	美國運通銀行	33	（無名稱）	交通銀行
16	GaGa現金卡	臺北國際商業銀行	34	Rich Card	三信商業銀行
17	富邦發現金卡	台北銀行	35	現金卡	臺南市第六信用合作社
18	現金卡	板信商業銀行			

㈡台新Story現金卡專案比較

表13-43

專案名稱	專案類別	行銷對象	兼顧利益關係人	訊息一致	運用整合行銷傳播戰術與工具	訊息和品牌形象一致
Story上市 93年4月8日	打造企業形象	媒體、社會大眾及Story潛在客戶	是	是	是	是
1萬元夢想金 93年12月1日至94年1月31日	配合時節	同上	是	是	是	是
辦卡專車 93年6月18日至93年7月18日	針對通路	同上	是	是	是	是
信用卡優核 93年8月18日至93年9月30日	配合客群	台新信用卡戶	關注較少	是	是	主要在經營顧客關係
尋找Story 94年4月25日至94年6月30日	打造企業形象	網路族群及Story潛在客戶	是	是	是	是

專案例舉

專案一：Story上市專案

(一)活動內容

2004年4月8日，台新推出第二代現金卡「Story現金卡」，核卡成功有好禮六選一：

1. 廣告中的夢想篇。
2. 廣告中的魔鏡篇。
3. 第一代現金卡廣告。

(二)第一代與第二代現金卡比較

表13-44

功能	第一代	第二代──台新Story現金卡
約定書留存	除非客戶特別要求，不主動複印給客戶留存。	可複寫約定書功能，客戶可直接撕下複寫聯收執留存。
訂約金額	訂約金額固定，客戶無法選擇。	由客戶填寫貸款期望額度，調額時不超過客戶期望度。
指定聯絡方式	未有此功能。	客戶指定台新與其聯絡的電話與地址，保障客戶隱私。
自動扣繳功能	未有此功能。	可利用銀行帳戶自動扣款本息，客戶可先行依照自己每月還款能力，規劃每月還款金額。
保全簡訊	未有此功能。	客戶每月提領次數太多或金額太高時，將收到提醒簡訊，提醒客戶有計畫使用。
財務諮詢顧問	未有此功能。	每位每月提領次數太多或金額太高時，將收到提醒簡訊，提醒客戶有計畫使用。
電子交易明細表	未有此功能。	客戶可選擇每月固定收到e-mail「每月交易明細表」，協助消費者管理現金卡使用。
計算軟體	未有此功能。	提供客戶線上試算功能，可以事先規劃自己的貸款及還款計畫。

（續前表）

功能	第一代	第二代——台新Story現金卡
產品解說	未逐一解說。	從產品功能、如何使用、利息計算、如何銷戶……逐一說明。
銷戶方式	僅限本人到原分行辦理。	可利用電話、傳真或是親自到分行辦理。

(三)整合行銷傳播

• Story現金卡行銷定位

表13-45

行銷定位	訴求對象
幫助客戶創造精彩故事的工具	・真心為客戶著想的現金卡。 ・服務、功能及優惠最多、最完善的現金卡。 ・優勢領導品牌（現金卡第一品牌）。 ・社會責任第一的現金卡。

• 行銷傳播目的

1. 藉推出第二代現金卡，透過公關操作，建立品牌知名度。
2. 輔助業務銷售，增加辦卡數量。
3. 加深品牌印象。

(四)Story現金卡客戶群描繪

表13-46

項 目	描 述
1.年齡	分布在20～49歲，但主要介於20～35歲。
2.性別	男女比相近，接近1：1。
3.教育程度	近50%為高中職，另外35%為大專大學。
4.職業	主要為藍領階級。
5.居住地區	北中南比例約為2：1：1。

（續前表）

項　目	描　述
6.相關態度	・獨立不靠別人。 ・假日喜歡戶外活動。 ・群體行為。 ・重視品質。 ・無儲蓄行為。

- **主要的行銷傳播訊息**

　　第二代現金卡「Story現金卡」——精彩故事我來創造。

- **行銷傳播工具的運用**

　　電視：4～6月建立新產品的品牌認知及提高目標族群對新產品的品牌印象，第二波7～9月持續性地投入，對目標市場達到提醒的作用。

　　報紙：聯合、中時、自由全國雙版見刊，擴大活動氣勢，清楚傳達產品面的訊息（輔助電視廣告）。

　　捷運：臺北車站淡水線及板南線轉乘路線中的壁貼，是流量最大的車站（250萬人次／月）。

　　行動答鈴：將Story廣告歌曲掛到各家電信業者的行動答鈴網站上，由消費者付費下載。

- **公關活動**

　　召開記者會、發布新聞稿，希望藉由媒體報導傳播訊息。

- **促銷**

　　核卡成功好禮六選一。

- **網路行銷**

　　開發全新的Story現金卡專屬網站，網路上潛在客戶可以進行試算，舊客戶可以進行帳務查詢等功能，還可下載廣告歌曲、廣告影片及廣告桌布。

- 檢討

    1. 成功地傳達了台新的「Story現金卡」，成功地做好了「精彩故事我來創造」的品牌定位。
    2. 傳播工具以廣告為主，配合其他的傳播工具來整合運用。
    3. 成功地以來電答鈴，打入年輕的消費市場。

專案二：1萬元夢想金

㈠活動內容

2004年12月1日至2005年1月31日，首次申辦Story現金卡核卡成功，即可以參加抽獎。

㈡整合行銷傳播

    1. 行銷傳播目的：年節時資金需求高，以抽獎話題由公關操作，提高品牌知名度。
    2. 行銷傳播對象：潛在消費者、媒體。
    3. 主要的行銷傳播訊息：辦Story現金卡，天天抽1萬元夢想金。
    4. 行銷傳播工具的運用
       ⑴廣告：推出「1萬元夢想金篇」，並選擇以分行內吊牌、海報、DM、電視、報紙等透露訊息。
       ⑵公關活動：發布新聞稿，希望藉由媒體報導來傳達訊息。
       ⑶促銷：抽獎活動，促進辦卡意願。
       ⑷網路行銷：在Story現金卡專屬的網站上，開發「大家來找碴」活動，以兩張「1萬元夢想金宣傳海報」，藉由遊戲過程，可以讓消費者更了解活動的內容，進而吸引辦卡。

專案三：辦卡專車

    1. 行銷傳播目的：「隨招隨停」的辦卡專車話題，建立品牌知名度。
    2. 行銷傳播對象：潛在消費者、媒體等。

3. 主要的行銷傳播訊息：「隨招隨停」的辦卡專車。

4. 行銷傳播工具的運用：

　　⑴廣告：辦卡專車就是移動式廣告。

　　⑵公關活動：發布新聞稿，希望藉由媒體報導傳達訊息。

　　⑶促銷：搭配同時期的核卡活動，核卡成功即送好禮六選一抽獎。

5. 檢討

　　⑴讓客戶可以隨招隨停，以最方便的方式辦卡。

　　⑵創新的行銷方式，活用各式行銷傳播工具，達成訊息一致性的整合目標。

　　⑶但若以現在的眼光來看，也就不難了解到現金卡有多麼浮濫了。

專案四：信用卡優核專案

㈠活動內容 ❟

　　2004年8月18日至9月30日，透過顧客管理系統，在信用卡中尋找和現金卡相似的客層，主動邀請他們申辦現金卡。

㈡整合行銷傳播 ❟

1. 行銷傳播目的：透過資料分析的技術，找出潛在的消費者。

2. 行銷傳播對象：原台新銀行信用卡客戶。

3. 主要的行銷傳播訊息：「優先核准」的尊貴客戶。

4. 行銷傳播工具的運用

　　⑴直效行銷：獨立郵件，直接篩選名單寄送，輔以電話行銷追蹤。

　　⑵促銷：前三個月零利率。

5. 檢討：此專案成功運用CRM資料分析技術，以更少的預算，找到回應率較高的族群辦卡。

專案五：尋找Story公關專案

㈠活動內容

2005年4月25日至6月30日，運用內部所舉辦的兩次徵選客戶精彩故事的作品內容，轉化為線上動態故事供網友票選，傳達及延續Story現金卡「真心為客戶著想」的概念，做深度的接觸，強化印象度，也希望藉此吸引網友參加並線上申請。

㈡整合行銷傳播

1. 行銷傳播目的：傳遞台新Story現金卡的精神，並找出潛在消費者。
2. 行銷傳播對象：潛在消費者。
3. 主要的行銷傳播訊息：「為精彩故事喝采」票選，及「懸賞精彩故事」徵稿。
4. 行銷傳播工具的運用
   ⑴直效行銷：獨立eDM。
   ⑵廣告：入口網站及內容網站上刊登廣告。
5. 檢討
   ⑴運用CRM資料分析技術，只耗費很小的預算。
   ⑵製作自己專屬的e卡片，把遊戲客製化後再轉寄出去。
   ⑶傳達Story現金卡「創作精彩生活」。

結尾語

對行銷企劃撰寫課程的學習心得

1. 劉筱薇

我認為這堂課很實用，一整個學期下來，老師提供了很多企業的實際

例子，這和一般教科書上的固定理論有著不同的功用，這些實例是我們未來很重要的工具和資本。

理論學得再多，不會實用也是沒有用的。我從老師所提供的許多實例當中，學習到了該如何去應用教科書裡的理論及工具，相信未來會有我用得上的地方，也希望我能學以致用。

從不同的實例中，進而講解不同的行銷理論，以及許多實際行銷時所需注意到的要點，不局限於規矩的框架內，這是老師您上課的方式，也是吸引我上這堂課的地方。

未來若還有機會，我會再繼續選修老師您的課。

2. 陳彥妤

這學期選到這堂課我覺得很幸運，因為讓我學到更多有關行銷的東西，除了老師上課教的東西之外，還有讓我們實際去寫企劃報告，這樣不但讓我們學以致用，還可以活用。而且老師注重的是實例，應該是希望我們多看別人的，好發揮出新的創意，我很喜歡這樣的教學。尤其是期中報告，找各種百貨或是企業的週年慶，真的很有趣，不但可以學到東西又可以吸收週年慶訊息。而且我發現其實一份企劃書並不如想像中那樣簡單，要行銷一樣東西必須要蒐集很豐富的資料，還要想出很多吸引消費者的方法，而且也要跟得上流行，不然根本不知道時下流行的東西是什麼，也不可能知道消費者要的是什麼，所以真的是一項不簡單的工作啊！

3. 蘇柏嘉

這門課對我而言意義還滿重大的，畢竟在我將來的工作中，我想會行銷企劃將是對工作有很大的效益，不只能看得懂，還會自己操作，不論將來我是老闆或是員工，這都將是必要專長之一，並且能在課堂中以報告的方式去實驗，或許東西並不是太真實，但我想將來的工作中，這些就是一個專長，以及對找工作的幫助，而且上課中有許多的實例，與同學討論做比較，感覺就比較不像假的，而是要真實去實行的感覺。這堂課最大的收益不是學分，而是教授戴國良博士所教的知識與經驗，我真的很感激，希望以後能有機會再上到您的課。

4. 謝岱軒

一個學期又過去了，記得學期初在選課的時候，我詢問過許多學長姊的意見，問問各個老師教課風格，許多學長姊都推薦要修戴國良老師的課，因為我二年級沒有給老師教過，所以這學期就選了戴老師的課。

這學期雖然有幾堂課沒有到，但是我在課堂上其實學到許多真正有用的東西，不像一些○○系開的課，太過理論派，老師這學期在行銷企劃上，幾乎都是用實際業界的實例，讓我們能很清楚的了解，現在社會上企業是如何在做行銷的。而且在報告上，老師也很正面的給予我們意見，讓我們對這堂課所學的內容更有信心一些。經過了一學期的課程與報告，我大致了解了一個企業在準備行銷自己商品時，從前期的準備等，一直到活動結束所得的利益，整體的企劃是如何運作的，這對我未來接觸到相關的促銷活動時，可以更快的進入狀況。

5. 郭哲旭

在這堂課我知道了九項思考6W/2H/1E，還有企劃書的骨架結構，我覺得很多企劃建立的原則都是要看你想要帶給消費者什麼東西，而後才建立企劃案。因此，SWOT分析就很重要，可以透過分析了解自己相對於競爭者有什麼樣優勢、機會可以好好利用、發展，有什麼樣的弱勢、威脅，是否可以改進，我們必須針對這些，再去設定我們的策略和計畫，像是4P，或是8P/1S/2C，針對產品做策略、要用怎樣的價格才會吸引TA、要用什麼通路、要用何種行銷手法才能吸引我們的目標族群等策略。我覺得行銷企劃管理真是一堂很深的學問，因為你必須要知道很多東西，你必須要觀察整個趨勢、現在流行什麼，消費者習性、特質，你要用什麼樣的工具才能吸引TA等，這些你必須都要知道，才能去制定策略。我覺得或許我們都了解這些課堂上老師所講的東西，但如果今天已經待在業界中，我們真的能去應用嗎？我覺得這還是得靠你自己累積的經驗，所以我覺得比賽是很重要的，像是企劃書撰寫比賽等這類比賽，我們都應該多去參加，增加我們的實戰經驗，以後真的出社會後，才能學以致用。

職場專門店

五南文化事業機構
WU-NAN CULTURE ENTERPRISE

書泉出版社
SHU-CHUAN PUBLISHING HOUSE

國家圖書館出版品預行編目資料

行銷企劃管理：理論與實務／戴國良著．－－
五版．－－臺北市：五南，2017.09
　面；　公分
ISBN 978-957-11-9160-7 (平裝)
1.行銷學　2.企劃書
496　　　　　　　　　　106005782

1FI7

行銷企劃管理：理論與實務

作　　　者－ 戴國良

發 行 人－ 楊榮川

總 經 理－ 楊士清

主　　　編－ 侯家嵐

責任編輯－ 劉祐融

文字校對－ 石曉蓉、陳俐君

封面設計－ 盧盈良、姚孝慈

出 版 者－ 五南圖書出版股份有限公司

地　　　址：106台北市大安區和平東路二段339號4樓

電　　　話：(02)2705-5066　　傳　　真：(02)2706-6100

網　　　址：http://www.wunan.com.tw

電子郵件：wunan@wunan.com.tw

劃撥帳號：01068953

戶　　　名：五南圖書出版股份有限公司

法律顧問　林勝安律師事務所　林勝安律師

出版日期　2005年12月初版一刷
　　　　　2009年 2月二版一刷
　　　　　2010年10月三版一刷
　　　　　2012年 3月四版一刷
　　　　　2017年 9月五版一刷

定　　　價　新臺幣650元

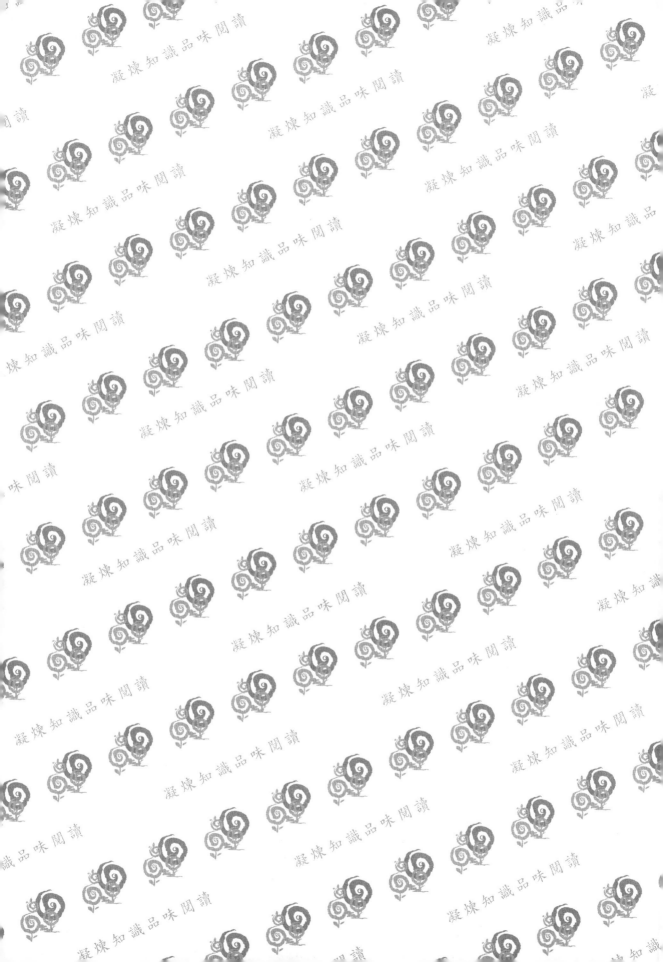